重庆市高校在线开放课程配套教材
高等职业院校精品教材系列

智能家用电器技术

付　渊　彭　华　主　编
颜　鲲　陈学昌　王宝英　副主编

電子工業出版社
Publishing House of Electronics Industry
北京 · BEIJING

内 容 简 介

随着电子信息技术的快速发展，各式各样的家用电器得到广泛应用，这使人们从繁重的家务劳动中解放出来，为人们创造了更为舒适、健康的生活和工作环境。本书结合近年来家用电器新技术的发展，详细介绍常见智能家用电器的基本原理、产品结构、安装与维修、选购与使用，以及部分新材料、新技术的应用等。全书共分6章，包括智能家用电器基础、家用电热器具、家用电动器具、家用清洁器具、家用制冷器具、智能家用电器维修技术等。本书各章后配有思考与练习题，注重对学生应用技能的培养。

本书为高等职业本专科院校家用电器课程的教材，也可作为开放大学、成人教育、自学考试、中职学校及培训班的教材，以及电子工程技术人员的参考书。

本书配有免费的电子教学课件、练习题参考答案，详见前言。

图书在版编目（CIP）数据

智能家用电器技术 / 付渊，彭华主编. —北京：电子工业出版社，2020.3（2023.7重印）
全国高等院校规划教材.精品与示范系列
ISBN 978-7-121-35306-2

Ⅰ. ①智… Ⅱ. ①付… ②彭… Ⅲ. ①智能控制－日用电气器具－高等学校－教材 Ⅳ. ①TM925

中国版本图书馆CIP数据核字（2018）第242485号

责任编辑：陈健德（E-mail:chenjd@phei.com.cn）
印　　刷：北京盛通商印快线网络科技有限公司
装　　订：北京盛通商印快线网络科技有限公司
出版发行：电子工业出版社
　　　　　北京市海淀区万寿路173信箱　邮编 100036
开　　本：787×1 092　1/16　印张：13.75　字数：352千字
版　　次：2020年3月第1版
印　　次：2023年7月第6次印刷
定　　价：50.00元

凡所购买电子工业出版社图书有缺损问题，请向购买书店调换。若书店售缺，请与本社发行部联系，联系及邮购电话：（010）88254888，88258888。

质量投诉请发邮件至 zlts@phei.com.cn，盗版侵权举报请发邮件至 dbqq@phei.com.cn。

本书咨询联系方式：chenjd@phei.com.cn。

前 言

近年来，计算机技术（单片机技术）、传感器技术、网络通信技术得到迅猛发展，大量新技术被应用于电气设备，使电气设备具有智能化的功能。目前，智能家用电器已普及千家万户，使人们从繁重的家务劳动中解放出来，为人们创造了更为舒适、健康的生活和工作环境。智能家用电器课程涉及多个专业课程的知识，包括模拟电子技术、数字电子技术、电工技术、PLC 控制技术、单片机技术、传感器技术、自动化控制技术等。全国高职院校结合各自的专业优势在多个专业开设了智能家用电器技术课程，但市场上内容新颖、适用的教材非常少见，为更好地满足教学需要，我们组织本课程专任老师编写了本书。

本书结合家用电器新技术的发展，详细介绍常见智能家用电器的基本原理、产品结构、安装与维修、选购与使用，以及部分新材料、新技术的应用等。全书共分 6 章，包括智能家用电器基础、家用电热器具、家用电动器具、家用清洁器具、家用制冷器具、智能家用电器维修技术等。本书内容围绕电路控制设计，从产品总体设计思想、结构原理、电路设计到电路控制系统设计及维修技巧等逐步展开。

本课程集多学科知识于一体，注意培养学生的综合能力。建议在本课程教学中不仅要求学生掌握本书知识和做好相关实验，还要求学生对具体的家用电器市场进行调研，了解家用电器产品的发展方向与趋势，并深入社区调查和了解家用电器的应用状况，充分认识其走进千家万户并为各家庭带来便利性服务的关键因素。

本书为高等职业本专科院校家用电器课程的教材，也可作为开放大学、成人教育、自学考试、中职学校及培训班的教材，以及电子工程技术人员的参考书。

本书由重庆电子工程职业学院付渊、彭华任主编，颜鲲、陈学昌和王宝英任副主编。具体编写分工如下：付渊编写第 1 章、第 5 章，彭华编写第 2 章，陈学昌编写第 3 章，王宝英编写第 4 章，颜鲲编写第 6 章。另外，彭华全程参与课程微课视频的制作，田晔非负责绘制电路图，罗小辉、黄鹏为本书的编写提供了大量的宝贵意见，美的公司产品售后工程师刘聪先生提供了部分资料，在此一并表示感谢。

在编写过程中，编者还得到海尔智慧教育品牌的大力支持，对市场总监张鲁先生、重庆地区总经理李响先生和李文明先生表示衷心感谢。书中引用了较多的企业图纸资料及社会维修资料，由于编写时间仓促、资料来源庞杂，书中难免有所疏漏，敬请广大读者批评指正。

为了方便教学，本书配有免费的电子教学课件、习题参考答案，请有需要的教师登录华信教育资源网（http://www.hxedu.com.cn）免费注册后进行下载，在有问题时请在网站留言或与电子工业出版社联系（E-mail:hxedu@phei.com.cn）。

编　者

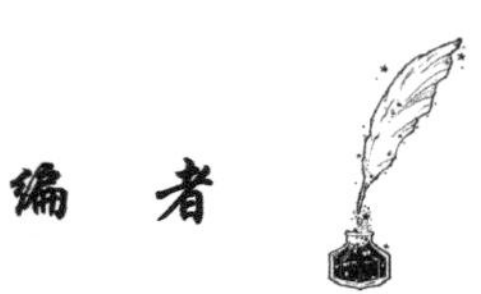

目　录

第1章 智能家用电器基础

1879年，美国的爱迪生发明白炽灯，开创了家庭用电时代。20世纪初，美国E.理查森发明的电熨斗投放市场，促使其他家用电器相继问世。吸尘器、电动洗衣机、压缩机式家用电冰箱、电灶、空调器、全自动洗衣机应运而生。集成电路的发明，使电子技术进入微电子技术时代，家用电器提高到一个新的水平，家用电器逐渐走入智能化发展时代。

1.1 家用电器智能化及发展

随着电子及计算机技术的发展，为了确保电力系统的可靠性，要求实现电气保护的电子化、计算机化，控制的网络化、自动化，以及电器故障自动诊断功能，这促使了具有信息共享功能、自主操作能力、动作控制优化性能的智能电器的产生。

1.1.1 智能家用电器的特点与结构

根据2018年国家标准化管理委员会国家标准制修订计划制定的《智能家用电器通用技术要求》（GB/T 28219—2018），智能家用电器是指应用了智能化技术或具有了智能化能力/功能的家用和类似用途电器。

1. 智能家用电器涉及的相关技术

智能家用电器涉及的相关技术包括传感器、数据采集、信号处理、控制、电子、电力电子、人工智能、数字通信、网络技术等。

2. 智能家用电器的基本特点

（1）处理数字化：软硬件一体。

（2）功能复合化：多种功能集成。

（3）设备网络化：信息融合和共享。

（4）自诊断和智能控制：思维和判断。

3. 智能电器的基本结构

如图 1-1 所示，为智能电器的基本结构。

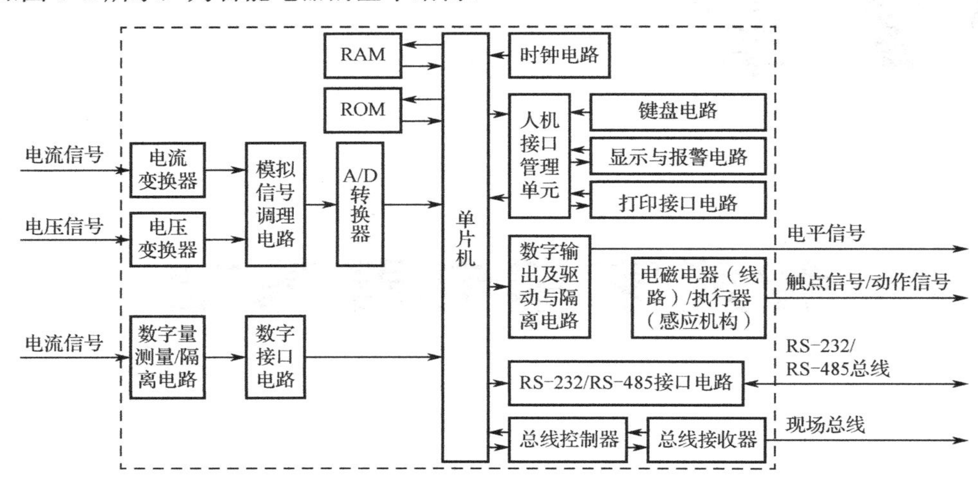

图 1-1　智能电器的基本结构

4. 电器智能化网络典型结构

如图 1-2 所示，为某一典型的电器智能化网络结构。

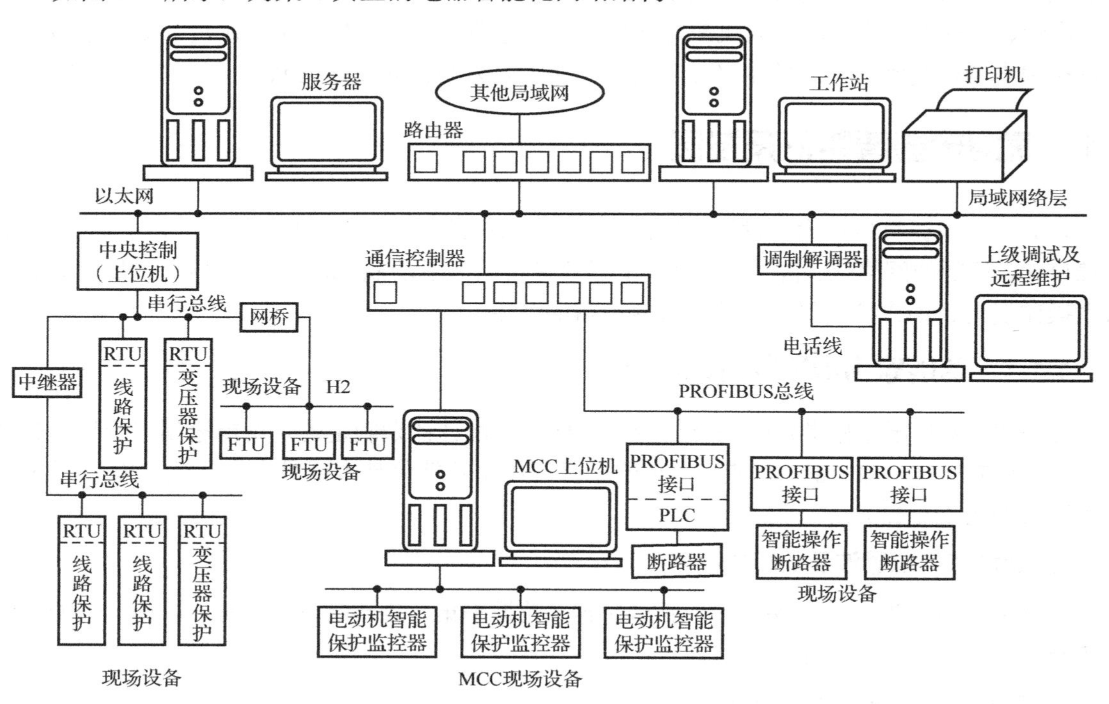

RTU—远程测控终端；FTU—馈线终端设备

图 1-2　典型的电器智能化网络结构

1.1.2　智能家用电器控制技术的智能化

智能家用电器一点也不神秘。早期的电熨斗、电饭锅温控器就已经有了智能化的特征。但是那个时候智能化程度相对来说比较低，也没有形成智能化的概念。随着传感技术、芯片技术、射频识别（radio frequency identification，RFID）技术、网络技术的发展，真正意义上的智能家用电器才开始进入人们的生活。

1. 家用电器控制技术的智能化

用电器不可能一直工作，人们必须能控制它的通断。一个手电筒，具有构成一个电路的全部要素：电源、开关、用电器、导线，如图 1-3 所示。

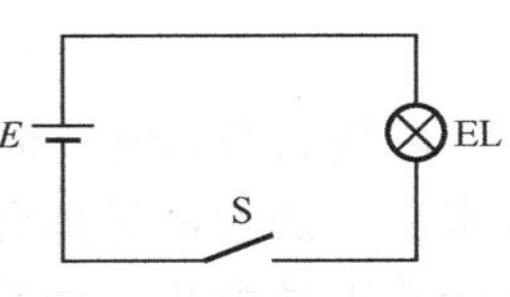

图 1-3　手电筒工作电路

家用电器一般使用交流电。如图 1-4 所示，分别是用一个开关来控制电灯、电动机、加热丝的工作。给电动机加上叶片，就变成电风扇；给加热丝加上锅体，就变成电炒锅、电饭锅。

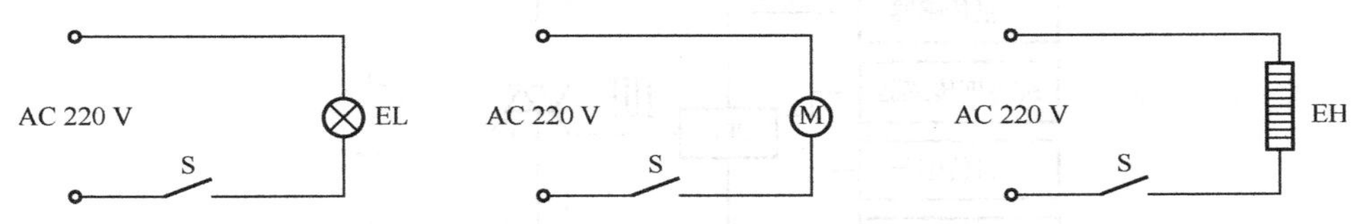

图 1-4　交流电灯、电动机、加热丝工作电路

但是，用一般开关来控制家用电器工作时，会有一个很严重的问题，即电风扇不能调速，加热丝不能调温。一个最简单的解决方法就是用人来值守，当炒菜、煮饭火候到的时候，就直接断电。如果要控制电风扇的转速，可以让开关通 1 s、断 1 s，或者通 1 s、断 2 s，这样，电风扇利用动力和惯性运转，其转速就可以改变了。但这种控制实在太麻烦。

以电饭锅为例，一种简单的自动控温方法就是采用感温磁钢，当温度达到感温磁钢的居里温度（103 ℃±2 ℃）时，感温磁钢自动断电跳闸，完成煮饭过程。可以说，这是一种最基本的智能家用电器，如图 1-5 所示。

现代智能化技术引入了单片机、传感器等技术来控制电器的工作，单片机的 CPU 把传感器收集的信息进行加工处理，按照人们设定的程序去控制工作元件的动作，甚至通过网络化技术实现远程控制。但要完成这样的智能化控制，首先要使用可以由 CPU 控制的开关器件来代替传统开关控制电路的通/断。智能家用电器中，普遍使用的可控制开关器件是晶闸管和继电器。智能家用电器中使用的双向晶闸管（TRIAC）拥有一个控制极 G 和两个主电极 T1、T2，将它接入电路中代替开关，只要给控制极 G 一个控制信号，主电极 T1、T2 就可以导通，如图 1-6 所示。

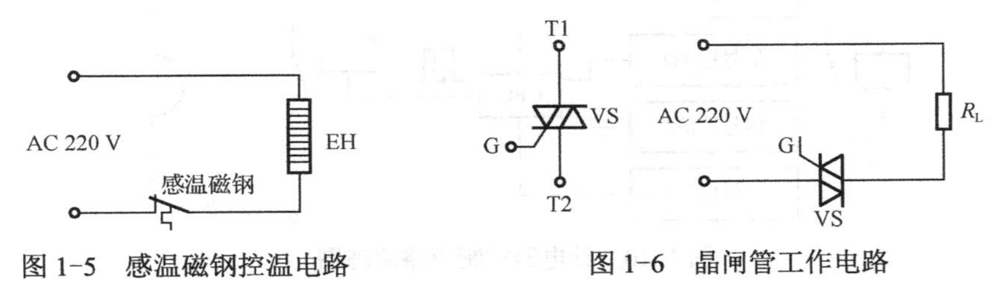

图 1-5　感温磁钢控温电路　　图 1-6　晶闸管工作电路

一般由 CPU 输出一个脉动信号给控制极 G，通过控制晶闸管的通/断来控制工作元件的工作状态，从而实现控制的智能化，如图 1-7 所示。

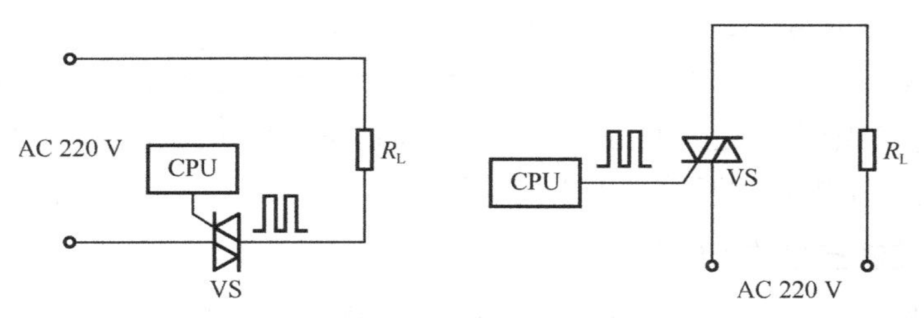

图 1-7　CPU 控制晶闸管基础电路

以洗衣机为例，给 CPU 连接上多种传感器后，它就能感知衣量、脏污程度、布料，以及水温、洗衣液的成分品质，自动选择最佳洗涤机械力、洗涤时间、漂洗次数，直到衣服完全洗干净为止。而整个洗涤过程，主要就是控制电动机的运转速度、运转时间等，如图 1-8 所示。

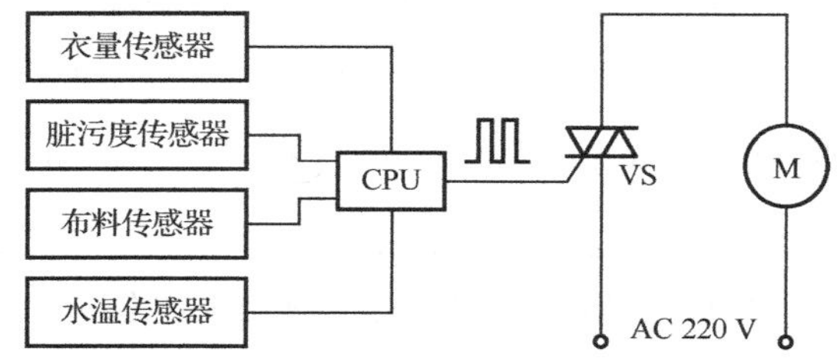

图 1-8　洗衣机的电动机控制原理图

对于空调器，可以让 CPU 根据环境温度、湿度和空气质量、用户身体位置状态等，来控制压缩机的运转和送风的方向、强弱等，甚至可以根据用户平时使用习惯来控制空调器的运行状态，如图 1-9 所示。

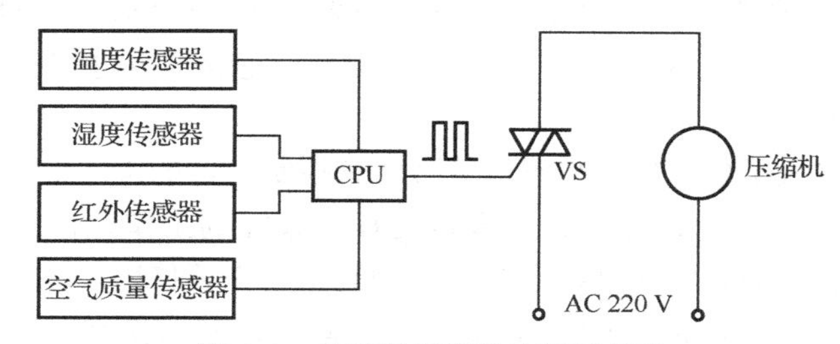

图 1-9　空调器压缩机控制原理图

继电器用一个线圈来控制触点开关的通/断，如图 1-10 所示。

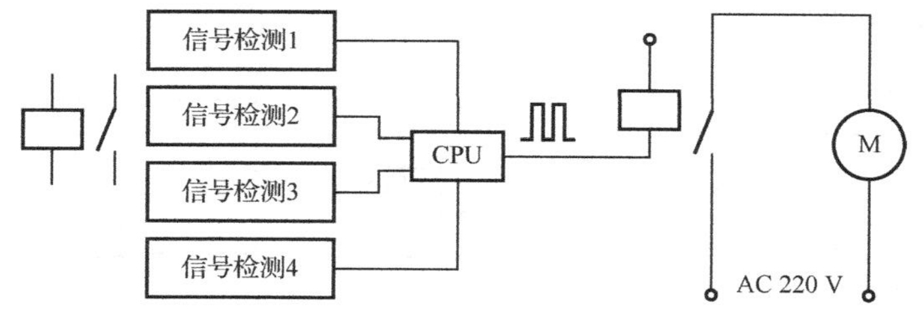

图 1-10　继电器控制电路原理图

继电器电路符号的两部分——触点开关和控制端的线圈经常分开来画，它们使用的元件名称是一样的，但位置可能相距较远。

如图 1-11 所示为一种自然风风扇控制电路原理图。电风扇之所以拥有自然风功能，是因为其多了一个自然风控制电路来控制继电器 JZC-78F（元件符号 KR）的动作。图中，KR 的线圈符号和触点符号位置相距较远，看电路图时大家要注意。KR 的线圈和触点是联动的，当 KR 线圈通/断的时候，KR 的触点也要执行相应的通/断。

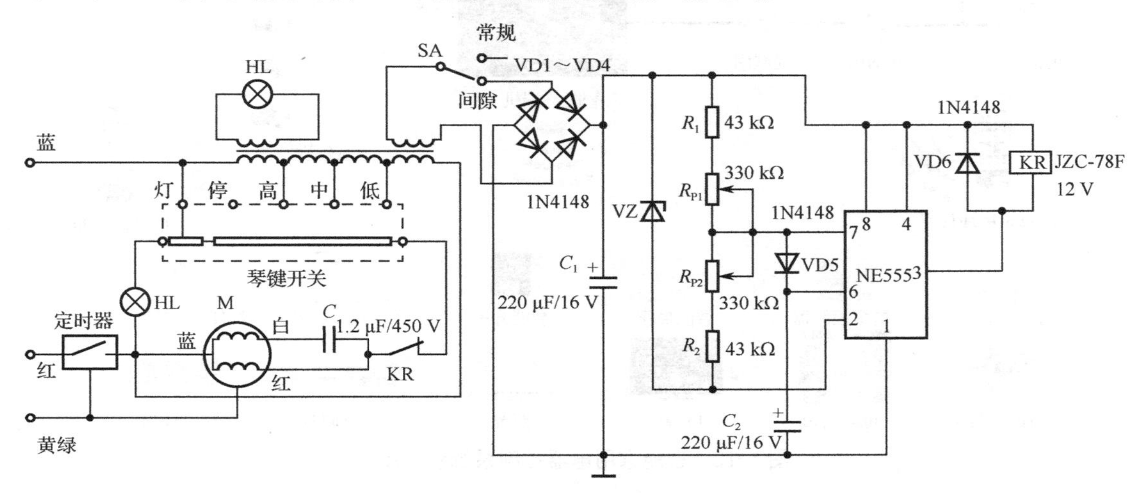

图 1-11　自然风风扇控制电路原理图

现代智能家用电器，除了工作元件控制过程的智能化外，还增加了很多其他的功能。例如，可实现远程控制的网络化功能，可以与用户进行语音交流，并实现控制的交互式智能控制功能，具有安防、保健与理疗功能等。

智能家用电器的控制技术，随着各种新技术的不断涌现，一直不停地进步着，与传统的家用电器控制技术有了较为明显的区别。

2. 智能家用电器与传统家用电器的区别

智能家用电器和传统家用电器的区别，不能简单地以是否装了操作系统、是否装了芯片来区分。它们的区别主要表现在“智能”二字上。

首先是感知对象不一样。传统家用电器主要感知时间、温度等；而智能家用电器对人的情感、动作、行为习惯都可以感知，可以按照这些感知来智能化地执行。

其次是技术处理方式不一样。传统家用电器更多是机械式的，是一种很简单的执行过程。智能家用电器的运作过程往往依赖于单片机、物联网、互联网等现代技术的应用和处理，有机地组合成一套控制系统。图 1-12 所示为某智能家用电器控制系统示意图。

最后是应对的需求不一样。传统家用电器应对的需求就是满足生活中的一些基本需求，而智能家用电器所应对的消费需求更加丰富，层次更高。

3. 智能家用电器的基本功能

智能家用电器并不是单指某一个家用电器，而应是一个技术系统。随着人类应用需求和家用电器智能化的不断发展，其内容将会更加丰富。根据实际应用环境的不同，智能家

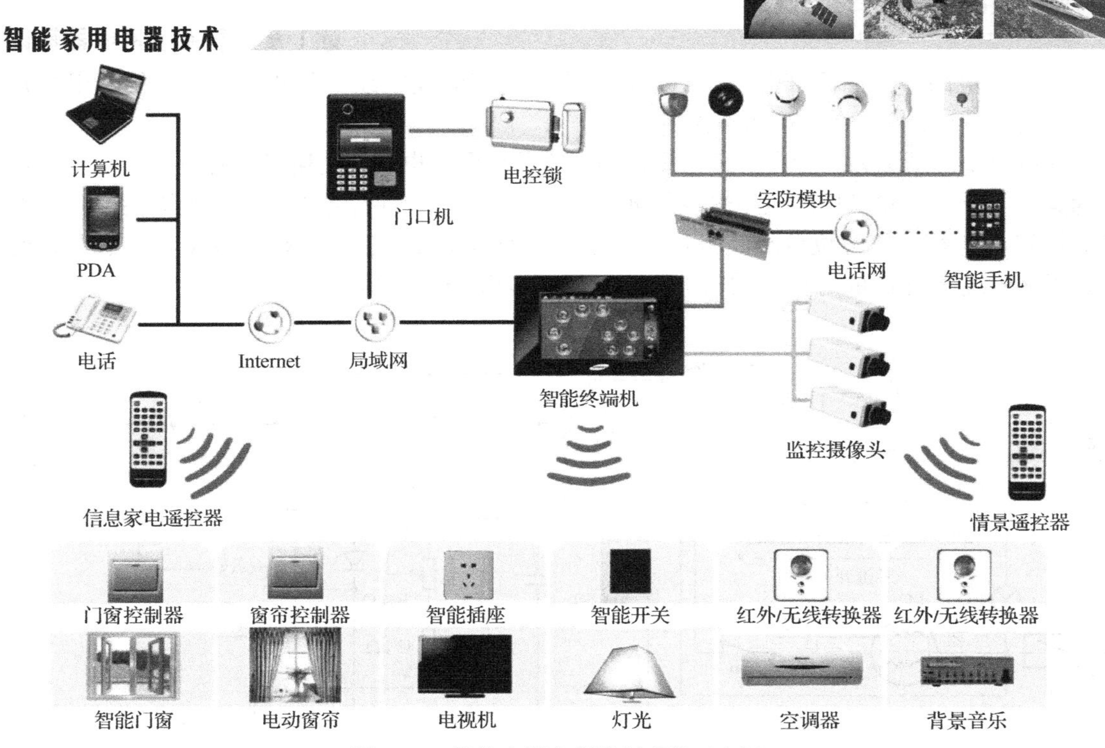

图 1-12 智能家用电器控制系统示意图

用电器的智能化功能也会有所差异，从其特点来看，一般应具备以下基本功能。

（1）通信功能。包括电话、网络、远程控制、报警等。

（2）消费电子产品的智能控制。例如，可以自动控制加热时间、加热温度的微波炉；可以自动调节温度、湿度的智能空调器；可以根据指令自动搜索电视节目，并摄录的智能电视机等。

（3）交互式智能控制。可以通过语音识别技术，实现智能家用电器的声控功能；通过各种主动式传感器（如温度、声音、动作等），实现智能家用电器的主动性动作响应。用户还可以自己定义不同场景、不同智能家用电器的不同响应。

（4）安防控制功能。包括门禁系统、火灾自动报警、煤气泄漏报警、漏电报警、漏水报警等。

（5）健康与医疗功能。包括健康设备监控、远程诊疗、老人或患者的异常监护等。

1.1.3 智能家用电器的发展与新技术

1. 家用电器的智能化趋势

在互联网大潮的冲击下，“智能家用电器”的概念开始兴起。据中国家电网 2015 年发布的信息显示，已经有 40.7%的用户选择了“智能化”这一属性，而且这个数据还会逐年上升。现在选择家用电器时，智能家用电器几乎已经成了首选。

电信网、互联网、电视网的三网融合，电视机、手机、PAD、计算机“四屏合一”，使得空间压缩、时间延伸，智能化是时代发展的必然趋势。三网融合及物联网技术应用后，电冰箱、电灯、空调器、电视机、音响、微波炉、洗衣机等所有电器，都将进入智能

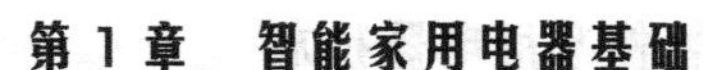

时代。通过手机或其他集成设备，即可方便地控制所有家用电器，从而为家用电器产品互联互通、产品升级带来发展空间。众多家用电器厂商纷纷发布智能家用电器产品，更是加速了中国智能家用电器产品市场的发展步伐。

对于智能家用电器的产品演变，《2013～2017 年中国智能家电行业市场调研与投资预测分析报告》数据分析，物联网在家用电器行业的应用有着较好的用户基础，用户认知度比较高，智能家用电器产品将得到厂商的大力研发。相信随着我国电子信息技术的不断发展，智能家用电器和智能住宅的内涵将不断发生变化，智能家用电器的市场前景被广泛看好。有关专家预测，未来家用电器发展将以智能化为趋势，实现“人机对话、智能控制、自动运行”，对现有家庭的日常生活带来巨大冲击，也将会全面改写家用电器市场现状和行业格局。信息设备的互联互通是未来家用电器智能化的必然趋势。

2. 智能家居

智能家居是以住宅为平台，利用综合布线技术、网络通信技术、安全防范技术、自动控制技术、音视频技术，将家居生活有关的设施集成，构建高效的住宅设施与家庭日程事务的管理系统，提升家居安全性、便利性、舒适性、艺术性，并实现环保节能的居住环境。

由于智能家居采用的技术标准与协议不同，大多数智能家居系统采用综合布线技术，也有少数系统并不采用综合布线技术，如电力载波。不论哪一种情况，都一定有对应的网络通信技术，来完成所需的信号传输任务，因此网络通信技术是智能家居中关键的技术之一。

安全防范技术是智能家居系统中必不可少的技术，在小区及户内可视对讲、家庭监控、家庭防盗报警、与家庭有关的小区一卡通等领域，都有广泛应用。

自动控制技术也是智能家居系统中必不可少的技术，广泛应用在智能家居控制中心、家居设备自动控制模块中，对于家庭能源的科学管理、家庭设备的日程管理，都有十分重要的作用。

音视频技术是实现家庭环境舒适性、艺术性的重要技术，体现在音视频集中分配、背景音乐、家庭影院等方面。

1）智能家居的基本结构

智能家居的基本结构如图 1-13 所示。

2）智能家居的主要功能

智能家居的主要功能包括智能灯光控制、智能电器控制、安防监控系统、智能背景音乐、智能视频共享、可视对讲系统、家庭影院系统等。

3. 嵌入式系统

嵌入式系统（embedded system）是一种“完全嵌入受控器件内部，为特定应用而设计的专用计算机系统”。根据英国电气工程师协会（Institution of Electrical Engineer）的定义，嵌入式系统为控制、监视或辅助设备、机器，或用于工厂运作的设备。其核心由一个或几个预先编程的用来执行少数几项任务的单片机（也称微处理器）组成。

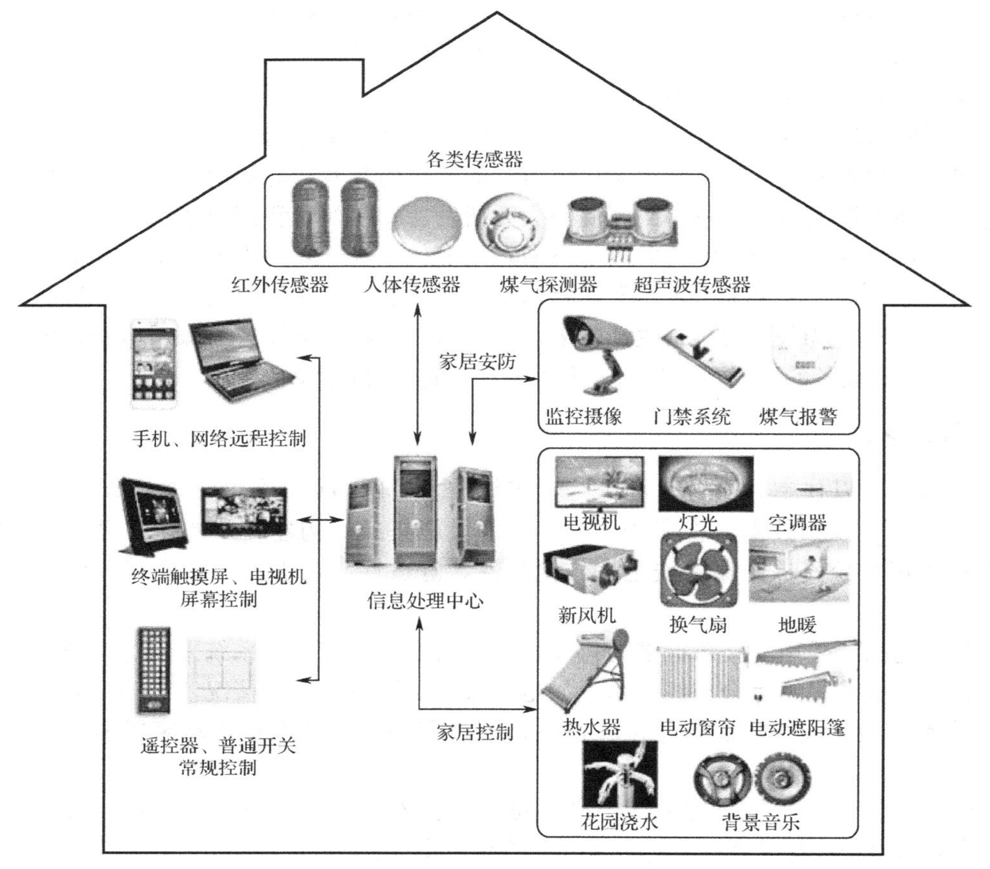

图 1-13 智能家居的基本结构

1）嵌入式系统的特点

嵌入式系统具有系统内核小、专用性强、系统精简的特点，拥有高实时性的系统软件、多任务的操作系统，拥有开发工具和环境，能与具体应用有机结合在一起，升级换代也是同步进行的。因此，嵌入式系统产品具有较长的生命周期。

为提高运行速度和系统可靠性，嵌入式系统的软件一般固化在存储器芯片中。

2）嵌入式系统的应用领域

如图 1-14 所示，嵌入式系统具有非常广阔的应用前景，其应用领域主要包括工业控制、交通管理、信息家电、家庭智能管理系统、军用电子 POS 网络及电子商务等。

4. 物联网技术

物联网（internet of things，IoT）这个词是麻省理工学院 Auto-ID 中心主任 Kevin Ashton 教授 1999 年在研究 RFID 时最早提出来的，现在物联网概念得到了国际普遍的公认。

2005 年，国际电信联盟及欧洲智能系统集成技术平台组织在《Internet of Things in 2020》的报告中指出，物联网的定义和范围已经发生了变化，其覆盖范围有了较大的拓展，不再只是指基于 RFID 技术的物联网。

目前，物联网比较公认的定义是“通过射频识别器、红外感应器、全球定位系统、激

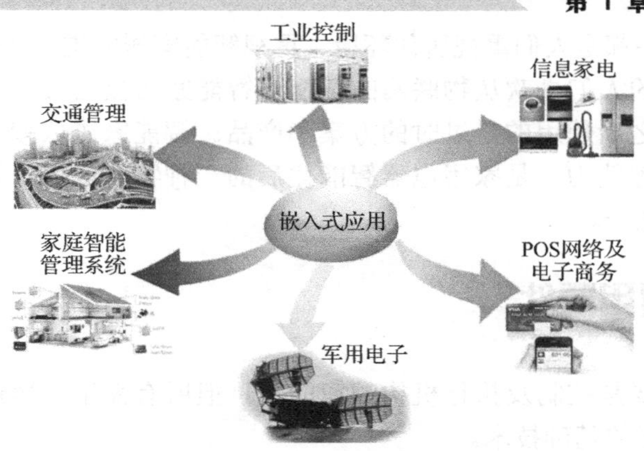

图 1-14　嵌入式系统的应用领域

光扫描器等信息传感设备，按约定的协议，把任何物品与 Internet 连接起来，进行信息交换和通信，以实现智能化识别、定位、跟踪、监控和管理的一种网络。”

1）物联网的关键技术与用途

在物联网应用中有 3 项关键技术：传感器技术、RFID 标签、嵌入式系统技术。

物联网用途广泛，遍及智能交通、环境保护、政府工作、公共安全、平安家居、智能消防、工业监测、环境监测、路灯照明管控、景观照明管控、楼宇照明管控、广场照明管控、老人护理、个人健康、花卉栽培、水系监测、食品溯源、敌情侦查和情报搜集等多个领域，如图 1-15 所示。

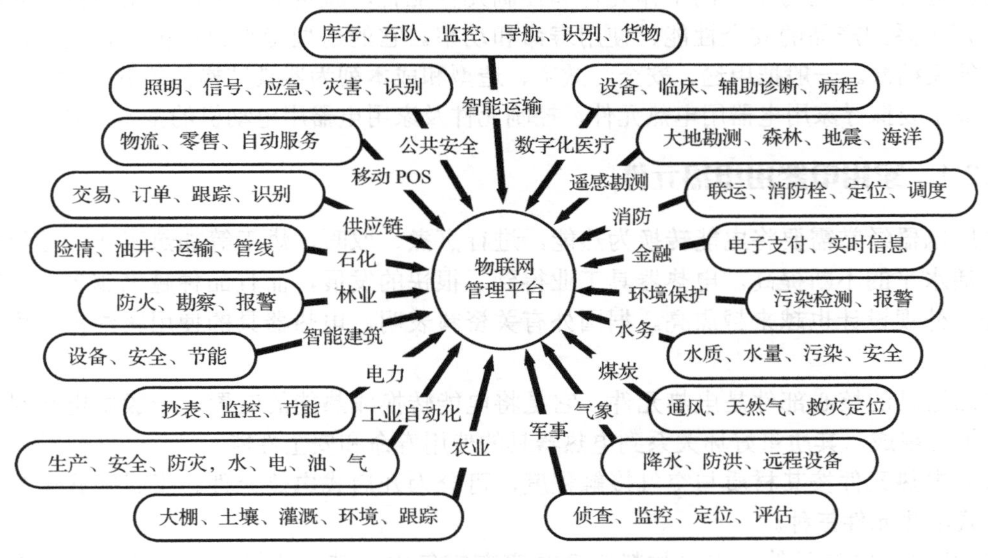

图 1-15　物联网管理平台示意图

2）智能家用电器与物联网

从人的生活轨迹来看，一个人待在家中或其他居所的时间通常会占到全天时间的 50%，如果算上周末，这个比例会更高。当你置身某个居所时，就免不了需要和居所里的各种设施互动，如门、窗、电灯、抽屉等。同时，自身、家人和重要物品的安全，也是人们

持续关注的焦点，这些都是人们重视居住环境、重视智能家居的重要原因。

因此，越来越多的人们喜欢从物联网的角度对智能家居提出要求，他们不希望在耗费了时间、精力、金钱之后使用的是过时的方案和产品。智能家居依赖智能家用电器的网络化控制与智能信息处理能力，是家用电器智能化后的一种物联应用，智能家居成为人们密切关注的物联网应用之一。

1.2 家用电器通用器件

智能家用电器主要是控制及执行机构的智能化。但所有家用电器最基本的工作机构依然依赖于传统家用电器的基础技术。

家用电器的基本结构包括 3 部分：工作元件、控制元件和器具结构件。

（1）工作元件：主要有电热元件和电动机。电热元件包括电阻式电热元件、红外加热元件、电磁加热元件和微波加热元件四大类，主要功用是将电能转换为热能，进行烹煮、取暖、烘干等加热工作；电动机主要提供动力，如洗衣机的搅拌、压缩机的运转、电风扇的运转等。

（2）控制元件：家用电器工作时用于控制电流、温度或时间等参数的元件。它决定了产品的技术性能和使用功能，产品的功能越多、性能越好，控制机构也就越复杂。智能化家用电器的基础就是控制元件的智能化。

（3）器具结构件：指满足用途和功能的壳体构件，如电饭锅的锅体、洗衣机的箱体和电冰箱的箱体等。它与不同的工作元件和控制元件配合，就构成不同的家用电器。它的质量好坏，关系到产品的安全性能、使用寿命和功率。它的造型特点也在很大程度决定了电器的性能及档次。一般把用途、安全、效率、造型和成本列为器具结构件的五要素。

本节主要探寻家用电器用电热元件、控制元件及家用电器用电动机的基本原理。

1.2.1 家用电器用电热元件

家用电器经常需要将电能转换为热能，进行烹煮、取暖、烘干等加热工作。近年来，随着生活水平的不断提高，电热器具工业得到了很快的发展，而且品种越来越多，质量越来越好，外观设计也越来越漂亮。据国外有关资料表明，电热器具的使用率约占家用电器的 1/3。

电热器具的核心部件是电热元件，它是将电能转换成热能的装置，一般由电热材料和绝缘保护层组成，其质量好坏关系到电热器具的使用寿命和安全性能。

（1）电热元件按其材质与空气接触程度，可分为开启式电热元件、半封闭式电热元件和封闭式电热元件三种。

① 开启式电热元件：电热材料完全裸露在空气中，其结构简单，制造容易，应用广泛，但表面带电，需注意安全。

② 半封闭式电热元件：电热材料与空气不完全隔绝，有一定的绝缘层，安全性能和机械强度相对提高，使用寿命也较长。

③ 封闭式电热元件：电热材料与空气完全隔绝，可以加热各种介质，安全性能好，热效率高，寿命更长。

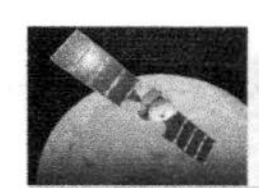

（2）电热元件按电热转换方式不同，可分为电阻式、红外式、电磁感应式和微波式四大类。其中，电阻式电热元件按不同用途加工成螺旋形、板形、管形、棒形等多种形状。

下面介绍电阻式电热元件、远红外线电热元件和正温度系数（positive temperature coefficient，PTC）热敏电阻电热元件。微波加热元件，放在微波炉原理部分讨论。

1. 电阻式电热元件

电阻式电热元件是由电阻系数大的电热材料在通过电流时发热工作的。在家用电热器具中，电阻式电热元件的材料一般为合金电热材料，如铁铬铝、铬镍等。

在发热元件和起支撑作用的家用电器结构件之间，必须用不导电的绝缘材料进行绝缘。绝缘材料也称电介质，如云母、氧化镁、玻璃、陶瓷、电木、大理石等。绝缘材料要求具有绝缘强度大、机械强度高、耐热性能好、吸湿度小、化学性能稳定和导热性好的特点。

为提高电热元件的热效率，电热器具中还要采用适当的绝热材料，以减少电热元件对人身的热烫伤危险及防止火灾。常用绝热材料有木材、泡沫塑料、石棉、硅藻土等。绝热材料要求比热容和密度均小，吸湿性小，电导率低，耐热，耐火，化学性质稳定。

在实际应用中，一般是先将合金电热材料制成电热丝，再经过二次加工制成各种电热元件。常用的电热元件如下。

1）开启式螺旋形电热元件

这种电热元件是将合金电热丝制成螺旋状，直接裸露在空气中，它在电吹风和家用开启式电炉中广泛应用，一些大型工业加热器具，也采用这种电热元件。

开启式螺旋形电热元件如图 1-16 所示。为避免电热丝变形、断裂，增加其使用寿命，电热元件的直径 D、电热丝的直径 d、电热丝之间的距离 b 应符合如下要求：

当 $d \leqslant 1.0$ mm 时，选 $D=(3\sim5)d$，$b=(2\sim4)d$；

当 $d \geqslant 1.0$ mm 时，选 $D=(5\sim7)d$，$b=(2\sim4)d$。

2）云母片式电热元件

云母片式电热元件是将合金电热丝缠绕在云母片上，在外面覆盖一层云母作绝缘，如图 1-17 所示。

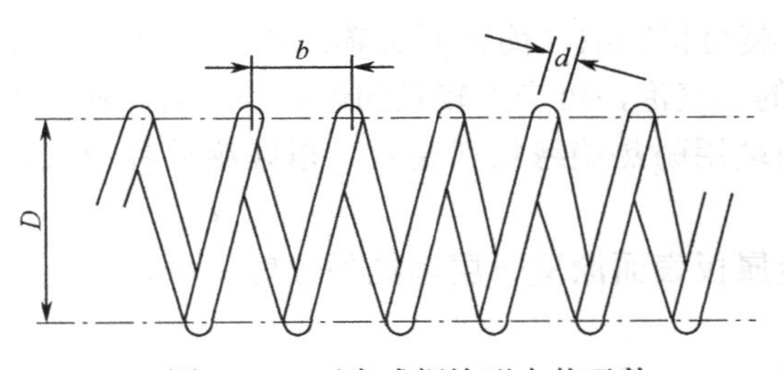

图 1-16　开启式螺旋形电热元件

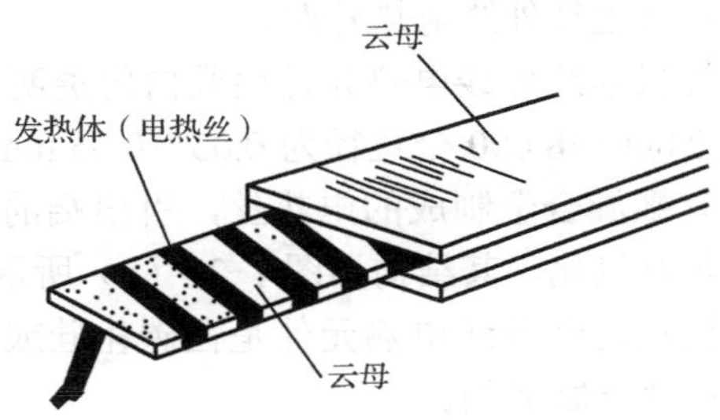

图 1-17　云母片式电热元件

3）金属管状电热元件

金属管状电热元件是电热器具中最常用的封闭式电热元件，主要由电热丝、金属护套管、绝缘填充料、端头封堵材料和引出棒等组成，如图 1-18 所示。

4）电热板

电热板的形状有圆形、方形、平板形、凸形和凹形等，主要采用铸板式和管状元件铸板式两种结构形式，一般应用于电饭锅等电热产品中，如图 1-19 所示。

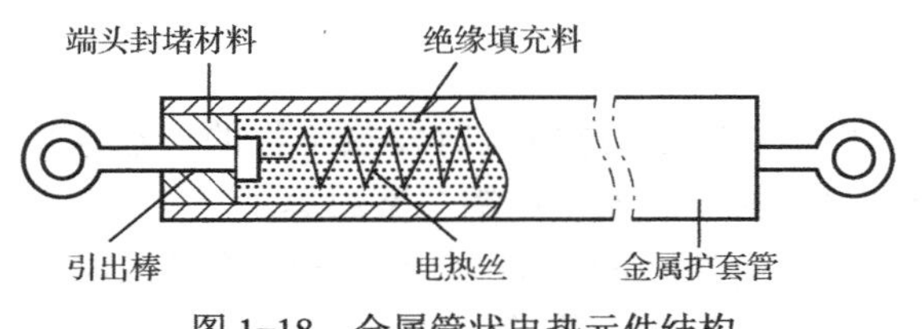

图 1-18　金属管状电热元件结构

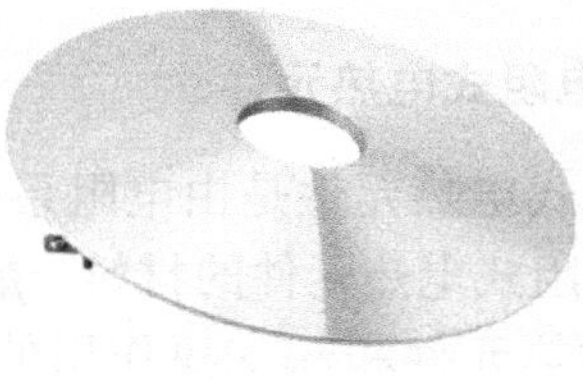

图 1-19　电热板

5）绳状电热元件

在一根用玻璃纤维或石棉线制作的芯线上，缠绕柔软的电热丝（镍铬、铜铬合金等），再套一层耐热尼龙编织层，在编织层上涂覆耐热聚乙烯树脂。绳状电热元件主要用于电热毯、电热衣等柔性电热织物中，其典型结构如图 1-20 所示。

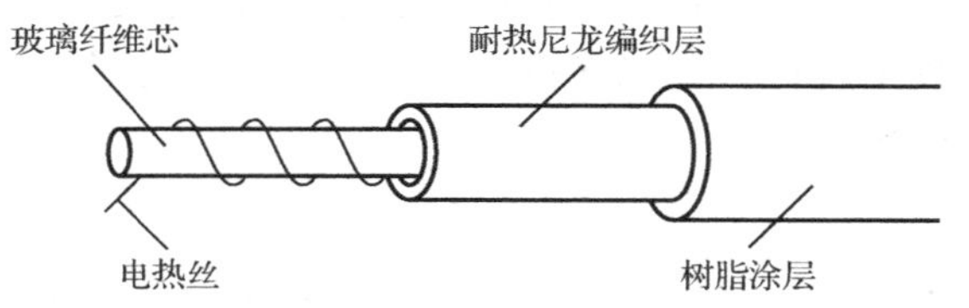

图 1-20　绳状电热元件的典型结构

2. 远红外线电热元件

远红外线加热方法是在电阻加热方法的基础上发展起来的。

远红外线加热的热源，是红外电热元件发出的波长为 2.5～15 μm 的远红外线。其基本原理：先使电阻发热元件通电发热，靠此热能来激发红外线辐射物质，使其辐射出红外线对物体进行加热。它具有升温迅速，穿透能力强，节省能源和加热时间短的特点。远红外线电热元件在电取暖器、电烤箱和消毒柜等家用电器产品中广泛应用。

远红外线电热元件的种类有管状、板状和红外线灯等多种，在家用电器产品中最常见的是管状远红外线电热元件。

管状远红外线电热元件由乳白色透明石英材料制成（简称石英辐射管），内壁每 1 cm^2 就有 2 000～8 000 个直径为 0.03～0.05 mm 的小气泡，可产生较强的远红外辐射。在石英管内装有螺旋合金制成的电热丝，引出端的两端用耐热绝缘材料密封，以隔绝外界空气，防止电热丝氧化。其结构如图 1-21（a）所示。

板状远红外线电热元件是在碳化硅或金属板表面涂覆一层远红外辐射物质，中间装上合金电热丝制成的。

红外线灯属热辐射光源，分为透明的石英近红外线灯和半透明的石英远红外线灯。红外线灯的结构和普通照明用的白炽灯大致相同，二者的区别是前者既可发出红外线，又可发出可见光，而后者只能发出可见光。红外线灯的结构如图 1-21（b）所示，从图中可以看出管形红外线灯是在普通玻璃灯管上罩有石英管，因而热膨胀系数小，遇水不易破裂。

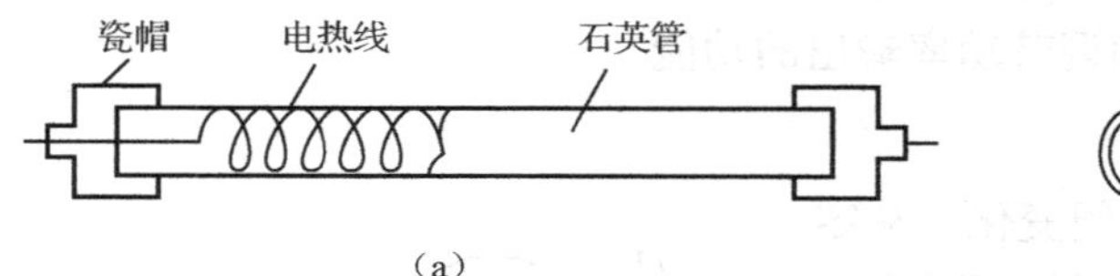

（a）

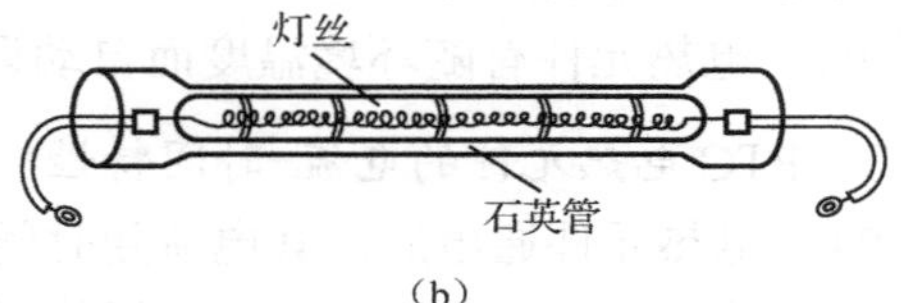

（b）

图 1-21　远红外石英辐射管、红外线灯结构

3. PTC 电热元件

PTC 电热元件是一种正温度系数的热敏电阻。它具有加热效率高、无明火使用、安全可靠等优点，并且还具有温度自限能力，因此被广泛使用。

1）PTC 电热元件的电阻-温度特性

PTC 电热元件的电阻-温度特性如图 1-22 所示。

起始时，PTC 电热元件表现电阻值随温度上升而下降的负温度系数特性，一般电阻率为 0.1～10 Ω・m，变化率并不大。当温度升到 T_0 时，电阻值最小。

当温度越过 T_0 点时，PTC 电热元件的电阻值随温度的上升而急剧上升，增加的倍数为 10^3～10^5 倍，具有很大的正温度系数特性，从而使电路中通过的电流减小，功率下降，元件发热量减小，元件表面温度下降。

随着元件表面温度的下降，PTC 电热元件的电阻值急剧减小，电路中的电流又增大，功率增加，元件表面温度又上升。

PTC 电热元件在电路中会反复出现上述变化，最终使元件表面保持一个恒定的温度值。这就是 PTC 电热元件的温度自限能力。

PTC 电热元件电阻-温度特性曲线上的 T_0 对应的点称为居里点，T_0 称为居里温度。

2）PTC 电热元件的电流-电压特性

PTC 电热元件接通电压后，电流将随着电压的增大而迅速增加；当到达居里温度后，电流达到最大值；电热元件进入 PTC 区域，如果电压继续增大，其电流反而很快减小，如图 1-23 所示。

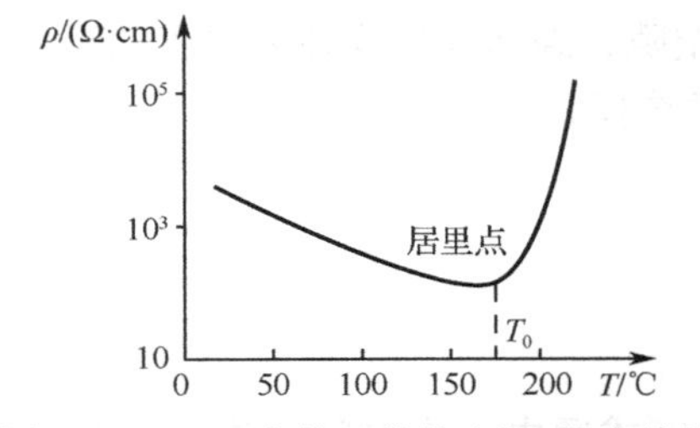

图 1-22　PTC 电热元件的电阻-温度特性

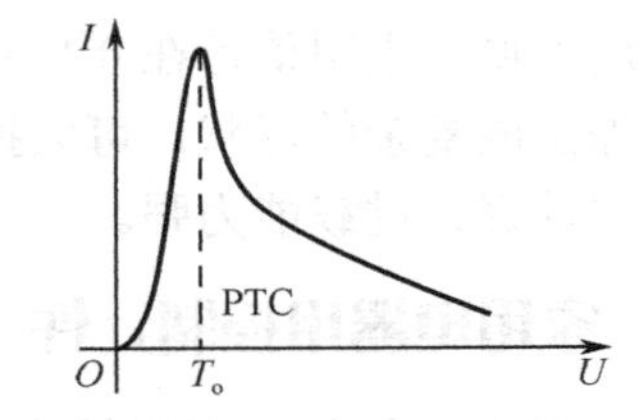

图 1-23　PTC 电热元件的电流-电压特性

PTC 电热元件达到最高工作温度，其所消耗的功率为：

$$P=IU=D（T_1-T_2）$$

式中，D——放热系数；T_1——元件表面最高工作温度；T_2——被加热介质温度。

从上式可以看到，一个 PTC 电热元件一旦制造完成，它的工作温度基本确定，放热系数 D 将随使用环境的变化而略有变化，而它的发热功率将随外部环境条件 T_2 的变化而改变。也就是说，T_2 越低，散热条件越好，PTC 的发热功率就越大，反之就越小。这个特性

显示 PTC 电热元件有随环境温度而自动调节功率输出的功能。

3）PTC 电热元件的电流-时间特性

PTC 电热元件通电后，其电流随时间变化，从零增大到居里点时的最大值，再随时间的延长而减小到稳定值，如图 1-24 所示。

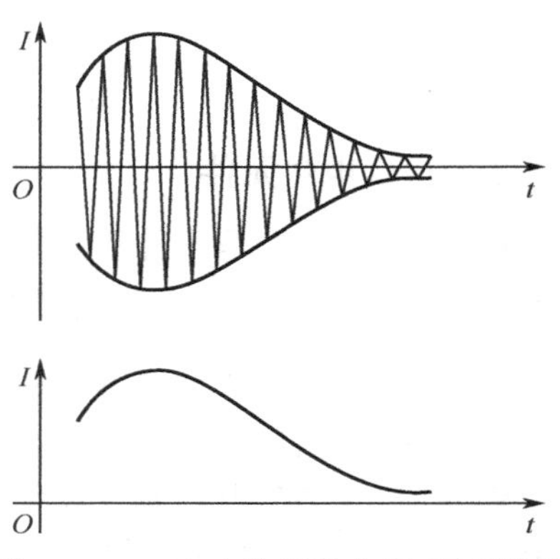

图 1-24 PTC 电热元件电流-时间特性

PTC 电热元件之所以具有上述特性，是因为它使用纯度较高的钛酸钡（$BaTiO_3$）作为原料，掺入 0.3%的镧族元素烧结而成。PTC 电热元件的居里温度 T_0 就是其最高工作温度。为了满足不同用途对温度范围的要求，可通过改变掺入杂质的方法，来改变居里温度 T_0。用不同的镧（La）族元素来转换钛酸钡中的钡，可把居里点移向高温侧或低温侧。例如，用锡（Sn）、锶（Sr）或锆（Zr）掺杂，可使居里点向低温侧移动；而添加铅（Pb）则可使居里点向高温侧移动。通过这种方法可得到居里温度在 100～350 ℃范围内某一温度值的 PTC 电热元件。

当然，在设计 PTC 电热元件时，需考虑它的放热系数、膨胀系数、静特性、非线性电阻效应和结构参数的影响。制造时还需考虑它的晶粒、厚度及电极的形成方式，可通过适当的计算来确定。

目前生产的 PTC 电热元件有圆盘式、蜂窝式、口琴式和带式等多种，广泛应用于各种电热器具中。

4）PTC 电热元件的主要特点

（1）灵敏度较高。其电阻温度系数要比金属大 10～100 倍以上，能检测出 10^{-6} ℃的温度变化。

（2）工作温度范围宽。常温器件适用于-55～+315 ℃，高温器件适用温度高于 315 ℃（目前最高可达到 2 000 ℃），低温器件适用于-273～+55 ℃。

（3）体积小。能够测量其他温度计无法测量的空隙、腔体及生物体内血管的温度。

（4）使用方便。电阻值可在 0.1～100 kΩ 间任意选择。

（5）易加工成复杂的形状，可大批量生产。

（6）稳定性好、过载能力强。

1.2.2 家用电器用控制元件

在家用电器中，往往需要对输出功率、加热温度或通电工作时间等进行控制、调节和显示，承担控制调节功能的元件称为控制元件。它决定了产品的技术性能和使用功能，产品的功能越多、性能越好，控制机构也就越复杂。

家用电器控制元件按其控制目的可分为温度控制、功率控制和时间控制 3 种类型。

1. 温度控制元件

在家用电热器具中，常用的温度控制元件有热双金属片式温控元件、磁性温控元件、温控元件等。

1）热双金属片式温控元件

热双金属片式温控元件由热膨胀系数不同的两种金属薄片轧制结合而成，其中一片的热膨胀系数大，另一片的热膨胀系数小。

工作原理：在常温下，两片金属片保持平直，当温度上升时，热膨胀系数大的一片伸长较多，使金属片向热膨胀系数小的那一面弯曲，温度越高，弯曲越厉害。当温度下降时，热双金属片收缩恢复到原状。利用双金属片受热后弯曲变形控制触点的闭合或断开，使电源接通或关断。

热双金属片式温控元件结构示意图如图 1-25（a）所示。热双金属片式温控元件有常闭型和常开型两种。常闭型就是它在冷态时，电触点是闭合的，只有当它受热达到一定程度时，该双金属片才弯曲，使电路断开。常开型就是它在冷态时，电触点处于断开状态，当它受热并达到一定程度时该金属片弯曲，才使电路闭合。

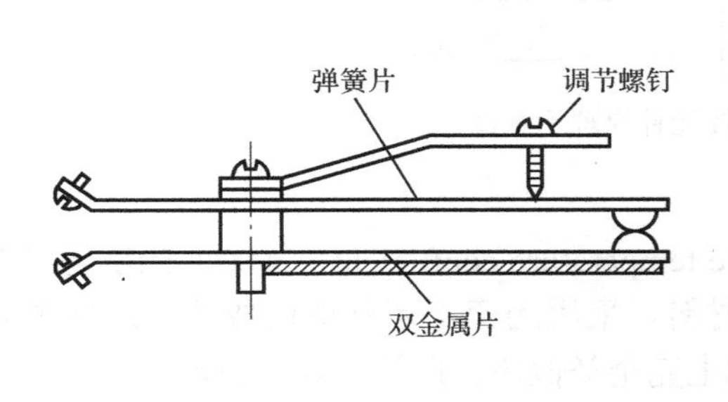

（a）

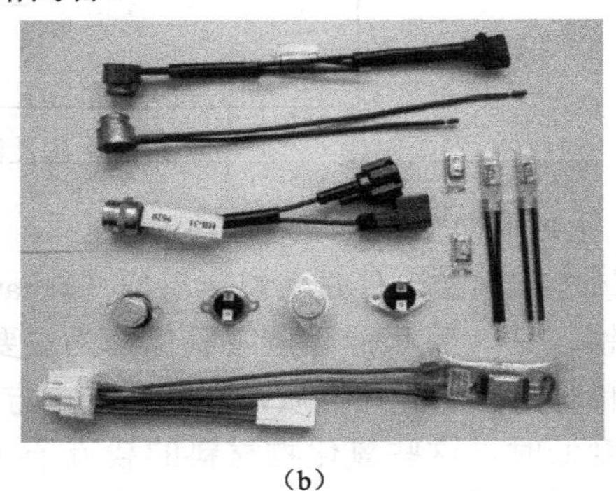

（b）

图 1-25　热双金属片式温控元件

在实际应用中，热双金属片式温控元件根据用途不同，又可做成不同的形状，有单支点型、双支点型、不等宽型、U 形和碟形等多种类型。由热双金属片式温控元件组成的温度控制机构称为双金属片温控器。常用的双金属片温控器有缓动式和闪动式两种，并常采用一个螺钉来实现温度调整。

缓动式温控器的双金属片受热后，依靠双金属片变形量的逐渐增大，缓慢地使触点通、断，其通、断的过程中会有电弧产生，易使触点熔化而焊死失效；触点动作寿命通常只有 3 000～4 000 次。它常用于电饭锅、电烤箱和电熨斗等电热器具中。

闪动式温控器比缓动式温控器多设计了一个弓形储能簧片，当双金属片受热达到某一程度时，弯曲产生一定的位移量，触点在弓形储能簧片的帮助下，能迅速接通或断开，减少电弧的产生，以延长使用寿命（可以正常动作 50 000 次左右）。

温控器上常安装一个温度调节螺钉，用来调节控制温度的高低。

由于双金属片温控器结构简单、动作可靠且价格低廉，因此被广泛应用，市场占有率为 85%以上。

2）磁性温控元件

结构：主要由永久磁钢和感温软磁组成，如图 1-26 所示。

工作原理：在位置固定的感温软磁下有一个永久磁钢，永久磁钢的下面有一弹簧以一定的拉力向下拉它。在常温下，永久磁钢和感温软磁之间的吸力，大于弹簧拉力与永久磁

钢重力之和，因而当永久磁钢与感温软磁贴近，即感温软磁吸住永久磁钢，使它们所带动的两个触点闭合，电热元件通电发热。一旦电热元件发热超过预定值，温度上升到感温软磁的居里温度时，软磁的磁力急剧减小，使弹簧拉力与永久磁钢的重力之和大于磁吸力，永久磁钢落下，两触点脱离，电热元件断电。

优点：温度控制准确，动作可靠、迅速。

缺点：复位时，需使用者用手压操作钮，使永久磁钢托起，与感性软磁相吸。

应用：磁性温控元件广泛应用于电饭锅。

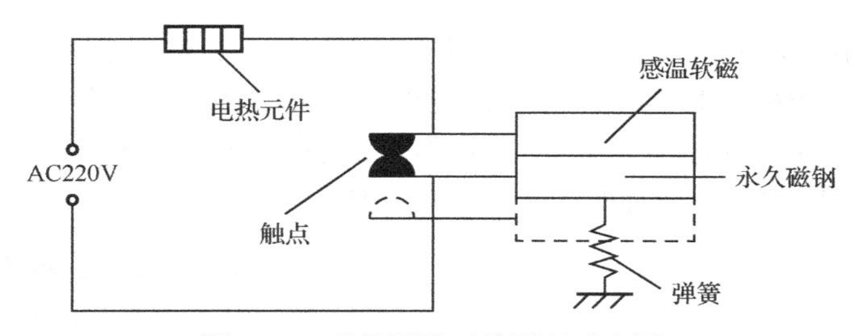

图 1-26　磁性温控元件原理示意图

3）热敏电阻温控元件

热敏电阻温控元件是负温度系数（negative temperature coefficient，NTC）热敏电阻器。它是以锰、钴、镍和铜等金属氧化物为主要材料，采用陶瓷工艺制造而成的。这些金属氧化物材料都具有半导体性质，因此在导电方式上完全类似锗、硅等半导体材料。

温度低时，这些氧化物材料的载流子（电子和孔穴）数目少，电阻值较高；随着温度的升高，载流子数目增加，电阻值降低。NTC 热敏电阻器在室温下的变化范围为 100～1 000 000 Ω，温度系数为-6.5%～-2%。NTC 热敏电阻器可广泛应用于温度测量、温度补偿、抑制浪涌电流等场合。

特点：电阻值随温度的变化而显著变化，结构简单、体积小、寿命长、温度控制精确（约±1 ℃），易于实现远距离测量与控制，普遍应用在自动控制系统中。

热敏电阻按其结构形状可分为杆式、圆片式、垫圈式和电阻珠等 4 种，如图 1-27 所示。

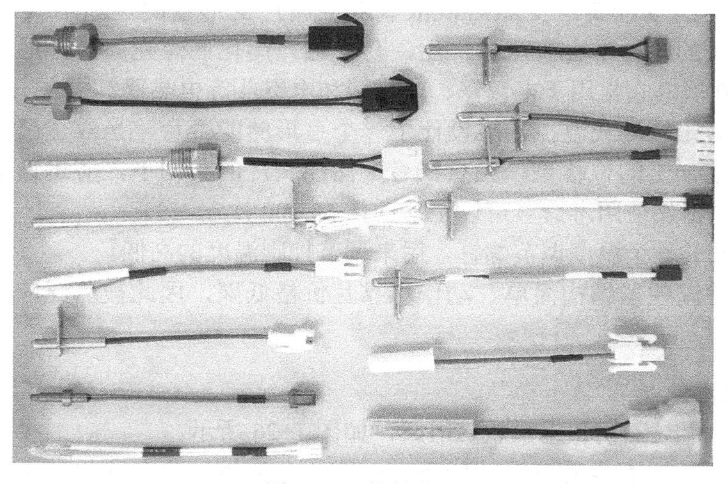

图 1-27　热敏电阻

4）热电偶温控元件

热电偶是一种能将温度转换成电势的传感器。

它的工作原理是物体的热电效应。由两种不同材料的导体组成一个闭合回路，得到两个结合面，称为两个结点。当两个结点的温度不同时，回路中将产生电动势，这种现象称为热电效应。热电偶所产生的电动势称为热电动势。热电偶的两个结点中，置于温度为 T 的被测对象中的结点称为测量端，又称工作端或热端，而置于参考温度为 T_0 环境中的另一结点称为参比端，又称自由端或冷端。

使用时，当热端温度大于冷端温度时，在电路中产生电动势即产生电信号，此电信号经放大后控制执行机构，达到调节和控制温度的目的，如图 1-28 所示。

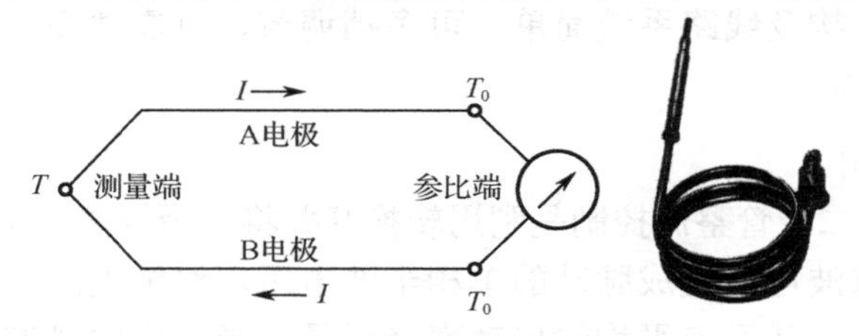

图 1-28　热电偶原理示意图

特点：热电偶温控元件结构简单，精确可靠，温度调节范围广，但系统复杂、价格高。

应用：常用于较大型电热器具中，如储水量在 100 L 以上的热水器、大型电烤炉、燃气灶熄火保护等产品中。

5）形状记忆温控元件

形状记忆温控元件是一种采用形状记忆合金制成的温控元件。形状记忆合金是一种具有形状记忆效应和弹性特性的特殊功能新型材料。

形状记忆效应指合金在室温下加工产生塑性变形，而加热升温达到某一临界温度时，又立即恢复变形前的形状。

形状记忆效应有单向形状记忆效应、双向形状记忆效应、全方向形状记忆效应 3 种，如图 1-29 所示。

形状记忆合金的种类不少，主要有 Ti-Ni 基形状记忆合金、Cu 基形状记忆合金和 Fe 基形状记忆合金三大类。

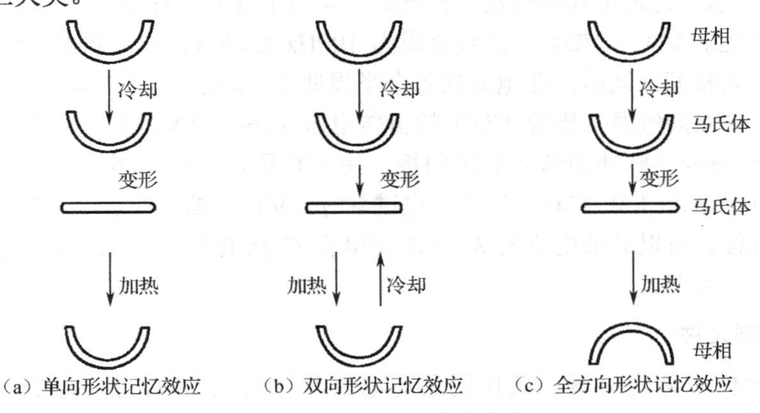

图 1-29　形状记忆效应分类

2. 功率控制元件

对家用电器中的工作部件进行功率控制，可达到调节输出功率的目的。控制功率的方法较多，一些电器的具体控制方法将在后面具体电器电路中介绍。这里主要介绍以下几种。

1）开关换接控制

对可调节功率的电器，在工作时利用开关使元件通/断，以及通过串/并联等不同组合，改变电器与电源的连接方法，从而得到大小不同的功率，如电风扇风力调节、洗衣机洗涤方式调节。很多电器采用琴键开关控制功率输出，如图 1-30 所示的电风扇调速电路，为一简单的琴键开关控制的功率调节电路。

特点：这种控制结构及线路系统简单、可多挡调节、可靠性高、价格低，适用于控制精度要求不太高的器具中。

2）二极管整流控制

如图 1-31 所示，二极管整流控制是利用转换开关将二极管接入电路中，利用二极管的整流作用，将单相正弦波电压变成脉动的单相半波电压。对纯电阻性负载，在二极管截止期间，电路中没有电流，从而使平均输出功率降低了一半。电吹风普遍采用这种方式来控制送出热风的温度。

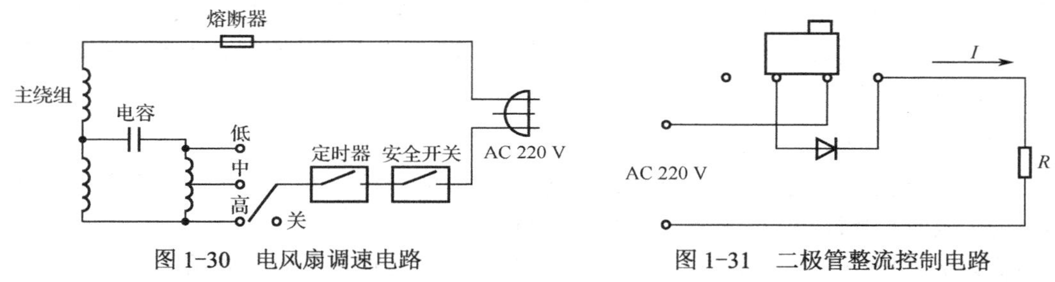

图 1-30　电风扇调速电路　　图 1-31　二极管整流控制电路

3）晶闸管调功控制

晶闸管调功控制是通过改变晶闸管的导通角，控制电路使电热元件得到不同的工作电压，从而使电热元件产生不同的功率。晶闸管控制电路若与热敏电阻等检测元件相结合，则能实现对电热器具的自动控制。

如图 1-32 所示，为采用双向触发二极管的单向晶闸管调光灯电路。

220 V 交流电经 VD1～VD4 桥式整流成为 100Hz 脉动直流电，再经灯泡 EL 加到晶闸管 VT 的阳极与阴极间。同时，在电源的每个半周期内，通过 R_P、R_1 向电容 C 充电，当 C 两端充电电压达到双向触发二极管 VDH 的折转电压（26～40 V）时，VDH 导通，C 向 R_2 放电，在 R_2 两端形成尖脉冲加到 VT 的门极，使 VT 导通，EL 通电发光。VT 导通后，其阳极与阴极间电压降为 1 V 左右，当交流电过零时，VT 关断，待下一周期，电容 C 又充电，重复上述过程。所以调节电位器 R_P 可改变电容 C 充电速度，从而控制灯泡 EL 上电压的平均值，使亮度可调。

3. 时间控制元件

时间控制元件俗称定时器。其作用是对电气元件的工作时间进行控制，从而达到控温、定时开关等目的。时间控制元件分为机械式、电动式和电子式。其时间范围有 0～

5 min、0～30 min、0～60 min 及 0～12 h 等多种。

1）机械式定时器

由于机械式定时器（见图 1-33）具有结构简单、制造容易、成本低廉、性能可靠和安装维修方便等优点，因此，目前普通电风扇上装配的大多是机械式定时器。另外，机械式定时器在一些普通双桶洗衣机、微波炉、电烤箱中，也有广泛应用。

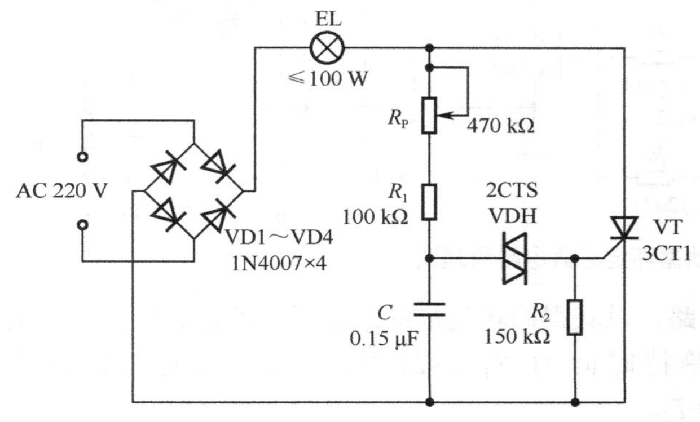

图 1-32　采用双向触发二极管的单向晶闸管调光灯电路

图 1-33　机械式定时器

2）电动式定时器

电动式定时器主要由微型同步电动机、减速机构、机械开关组件及电触点等部分组成，按预置的时段或时刻控制执行。其工作原理与传统的机械式定时器基本一致，只是用微型同步电动机代替了发条机构作为动力源。

3）电子式定时器

电子式定时器利用石英振荡器或民用交流电的标准频率，经过分频计数组成时间累加器或数字钟，按照预置的时间编码输出控制信号。电子式定时器具有定时、键盘锁定、夏时制和 12/24 小时制转换等功能，用于电源开关控制装置。

它一般采用晶体管延时电路和灵敏继电器定时方式，它比机械式定时器更可靠耐用，运行时本身无噪声，可使环境更安静。

电子式定时器有不同型号，各具有不同的功能。

CC4060 是一款自带振荡器和 14 位二进制计数/分频器的 CMOS 集成电路。其输出端 Q4～Q10、Q12、Q14 构成 16～18384 分频系数，利用该输出特性，可方便地设计各种用途的电子定时器。

图 1-34 所示为自动循环定时器电路，其原理简单、可靠性高，对振荡回路的电阻/电容稍作调整，或改变 Q4～Q10、Q12、Q14 输出控制接线，即可获得所需循环等待时间和工作动作时间。

电路原理如下：电阻 R_1、R_2 及 C_1 组成振荡回路，周期 $T=2.2R_2C_1$。R_7、VD1、KM 及 VT 组成驱动电路，控制继电器触点的通断。C_3、C_5、R_3、VZ、BR1 等构成电容降压电路，提供 12 V 的直流电源。

在电源接通以后，CC4060 的二进制计数器开始计数，前一级的下降沿触发后级，进行分频计数。

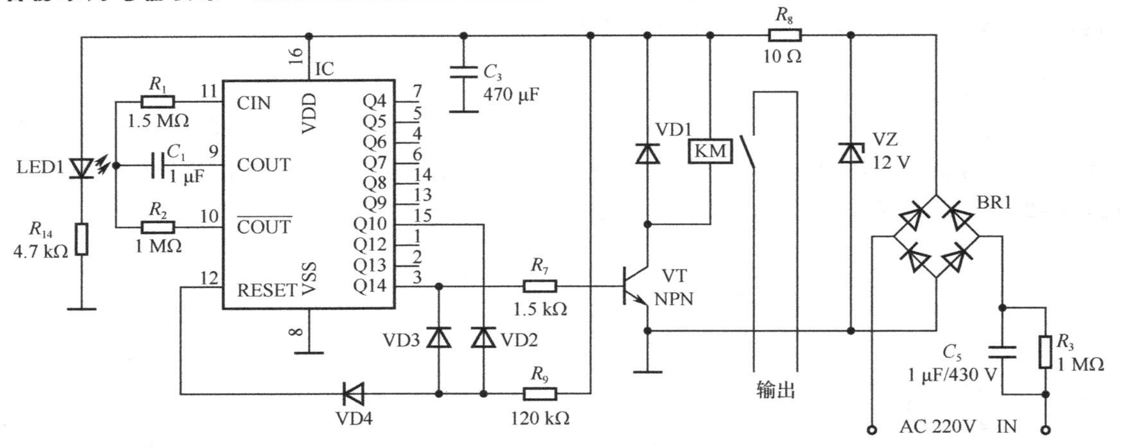

图 1-34　自动循环定时器电路原理图

VD2、VD3、VD4 和 R_9 组成与门电路，以获得循环复位的高电平，使计数器复位，重新进入下一个定时周期。定时器的等待时间为 $T_1=T\times214/2$ s，动作接通的时间为 $T_2=T\times210/2$ s，一个循环周期的时间为 T_1+T_2。

适当地选择 C_1、R_2 的参数，可得到相应的振荡频率。定时器的等待时间和动作接通时间可相应改变。同时，根据不同的需要，改变输出端（Q14）和其控制端（Q10）也可改变等待时间和动作接通时间及其占空比。

按照图示参数，可制作出自动循环定时器来控制室内的排风扇。等待时间为 3 h，动作接通时间为 20 min。

1.2.3　家用电器用电动机

家用电器使用单相交流电，所以，家用电器一般使用的是单相电源供电的单相异步电动机。它使用方便，广泛应用于家用电器、电动工具、医疗器械中。

1. 单相异步电动机的结构

单相异步电动机又称单相感应电动机，只需单相交流电源供电，广泛应用于电风扇、洗衣机、抽油烟机及电冰箱、家用空调器中，如图 1-35 所示。

单相异步电动机是由定子、转子、机座、端盖、轴承和启动元件等几部分组成的。

图 1-35　洗衣机用单相异步电动机

2. 单相异步电动机的原理

当单相正弦电流通过定子绕组时，电动机内就会产生一个交变磁场，这个磁场的强弱和方向随时间做正弦规律变化，但在空间方位上是固定的，所以又称这个磁场是交变脉动磁场。

这个交变脉动磁场可分解为两个转速相同、旋转方向相反的旋转磁场，当转子静止时，这两个旋转磁场在转子中产生两个大小相等、方向相反的转矩，使合成转矩为零，所以电动机无法旋转。

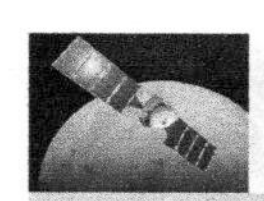

当用外力使电动机向某一方向旋转时（如顺时针方向旋转），这时转子与顺时针旋转方向的旋转磁场间的切割磁力线运动变小；转子与逆时针旋转方向的旋转磁场间的切割磁力线运动变大。这样平衡就打破了，转子所产生的总的电磁转矩将不再是零，转子将顺着推动方向旋转起来。

由于单相交流电通过一个绕组只能产生一个脉动而不旋转的磁场。为了获得旋转磁场，得到启动转矩，通常在定子上另加一个辅助绕组（启动绕组）。它与主绕组（运转绕组）相隔等空间角度，并采用分相的方法，使两绕组中电流的相位尽可能接近 90°，在空间上产生（两相）旋转磁场，在这个旋转磁场作用下，转子就能自动启动。如图 1-36 所示为电容分相式电动机的启动原理图。

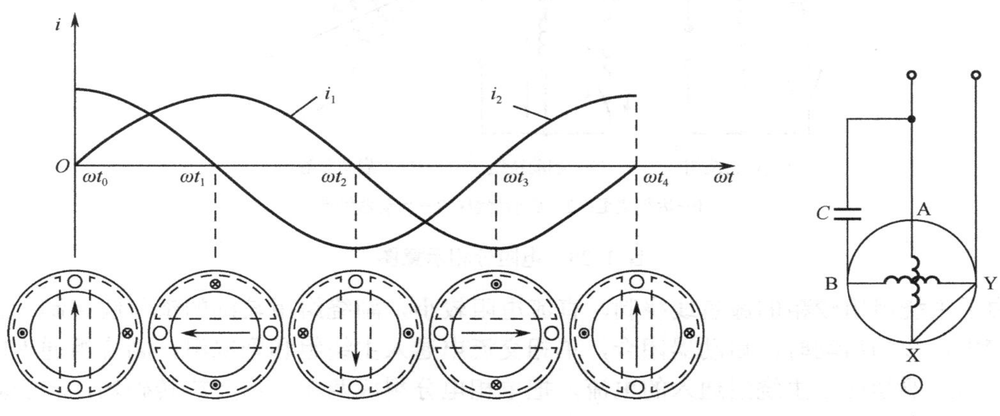

图 1-36　电容分相式电动机的启动原理

在 ωt_0 时，i_2 最大，电流假设从左流出，从右流入，磁场向上；在 ωt_1 时，i_1 最大，i_2 为 0，假设电流从下流出，从上流入，磁场旋转向左；在 ωt_2 时，i_1 为 0，i_2 最小，磁场旋转向下；在 ωt_3 时，i_2 为 0，i_1 最小，磁场旋转向右；在 ωt_4 时，电流完成一个周期变换，磁场旋转回到向上位置。这样，就形成了旋转磁场。

3. 单相异步电动机的类型

按照不同的分相方法有不同的单相异步电动机。一般把接在单相电源上工作的电动机称为单相异步电动机。为了启动电动机，需要使两个绕组通过两相电流。主要类型有：单相电阻分相（启动）式异步电动机、单相电容分相（启动）式异步电动机、单相电容运转型异步电动机、单相电容启动兼运转型异步电动机、单相罩极式异步电动机。

1）电阻分相式电动机

如图 1-37（a）所示，将 m 绕组和 a 绕组设计成不一样的。M 绕组匝数多、导线粗；a 绕组匝数少而导线细。m 绕组电抗大而电阻小；a 绕组电抗小而电阻大。

启动时启动开关 S 合上，m 绕组和 a 绕组通入被“分相”的电流，电动机启动，当转速达到 75%～80%同步转速时，S 自动断开。电动机在 m 绕组单独驱动下运行。

常用的启动开关是电流继电器、PTC 热敏继电器等，如图 1-37（b）、（c）所示。当转子转速达到某预定值时，启动开关断路，启动绕组脱离电源，电动机进入正常运转状态，其电流及相位的关系如图 1-38 所示。此类电动机多用于中小型电冰箱。

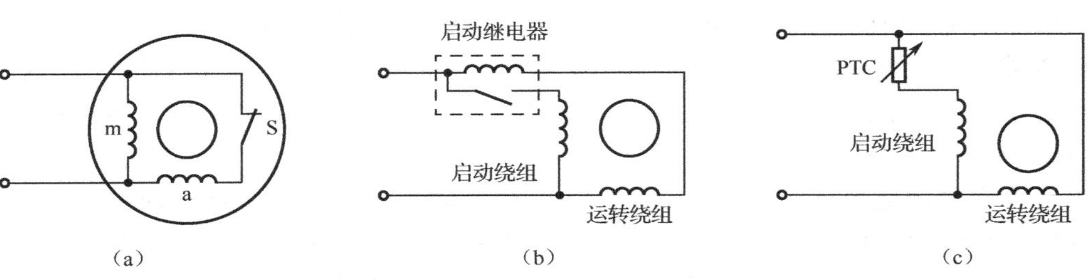

图 1-37　电阻分相式电动机电气原理图

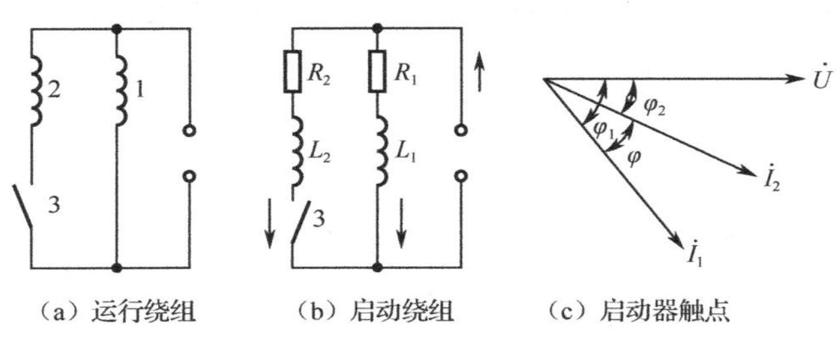

图 1-38　电阻分相示意图

由于主绕组用较粗的漆包线绕制，直流电阻较小，副绕组用较细的漆包线绕制，直流电阻较大，故当启动时，启动器闭合，单相交流电通入主绕组和副绕组，副绕组通入的电流在时间上要超前于主绕组通入的电流，把单相电分裂成两相，形成旋转磁场，转子获得启动转矩而旋转起来。

电动机启动后，启动器断开，切断副绕组电流，以防止副绕组烧坏。转子在主绕组产生的交变磁场作用下继续沿着原来启动的方向旋转，直到主绕组的电流也被切断，转子才停止旋转。

这种单相异步电动机两相电流相位相差不大，启动转矩较小。

改变转向的方法：单独改变 m（或者 a）绕组的通电极性。

2）电容分相式电动机

电容分相是在启动绕组回路中串联电容，以使两绕组中电流的相位不同，产生旋转磁场，即产生启动转矩。如果电容选择适当，可以使两绕组电流相位差达 90°。

（1）工作原理：如图 1-39 所示，电动机定子上有两个绕组 AX 和 BY，AX 为运行绕组（或工作绕组），BY 为启动绕组，它们都嵌入定子铁心中，两绕组的轴线在空间互相垂直。在启动绕组 BY 电路中串有电容 C，适当选择参数使该绕组中的电流 I_2 在相位上超前 AX 绕组中的电流 $I_1$90°。

（2）分类：电动机启动后，根据开关 S 是否断开，可以将电容分相式电动机分为 3 类，如图 1-40 所示。

① 电容启动型：指在启动绕组回路中串联 1 只电容（称为启动电容），以提高启动转矩，并且设有离心式开关（电流继电器或 PTC 热敏继电器等控制器件）。当电动机转速达到额定转速的 70%～80%时，启动电容与启动绕组断开，只有运转绕组通电。其接线如图 1-40（a）所示。

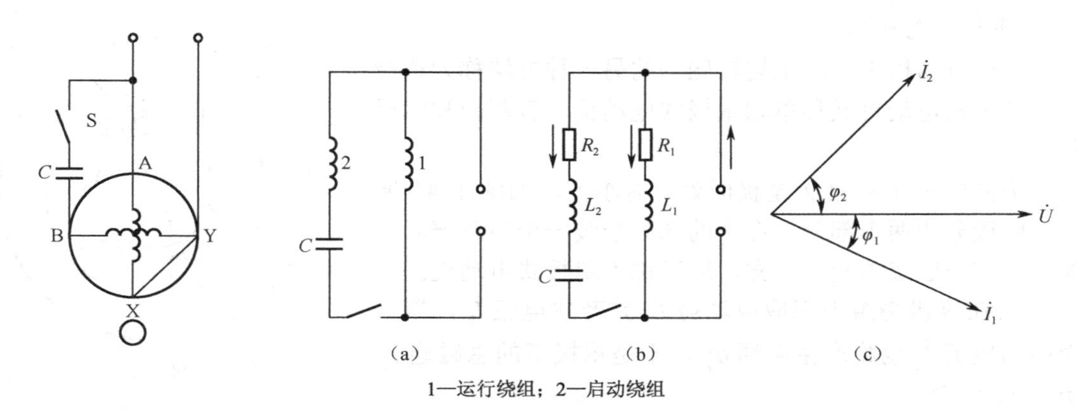

1—运行绕组；2—启动绕组

图 1-39 电容分相式异步电动机原理图

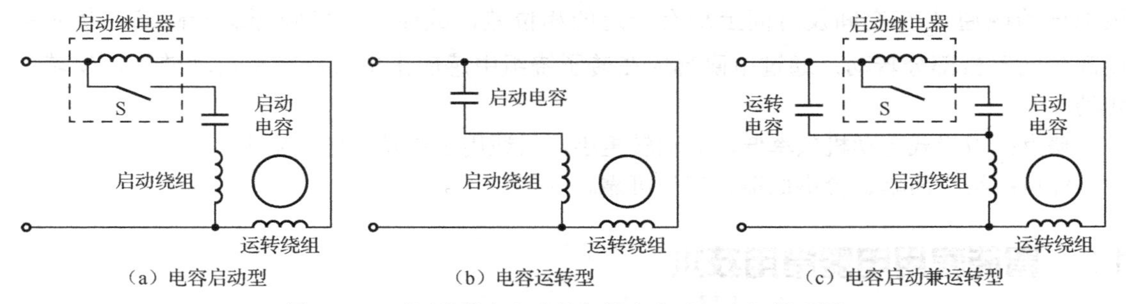

（a）电容启动型 （b）电容运转型 （c）电容启动兼运转型

图 1-40 不同类型电容式单相异步电动机电气原理图

② 电容运转型：在电容与启动绕组的串联电路上不设启动开关，即构成电容运转型。这种电动机不论是启动还是运转，电容均接在电路中而不断开。但因设计时，主要考虑它在额定状态运行时应具有最佳性能，不能兼顾启动性能，故启动转矩较小，广泛应用于电风扇、洗衣机等。其接线如图 1-40（b）所示。

③ 电容启动兼运转型：为了使电动机在启动和运行时都能得到比较好的性能，这种电动机在启动绕组电路中接有两个电容，其中电容量较小的电容供运转时使用；另一容量较大的电容供启动时使用。启动结束，该电容断开。电容启动兼运转型单相异步电动机既有较大的启动转矩，又能承受较大的运转负载，是较理想的单相交流电动机，适用于大容量的电冰箱、空调器等。其接线如图 1-40（c）所示。

（3）电容分相式电动机的调速，这部分内容放到第 3 章讲述。

电容分相式电动机具有启动性能好，运转平稳，结构简单，效率高和运转噪声小，在线圈中接入电阻或者电抗器可以实现减速等优点，现在广泛应用于家用电器中。

3）电感分相式电动机

电感分相原理与上面两种方法相似，读者可以自行分析。

综上所述，单相交流电动机会在运行绕组和启动绕组中产生相位相差一定角度φ的两个电流，从而导致定子绕组中产生一个旋转磁场，而转子中的导条切割磁力线运动产生感生电流，电流又在定子的旋转磁场作用下，产生一个启动转矩，于是转子就不断地运转起来。

4）罩极式电动机

在单相电动机中，产生旋转磁场的另一种方法称为罩极法，此类单相电动机又称单相罩极式电动机，有两极和四极两种。

每个磁极在 1/3～1/2 全极面处开有小槽，如图 1-41 所示，把磁极分成两个部分，在小的部分套装一个短路铜环，好像把这部分磁极罩起来一样，所以称为罩极式电动机。

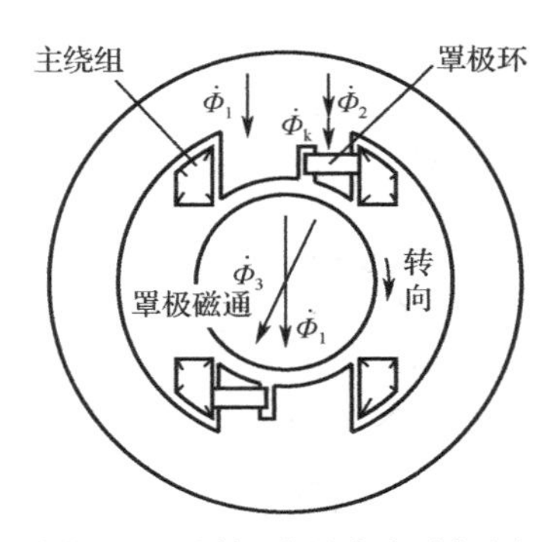

图 1-41　罩极式异步电动机原理示意图

$\dot{\Phi}_2$ 要在罩极绕组中感应电动势 $\dot{E}_k$ 并产生电流 $\dot{I}_k$，罩极线圈中的电流 $\dot{I}_k$ 也将产生磁通 $\dot{\Phi}_k$，于是罩极下的总磁通 $\dot{\Phi}_3$ 为 $\dot{\Phi}_2$ 和 $\dot{\Phi}_k$ 之和。

$\dot{\Phi}_3$ 在时间上落后于 $\dot{\Phi}_1$，由于非罩极部分的磁通 $\dot{\Phi}_1$ 与罩极部分的磁通 $\dot{\Phi}_3$ 在空间及时间上均有一定的相位差，故能产生椭圆形旋转磁场，从非罩极部分向罩极部分转动，通过电磁感应在转子绕组中感应出电流，产生启动转矩，使转子转动。

缺点：罩极式电动机效率低，启动转矩小，只适用于小功率电风扇中。

优点：结构简单、价格低廉、工作可靠。

1.3　智能家用电器常用技术

目前，家用电器产品的发展主要体现在 3 个方面：家用电器的网络化、家用电器的信息化和家用电器的智能化，对应为网络家用电器、信息家用电器和智能家用电器。

网络家用电器是将普通家用电器利用数字技术、网络技术设计改进的家用电器产品。网络家用电器可以实现互联，组成一个家庭内部网络，同时又可以与 Internet 相连接。目前认为比较可行的网络家用电器包括网络电冰箱、网络空调器、网络洗衣机、网络微波炉等。

信息家用电器是一种计算机、电信和电子技术与传统家用电器相结合的创新产品，信息家用电器包括计算机、机顶盒、无线数据通信设备、视频游戏设备、WebTV、IP 电话等。信息家用电器由嵌入式处理器、相关支撑硬件、嵌入式操作系统及应用层软件包组成。从广义的分类来看，信息家用电器产品实际上包含了网络家用电器产品。但信息家用电器更多的指带有嵌入式处理器的小型家用信息设备，而网络家用电器则指一个具有网络操作功能的家用电器类产品。

智能家用电器是将单片机技术、传感器技术、网络通信技术引入家用电器设备后形成的家用电器产品，能自动感知住宅空间状态和家电自身状态、家电服务状态，能够自动控制及接收住宅用户发出的控制指令；同时，智能家用电器作为智能家居的组成部分，能够与住宅内其他家用电器和家居、设施互联组成系统，实现智能家居功能。

因此，了解智能家用电器，首先应了解智能家用电器所使用的智能技术。这里，主要介绍智能家用电器用单片机技术、传感器技术，以及其他一些新型技术，如模糊控制技术、神经网络技术、纳米技术、变频技术、臭氧技术等。

1.3.1 智能家用电器用单片机

随着单片机技术日新月异的发展，单片机以其可靠性高、控制功能强、环境适应性好、体积小等优点，在家用电器中得到日益广泛的应用。用单片机取代传统家电中的机械控制部件正在使传统的家用电器产品走向智能化。例如，能识别衣物种类、脏污程度，自动选择洗涤时间、强度的洗衣机；能识别食物的种类，选择加热时间、温度的微波炉；能识别食物种类、保鲜程度，自动选择储藏温度的电冰箱等。

由于单片机在家用电器中的控制作用是一种智能行为，所以，它的能耗较少，和普通家用电器相比，智能家用电器是一种节能电器。这一点对用户来说十分有意义，对社会来说也是极有意义的。

总的来说，在智能家用电器中，单片机起了智能控制部件作用。它的存在提高了家用电器的品质，增加了家用电器的功能，并在家用电器中执行模拟人类智能的进程。随着智能控制理论和人工智能研究的深入，各种更加逼真地模拟人类智能的家用电器会更多地出现。而单片机和智能理论的结合，将来不但会更多地改进现有的家用电器，而且将会产生全新的智能化家用电器。

1. 单片机的基本特点与应用

单片机是单片微型计算机（single chip microcomputer）的简称，它将计算机的中央处理系统（CPU①）、存储器（RAM②和 ROM③）、I/O 接口器、定时器/计数器及串行通信接口器等功能电路集成在一块芯片上，组成一个完整的微型计算机，也称微控制器（micro control unit，MCU）。

单片机的发展经历了由 4 位机到 8 位机，再到 16 位机、32 位机的过程。高端的 32 位 SoC④单片机主频已经超过 300 MHz，并迅速取代 16 位单片机的高端地位，进入主流市场。随着微电子技术、IC⑤设计、EDA⑥工具的发展，基于 SoC 的单片机应用系统设计会有较大的发展。因此，对单片机的理解可以从单片微型计算机、单片微控制器延伸到单片应用系统。

1）单片机的主要产品与性能

目前的国外单片机产品主要有：美国微芯片公司的 PIC16C××系列、PIC17C××系列、PIC1400 系列；美国英特尔公司的 MCS-48 和 MCS-51 系列；美国摩托罗拉公司的 MC68HC05 系列和 MC68HC11 系列；美国齐洛格公司的 Z8 系列；日本电气公司的 μPD78××系列；美国莫斯特克公司和仙童公司合作生产的 F8（3870）系列等。国内的单片机厂家主要有希格玛微电子、珠海欧比特、北易创新、芯海科技等，其产品在各行各业得到广泛应用。

---

① CPU 全称为 central processing unit。
② RAM 全称为 random access memory，随机存储器。
③ ROM 全称为 read only memory，只读存储器。
④ SoC 全称为 system on chip，片上系统。
⑤ IC 全称为 integrated circuit，集成电路。
⑥ EDA 全称为 electronic design automation，电子设计自动化。

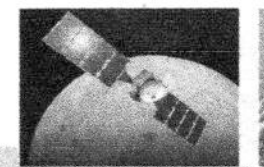

MCS-51 系列是一种应用非常广泛的单片机。

MCS-51 系列是英特尔公司于 1980 年推出的 8 位单片机，它具有性价比高、品种多、兼容性强、开发用的仿真机较完善等优点，所以在国际上的占有率相当高。

MCS-51 系列基本产品型号有 8051、8031、8751。

不同型号的 MCS-51 单片机的 CPU 处理能力和指令系统完全兼容，只是存储器和 I/O 接口的配置有所不同。其硬件基本配置如下：

（1）8 位 CPU；

（2）片内 ROM/EPROM、RAM；

（3）片内并行 I/O 接口；

（4）片内 16 位定时器/计数器；

（5）片内中断处理系统；

（6）片内全双工串行 I/O 口。

表 1-1 列出了英特尔公司 MCS-51 和 MCS-52 系列单片机的结构形式和性能。

表 1-1　英特尔公司的 MCS-51 和 MCS-52 系列单片机的结构形式和性能

资源配置 / 子系列	片内存储器对应型号				片内存储器大小		片外存储器寻址能力	定时器/计数器	并行 I/O 接口	串行口	中断源
	无	ROM	EPROM	EEPROM	ROM	RAM					
51	8031	8051	8751	8951	4KB	128B	2×64KB	2×16	4×8	1	5
	80C31	80C51	87C51	89C51	4KB	128B	2×64KB	2×16	4×8	1	5
52	8032	8052	8752	8952	8KB	256B	2×64KB	3×16	4×8	1	6
	80C32	80C52	87C52	89C52	8KB	256B	2×64KB	3×16	4×8	1	6

按资源的配置数量，MCS-51 系列分为 51 和 52 两个子系列，其中 51 子系列是基本型，而 52 子系列则是增强型，以芯片型号的最末位数字为标志。

按单片机片内 ROM 的配置状态可分 4 种：片内掩模式 ROM 单片机（如 8051），适合于定型大批量产品的生产；片内 EPROM 型单片机（如 8751），适合于研制产品样机；片内无 ROM 型单片机（如 8031），这种单片机需要在片外扩展 EPROM，扩展比较灵活，适用于研制新产品；EEPROM（或 Flash ROM）型单片机（如 89C51），内部程序存储器可擦除，使用更方便。

表中单片机型号带字母“C”表示所用的工艺是 CHMOS。它是 CMOS 和 HMOS 的结合，除了保持 HMOS 高速度和高密度的特点，还具有 CMOS 低功耗的特点，如 8051 的功耗为 630 mW，而 80C51 的功耗只有 12 mW。CHMOS 单片机芯片适合应用在低功耗的便携式、手提式或野外作业的仪器仪表设备上。

2）单片机的特点

（1）高集成度，体积小，高可靠性。单片机将各功能部件集成在一块晶体芯片上，集成度很高，体积自然也是较小的。芯片本身是按工业测控环境要求设计的，内部布线很短，抗干扰能力强，适应温度范围宽，能在比较恶劣的环境下可靠地工作；单片机程序指令、常数及表格等固化在 ROM 中，不易破坏；许多信号通道均在一个芯片内，可靠性高。

（2）控制功能强。为了满足控制要求，单片机的指令系统均有极丰富的条件：分支转移能力、I/O 口的逻辑操作及位处理能力，非常适用于专门的控制功能，能方便地实现多机和分布式控制，从而使整个控制系统的效率和可靠性大大提高。

（3）电压低，功耗低，便于生产便携式产品。单片机体积小、功耗低、成本低、控制功能强、易于产品化，能方便地组成各种智能化的控制设备和仪器，并做到机、电、仪一体化。为了能广泛应用于便携式系统，许多单片机内的工作电压仅为 1.8～3.6 V，而工作电流仅为数百微安。

（4）易扩展。片内具有计算机正常运行所必需的部件。芯片外部有许多供扩展用的三总线，以及并行、串行输入/输出引脚，很容易构成相应规模的计算机应用系统。

（5）优异的性能价格比。面向控制，能有针对性地解决从简单到复杂的各类控制任务，以获得最佳的性能价格比。为了提高速度和运行效率，单片机已开始使用 RISC（reduced instruction set computer，精简指令集计算机）流水线和 DSP（digital signal processing，数字信号处理）等技术。现有单片机的寻址能力已突破 64 KB 的限制，多数产品已达到 1 MB 和 16 MB，片内的 ROM 容量达到 64 MB，RAM 容量则达到 2 MB。单片机应用广泛，因而销量极大，各大公司的商业竞争更使其价格十分低廉，其性能价格比极高。

3）单片机的应用

（1）工业过程控制：单片机广泛应用于工业自动化控制系统中，数据采集、过程控制、生产线上的机器人系统，都是用单片机作为控制器的。

（2）智能仪器仪表：在各类仪器仪表中引入单片机，使仪器仪表智能化，提高测试精度和准确度，简化结构、减小体积及质量，提高其性能价格比。

（3）信息和通信技术：单片机在信息和通信技术领域的应用有传真机、打印机、绘图仪、复印机、电话机、考勤机、调制解调器、数字滤波、声像处理等。

（4）家用电器领域：单片机的参与进一步提高了家用电器产品智能化的程度，如微电脑控制的洗衣机、电冰箱、微波炉、空调器、电视机及视频音响设备等，这里的“微电脑”实际上就是指单片机。

（5）其他方面：现代化军舰、坦克、导弹火箭、雷达等军事装备上，商业营销领域中自动售货机、电子收款机及汽车中的点火控制、排气控制、计费器等，都有单片机在其中发挥作用。

4）家用电器用单片机

现代家用电器中所采用的单片机分为通用型和专用型两类。家用电器多采用专用型单片机，如日本 NEC 公司的 μPD7500 系列、美国摩托罗拉公司的 MC6800 系列、美国英特尔公司的 D8749H、日本东芝公司的 TMP4700 系列。图 1-42 所示为 NEC 的 μPD7508 单片机的引脚及内部结构图。

2. 单片机在家用电器控制中的应用

下面以空调器为例，讲解单片机在家用电器控制中的应用。

空调器的控制板一般有 3 个部分，即基本电路（包括电源电路）、信号输入电路和信号输出电路。空调器的型号不一样，所选用的单片机也不一样，但其基本工作原理相同。图 1-43 所示为空调器控制电路原理图。

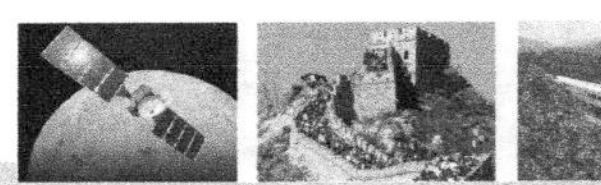

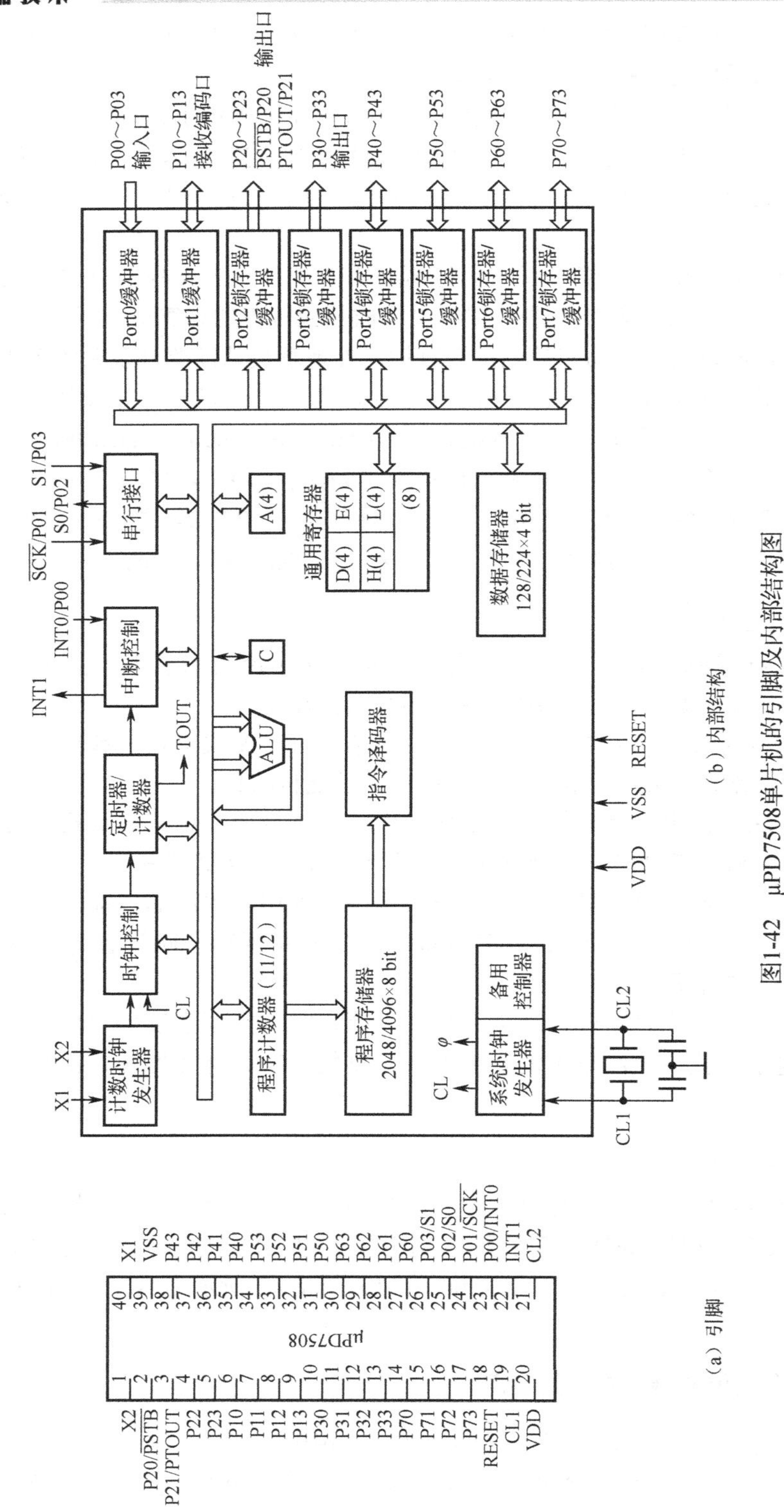

（a）引脚

（b）内部结构

图1-42　μPD7508单片机的引脚及内部结构图

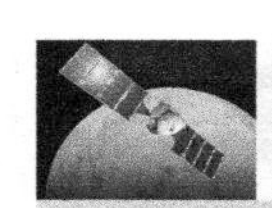  

1）基本控制电路

单片机是整个控制板的核心，它必须具备 3 个条件才能正常工作：①+5 V 的电源电压；②复位电路正常；③时钟振荡电路正常。

图 1-44 所示是空调器单片机的基本电路，不论哪种型号的单片机都有这 4 个引脚。提供+5 V 电源为单片机供电，上电复位电路使单片机程序在工作前处于起始状态，时钟振荡电路为单片机提供基准的时钟信号。

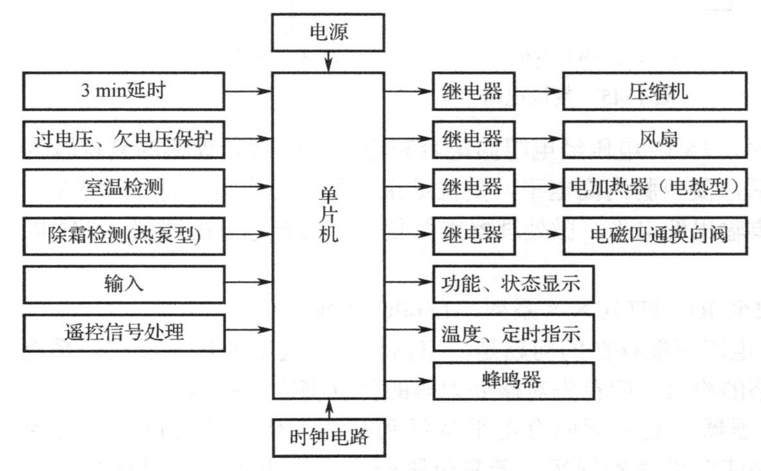

图 1-43　空调器控制电路原理图

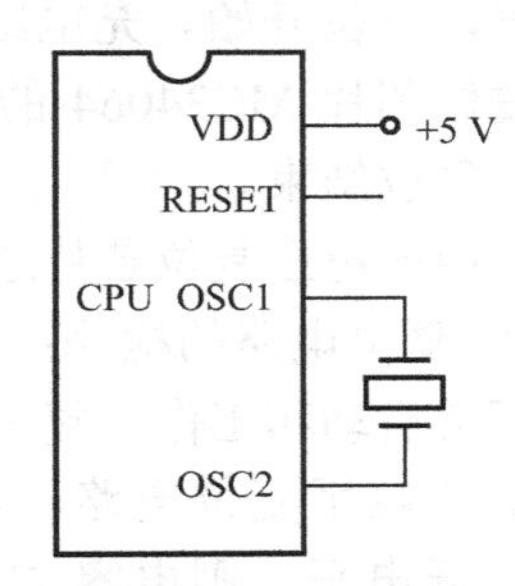

图 1-44　空调器微处理器的基本电路

（1）电源电路。空调器单片机控制电路需要两种电压，即+5 V 和+12 V 电压。+5 V 电压供单片机芯片使用，所以电源质量要求比较高，必须采用稳压电源供电；+12 V 主要给继电器提供电源，其要求相对较低，通常在 9～16 V 之间即可。

空调器电源电路也是经过整流、滤波、稳压后得到相应的电压。

（2）复位电路。复位电路在控制系统中的作用是启动单片机。但在电源上电及正常工作时，电源会有一些不稳定的因素，如电压异常或干扰，可能给单片机工作的稳定性带来严重的影响。因此在电源上电时，应给芯片延时输出一个复位信号。

① 复位电路的种类主要有以下 3 类。

- 低电平复位电路。复位电路初次通电时，+5 V 电压通过电阻 R 向电容 C 充电，所以单片机的复位脚为低电平，此时单片机开始复位。随着时间延长，电容 C 两端电位升高至高电平，复位结束，如图 1-45（a）所示。
- 高电平复位电路。复位电路初次通电时，+5 V 电压通过电阻 R 向电容 C 充电，由于电阻的分压作用，单片机的复位脚为高电平，此时单片机开始复位。随着充电结束，电容 C 开路，则复位脚为低电平，复位结束。该电路中电容 C 负极接复位脚，如图 1-45（b）所示，而低电平复位电路中却是正极接复位脚。
- 上掉电复位电路。常用的复位电路由集成电路组成，一般称为上掉电复位电路。上掉电复位电路的抗干扰性强，工作电压范围宽，且外围电路少，可靠性高。另外，还可起到对电源电压进行监控的作用，若电源有异常，则会进行强制复位。上掉电复位电路如图 1-45（c）所示。

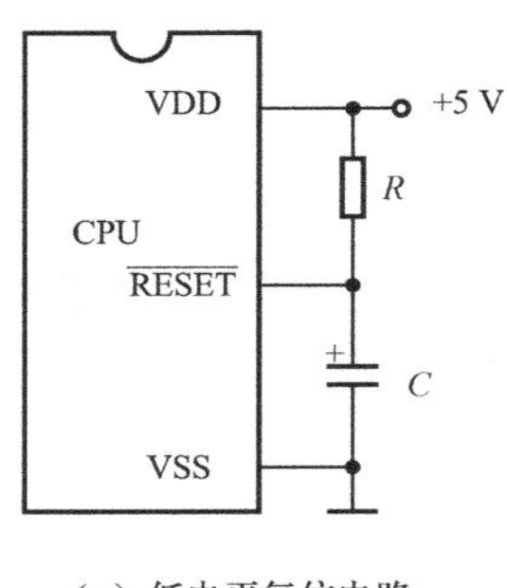

(a) 低电平复位电路

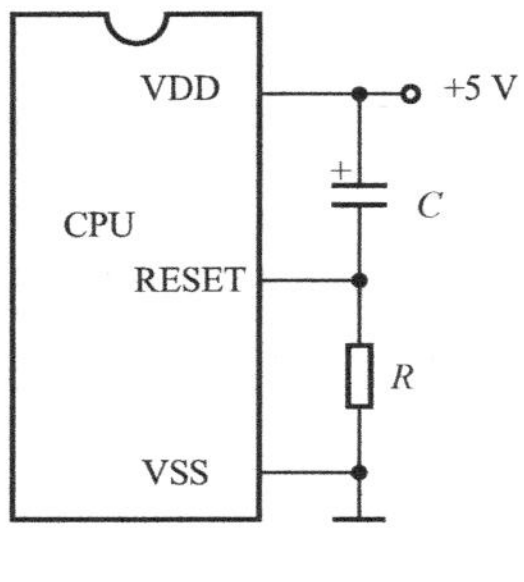

(b) 高电平复位电路

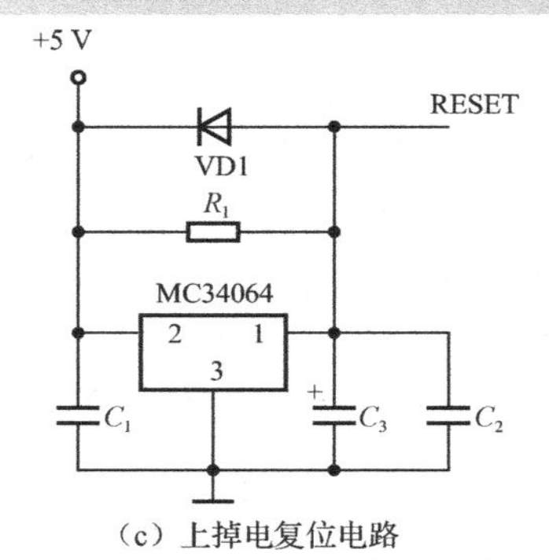

(c) 上掉电复位电路

图 1-45　复位电路

上掉电复位电路初次通电时，+5 V 电压经电阻向电容充电，此时微处理器的复位脚为低电平，复位开始。充电结束后，复位脚为高电平，复位结束。如果充电电压低于 4.5 V，电压复位芯片 MC34064 的 1 脚输出低电平，微处理器重新复位。当充电电压达到 4.5 V 以上时，复位结束。

常用的电压复位芯片还有 T600D、HT70××系列、TS60C 系列。

② 复位电路的检修：复位电路可能存在的问题是，室内机在接通电源后无反应，系统无法正常启动和工作。复位电路的检修，应首先对微处理器的复位脚进行检测。

- 低电平复位电路，微处理器的复位脚应有电平从低到高的变化。若复位脚一直为低电平，则电容 C 短路或微处理器损坏；若复位脚一直为高电平，一般是电容 C 断路。
- 高电平复位电路，微处理器的复位脚的电平是从高到低变化的。若复位脚一直为高电平，一般为电容 C 短路；若复位脚一直为低电平，多为电容 C 开路。
- 对于上掉电复位电路的检修，应先检测电源电路的+5 V 和+12 V 输出电压是否正常。如果不正常，应对电源电路进行检修；如果正常，再对上掉电复位电路进行检修。上掉电复位电路的故障多为电容 C 和电压复位芯片损坏。上掉电复位电路是在电源正常的情况下，给单片机提供一个触发信号，但在检修时一般检测不到延时信号。可以用万用表检测输出脚在上电到稳定之后能否达到规定的电压要求。

(3) 时钟振荡电路。时钟振荡电路为系统提供一个基准的时钟序列。振荡信号犹如人的心脏，使微电脑程序能够运行且指令能够执行，以保证系统正常、准确地工作。时钟振荡电路如图 1-46 所示。

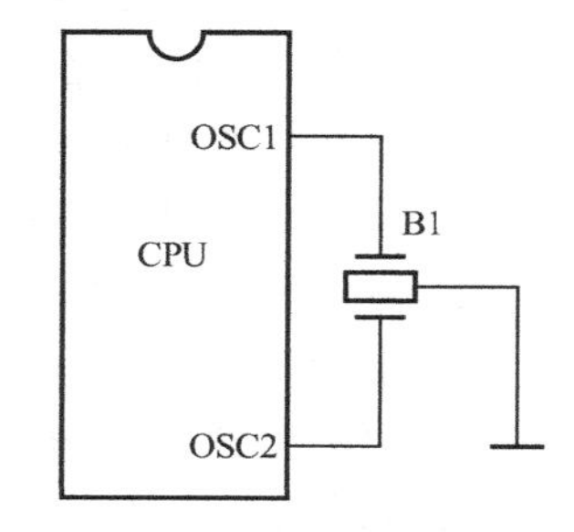

图 1-46　时钟振荡电路

时钟振荡电路的故障表现为系统不能工作，或者遥控器不能遥控开机（使用应急开关可能会有反应），其检修方法有下面两种。

① 用示波器测晶体振荡器（简称晶振）两端波形，如果无振荡，应为晶振或单片机损坏；如果有振荡，说明晶振电路正常。

② 测晶振引脚的电压值，如果有 2～3 V 的电压，说明晶振电路正常；否则，说明晶振已损坏。

2）信号输入电路

（1）温度信号输入电路：温度信号输入电路通过感温元件将室温、环境温度和管温转换得到的电信号传输给微处理器，微处理器根据输入电压的不同，判断室温和管温，并通过程序和设定值来控制空调器的状态。温度信号输入电路有 3 种形式，其电路分别如图 1-47 所示。

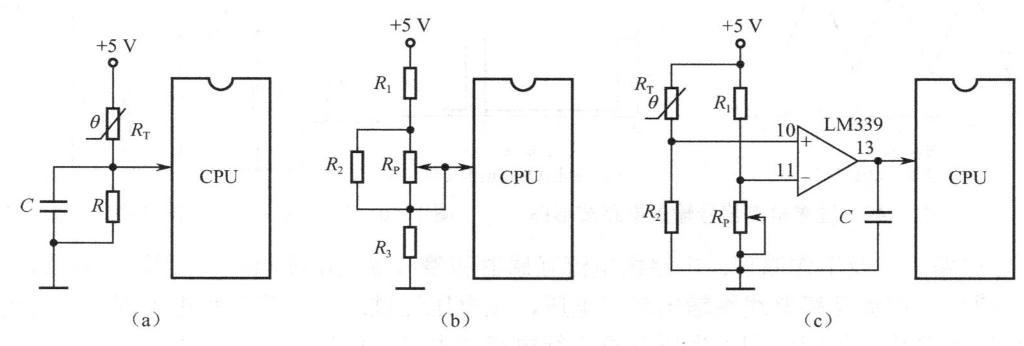

图 1-47　温度信号输入电路

① 温度信号输入电路形式一：如图 1-47（a）所示。电路中，负温度系数热敏电阻 R_T 与分压电阻 R 串联，将温度变化转换成电压信号送入微处理器。

② 温度信号输入电路形式二：如图 1-47（b）所示。通过改变电位器 R_P 中心抽头的位置来改变电压 U_R 的大小，从而决定压缩机开停的时间。R_1、R_3 为温度信号输入电路提供基准电压，在微处理器内与温度采样信号进行比较，控制压缩机的开停。

③ 温度信号输入电路形式三：如图 1-47（c）所示，由分立元件与电压比较器 LM339 组成。其中，R_1 为分压电阻，R_P 为调节基准电压电位器，R_T 为热敏电阻，R_2 为分压电阻。当室温高于设定温度时，LM339 的 10 脚电位大于 11 脚电位，则 13 脚输出高电平，压缩机开始运行；当室温低于设定温度时，LM339 的 10 脚电位小于 11 脚电位，则 13 脚输出低电平，压缩机停止工作。

（2）过零检测信号输入电路。

① 作用：一是用于控制室内风扇电动机的风速；二是检测室内供电电压是否正常。其电路如图 1-48 所示。

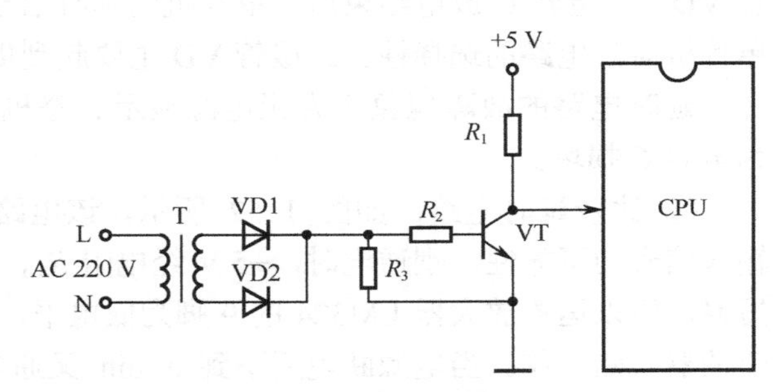

图 1-48　过零检测信号输入电路

② 工作过程：交流电经过整流、分压后，在晶体管的基极获得一个脉动直流电，其波形如图 1-49（a）所示。当交流电处于零点时，晶体管截止，则从集电极输出高电平；而交流电不在零点时，晶体管饱和导通，集电极无输出。因此，在晶体管的集电极就获得了如图 1-49（b）所示的脉冲信号，这个脉冲信号与交流电的零点同频同相，将此信号送入微处理器芯片中断脚后，进行过零控制。

③ 故障：多为晶体管损坏。如果过零电路有故障，可能会造成室内风扇电动机不运转、空调器无电源显示、不接收遥控信号、按强制开关也不能开机或者室外机不工作。

（3）压缩机过电流保护检测信号输入电路。

① 作用：防止压缩机过载。其电路如图 1-50 所示。

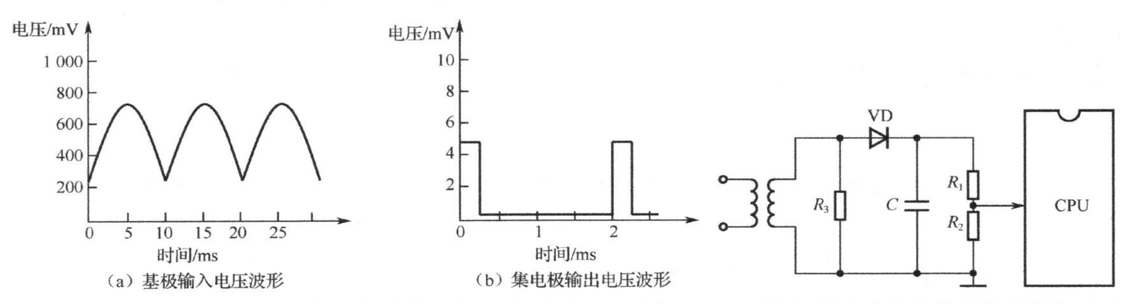

图 1-49 过零检测信号输入电路波形图　　图 1-50 压缩机过电流保护检测信号输入电路

② 电路组成及工作原理：电路由电流互感器和整流滤波电路组成。压缩机电源线穿过电流互感器，电流互感器线圈输出感应电压，该电压经过二极管整流和电容滤波，经电阻分压后送入单片机相应引脚。当压缩机运行电流过大时，电流互感器输出电压也升高，经整流滤波分压后的电压也升高。当电压值超过设定值时，单片机发出停机指令，切断压缩机电源，从而保护压缩机。

（4）3 min 延时信号输入电路：当压缩机停止运行后，制冷系统高低压力平衡需要 2～3 min，如果这段时间内压缩机再次启动，会使负载加重而损坏压缩机，所以一般空调器中设有 3 min 延时保护电路。延时可分为单片机内部计数延时和外部电路延时，下面是几种外部延时电路。

① 简单延时电路：如图 1-51 所示。图 1-51（a）中电路初次上电时，电容 C 充电短路，A 点为低电平，此电平输入单片机，程序运行后使压缩机运行。如果电源断电后不到 3 min 又来电，此时电容 C 放电还没结束，A 点仍然为高电平，所以压缩机不工作。只有当延时超过 3 min 后，A 点电位才会由高电平变为低电平，压缩机才能再次工作。

图 1-51（b）与图 1-51（a）的原理基本相同，只不过该电路增加了分压电阻 R_2 和二极管 VD。当电容 C 放电结束后，单片机的延时信号输入电压为电阻分压电压，这样就增加了单片机对外电路的选择性。二极管 VD 主要起到提高电路的抗干扰能力的作用。

延时电路的故障现象多为无电源显示、整机不工作、延时时间过长或过短等，一般多为电容 C 损坏。

② 比较延时电路：如图 1-52 所示，该电路的特点是增加了一级运算放大器，提高了输入信号的可靠性。刚通电时，+5 V 经电阻 R_1、二极管 VD 给电容 C 充电，电容 C 相当于短路，所以运算放大器 LM324 的 9 脚为低电平，低于 10 脚的基准电位，8 脚输出低电平，空调器开始工作。当电源断电后不到 3 min 又通电时，由于电容放电需要 3 min，这样放电结束前运算放大器 LM324 的 9 脚电位一直高于 10 脚电位，8 脚也一直输出高电平，所以压缩机不能启动运行。只有电容放电结束后，运算放大器 LM324 的 8 脚才能输出低电平，压缩机才能重新开始工作。

比较延时电路是否有故障，可通过测量 LM324 的 8 脚电位来判断。正常延时结束时，8 脚为高电平，如果为低电平，说明电路有故障。故障多为电容 C 损坏。检查时通过测量 LM324 的 9 脚和 10 脚电位就能很容易地判断出故障点。

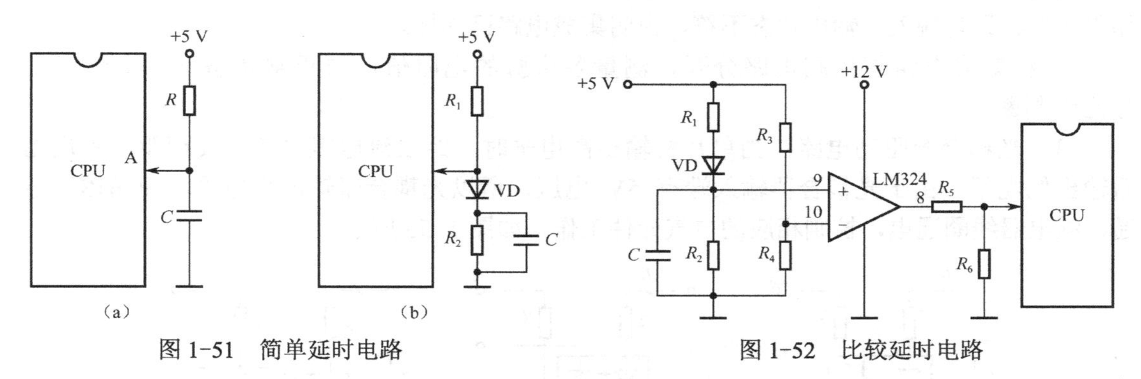

图 1-51　简单延时电路　　　　图 1-52　比较延时电路

3）驱动电路

单片机输出的信号，电流值比较小，不可能直接驱动执行元件，必须通过驱动电路来使执行元件动作。常见的驱动电路有 4 种形式：

（1）简单驱动电路：此种驱动电路是利用晶体管的放大作用来驱动继电器的，如图 1-53 所示。

（2）反相器驱动电路：此种驱动电路采用集成反相驱动器，可以实现对多路信号的输出控制。其基本原理与简单驱动电路相同，即单片机输出高电平，经集成反相驱动器输出低电平，使继电器线圈通电吸合，控制相应电气元件动作，如图 1-54 所示。

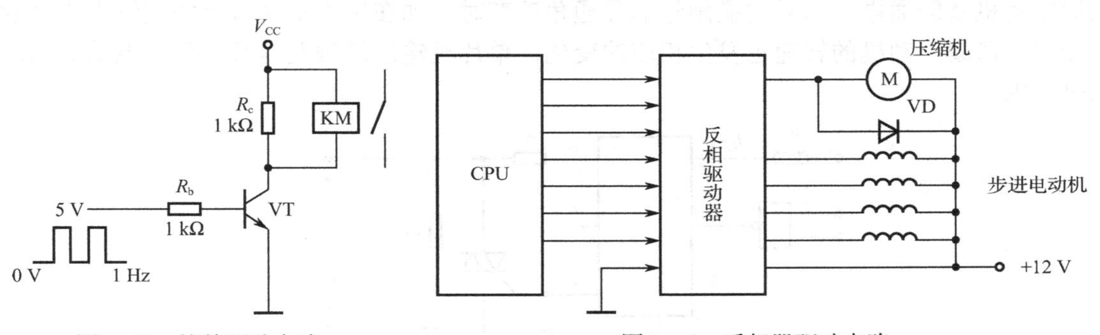

图 1-53　简单驱动电路　　　　图 1-54　反相器驱动电路

空调器上常用的集成反相驱动器有 14 脚和 16 脚两类。采用 16 脚的常见型号有 MC1413、MC1416、ULN2003、ULN2803、KA2667、KA2657、KID65004、TD62003，以上集成驱动器可以互换；采用 14 脚的常见型号有 MC54527P、CD74L504、CD4069 等。

以 ULN2003 集成反相驱动器为例。该集成电路有 7 个非门电路，最大驱动能力为 50 V、500 mA，可驱动一般的小型继电器，内部还有 7 个二极管供继电器线圈续流之用。其中 ULN2003 的 9 脚接直流“+”，8 脚接直流“-”，1～7 脚为信号输入，10～16 脚为信号输出，如图 1-55 所示。

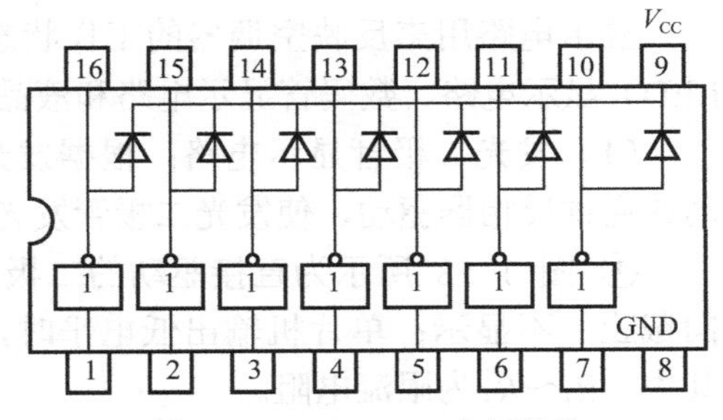

图 1-55　ULN2003 内部结构

集成反相驱动器的检测方法有两种：

① 通电时，测量驱动器输入端与输出端直流电压，正常时输出端与输入端电压反相，

如果测量结果与输入、输出状态不符，说明集成电路已损坏。

② 将集成电路与控制电路分开，测量各引脚的电阻值，与正常状态下的电阻值进行比较判断。

（3）光耦合器驱动电路：当单片机输出高电平时，经限流电阻限流，反相驱动器反相后输出低电平。由于光耦合器输入端有 5V 电压，所以光耦合器输出高电平，使晶体管导通，继电器线圈通电，控制相应的电气元件工作，如图 1-56 所示。

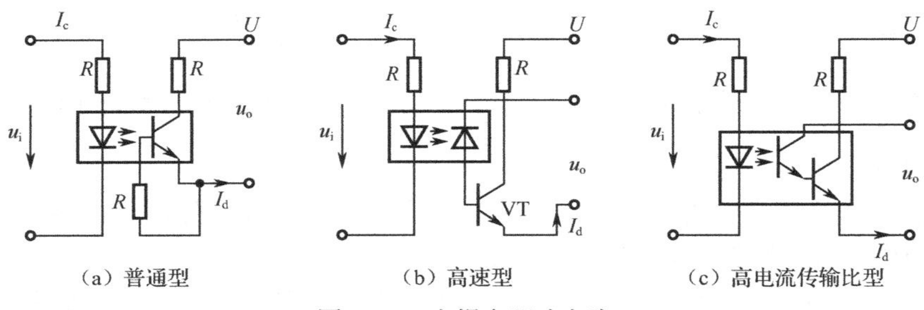

（a）普通型 （b）高速型 （c）高电流传输比型

图 1-56 光耦合驱动电路

（4）光耦合双向晶闸管驱动电路：如图 1-57 所示，此电路可以进行风扇电动机的转速控制。当单片机输出控制信号时，光耦合器输出触发信号，即双向晶闸管的门极与阴极之间加上正向电压，晶闸管导通。由于晶闸管与风扇电动机电路串联，所以晶闸管导通，风扇电动机就能通电。当双向晶闸管的导通角改变时，加在风扇电动机上的交流电压也发生变化，风扇电动机的转速也发生相应的变化。单片机输出的触发信号由风扇电动机测速电路提供。

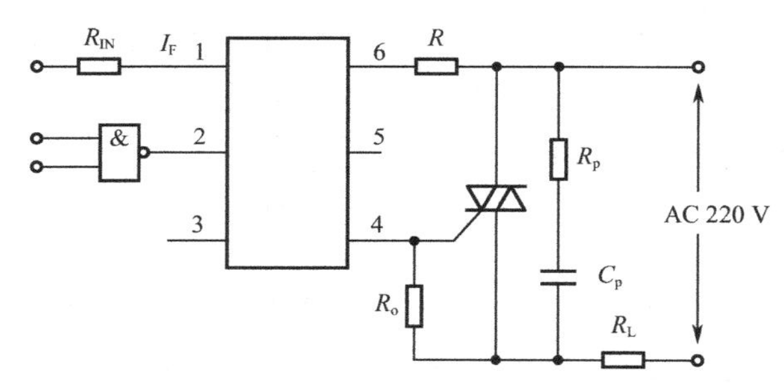

图 1-57 光耦合双向晶闸管驱动电路

4）显示电路

显示电路用来反映空调器的工作状态和功能，分为发光二极管（light emitting diode，LED）显示电路、数码管显示电路和液晶显示电路 3 种形式。

（1）发光二极管显示电路：根据发光二极管正向导通发光的特性，利用单片机直接驱动或通过反相器驱动，使发光二极管发光显示。

① 图 1-58 所示为直接驱动的二极管显示电路。单片机输出高电平时，发光二极管反向截止，不显示；单片机输出低电平时，发光二极管正向导通，显示空调器的运行状态。其中，R_1～R_3 为限流电阻。

② 图 1-59 所示为通过反相器驱动的二极管显示电路。与直接驱动的显示电路相比，它的输出状态相反，即单片机输出低电平时，发光二极管反向截止，不显示；而输出为高

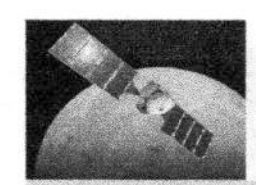

电平时，发光二极管正向导通，显示。与直接驱动发光二极管显示电路相比，该电路增加了输出功率。电路中 R_1～R_3 也为限流电阻。

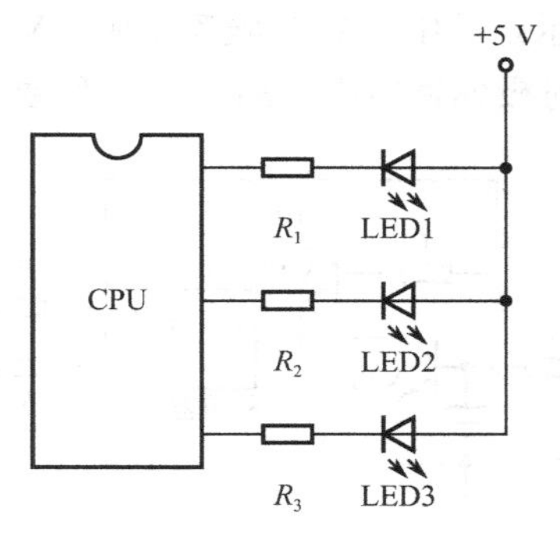

图 1-58　直接驱动的二极管显示电路

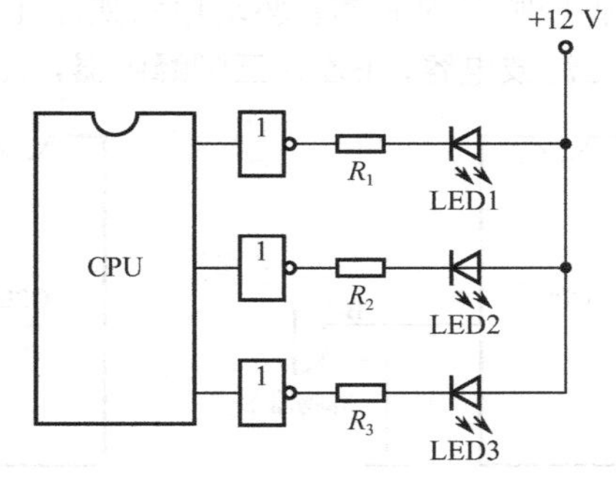

图 1-59　反相驱动的二极管显示电路

（2）数码管显示电路：使用 7 段数码管显示数字 0～9 或其他符号，有共阴极和共阳极两种连接方式。图 1-60 所示为数码管显示电路。该电路采用了共阴极数码管，两个 7 段 LED 的字段引脚接单片机位号输出脚。其中，G1 连接的数码管显示十位、G2 连接的数码管显示个位。当单片机引脚输出高电平信号时，经 G1、G2 反相驱动器反相输出低电平，数码管就具备了发光条件。此时如果单片机输出信号加到数码管 A～G 脚，数码管就显示出相应的数字。

（3）液晶显示电路：液晶显示电路比较简单，它由单片机直接驱动。液晶显示电路如图 1-61 所示，其中导电橡胶条主要用来连接单片机和液晶显示板。当单片机有交流信号输出时，液晶显示器就会显示出相应的功能。

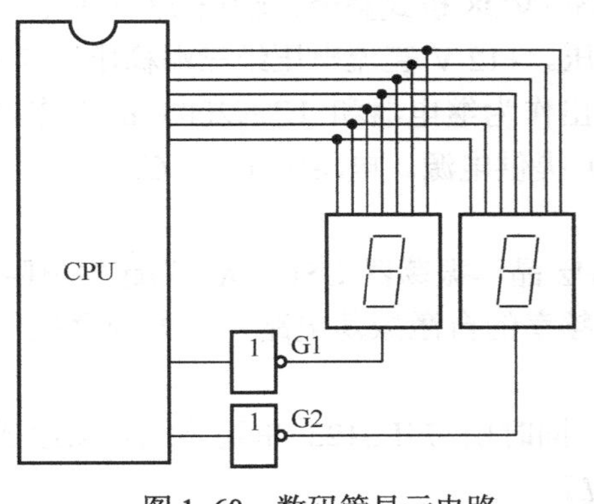

图 1-60　数码管显示电路

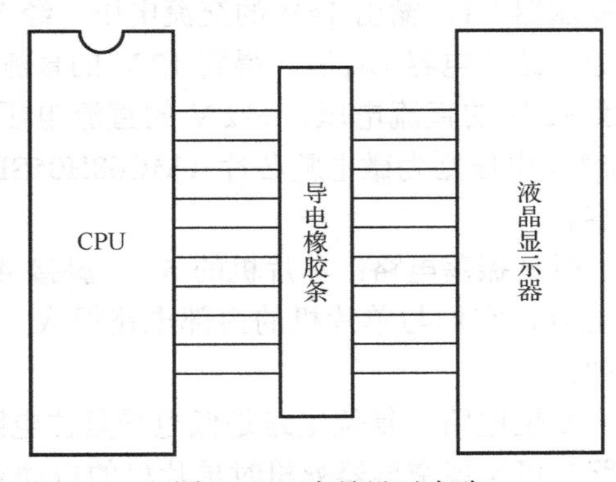

图 1-61　液晶显示电路

（4）显示电路的故障检测：通过检测单片机的输出电位来判断故障是由显示电路产生的还是由单片机本身故障产生的。常见故障为导电橡胶条接触不良，数码管、发光二极管、液晶显示板损坏。检修时，通过测量限流电阻、反相驱动器、发光元件的好坏进行故障判断。

5）蜂鸣器控制电路

蜂鸣器控制电路与一般的驱动电路相同，只是单片机输出的信号为脉冲信号。蜂鸣器有两脚和三脚之分，因此驱动电路也有所区别。

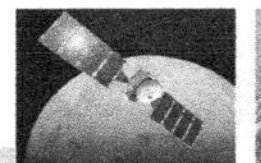

（1）两脚蜂鸣器的直接驱动电路如图 1-62 所示。单片机输出 4 MHz 脉冲信号，使蜂鸣器发生断续蜂鸣声，也可以将输出信号通过晶体管放大后驱动蜂鸣器电路。

（2）三脚蜂鸣器的晶体管驱动电路如图 1-63 所示。其中，R_1 为限流电阻，VT1 为驱动晶体管，C 为滤波电容，BZ 为三脚蜂鸣器，R_2 为发射极偏置电阻，R_3、R_4 为负载电阻。

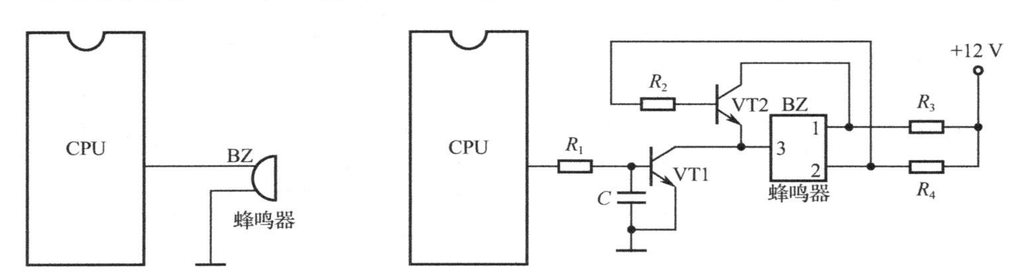

图 1-62　两脚蜂鸣器的直接驱动电路　　　　图 1-63　三脚蜂鸣器的晶体管驱动电路

典型电路 1　海尔 KC-25/C 空调器微电脑控制电路分析

KC-25/C 空调器微电脑芯片采用美国摩托罗拉公司的 MC68H05SR3，它是 8 位单片机。在微电脑控制电路中，有红外接收检测、强制开关检测和热敏电阻检测电路，并能根据设定温度输出控制信号、发光二极管显示信号及继电器的驱动信号。海尔 KC-25/C 空调器电控原理图如图 1-64 所示。

1. 基本电路

（1）电源电路：交流 220 V 电压，经熔断器 FU、压敏电阻 R_V、R_4 和 C_{13} 组成的滤波电路进入变压器 T1，输出 14V 的交流电压，经 VD5～VD8 桥式整流，输出 13 V 左右的直流电压，通过滤波电容 C_{14} 后，得到 12 V 的直流电压。+12 V 直流电压经三端稳压器 7805 稳压后得到+5 V 的直流电压。+12 V 的直流电压输出作为继电器和 ULN2003 的工作电源，+5 V 的直流电压则为微电脑芯片（MC68H05SR3）提供电源。电路中 C_{14}、C_{15}、C_{12}、C_6 为滤波电容。

（2）时钟振荡电路：单片机的 5、6 脚接 4MHz 晶体振荡器 OSC，R_{13} 为起振电阻，C_{16} 为起振电容，它们与单片机的内部电路组成一定频率的自激振荡电路，为处理器提供工作时钟脉冲。

（3）复位电路：复位电路是低电平复位电路，同时由 74LS123 单稳态触发器组成自动复位电路，可实现空调器死机时单片机的自动复位。

初次通电时，+5 V 直流电源通过电阻给电容 C_4 充电，C_4 相当于短路，此时单片机的复位脚为低电平，复位开始。充电一段时间后，复位脚变为高电平，复位结束。

单片机工作正常时，其 12 脚输出脉冲信号，送入单稳态触发器 74LS123 构成的矩形波信号发生器的 2 脚，在矩形波发生器的 12 脚持续输出矩形波，即 12 脚输出高电平，使二极管 VD1 截止，这样单片机的复位脚（电容 C_4 的正极）保持高电平。当空调器出现死机时，单片机无脉冲输出，由单稳态触发器构成的矩形波信号发生器 12 脚无矩形波输出，12 脚变为低电平，二极管 VD1 正向导通，C_4 通过单稳态触发器内部电路放电，复位脚被强行拉低，使单片机自动复位。

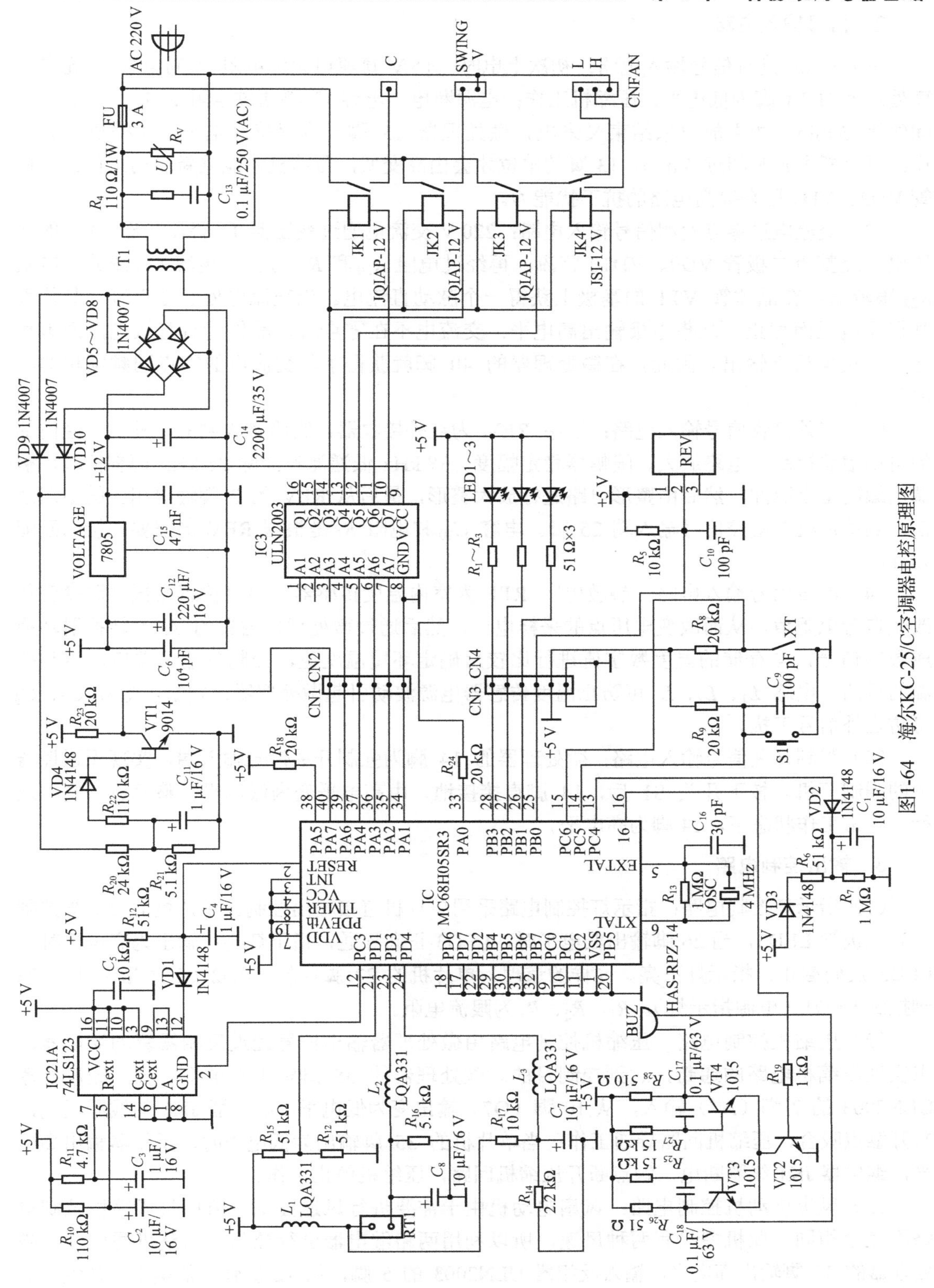

图1-64　海尔KC-25/C空调器电控原理图

2. 信号输入电路

（1）3 min 延时信号输入电路：初次上电时，+5 V 直流电源经电阻 R_6 向电容 C_1 充电，微处理器的 13 脚为低电平，压缩机工作；电源断电，电容 C_1 将通过电阻 R_7 放电，放电时间约为 3 min，如果放电未结束又来电，微处理器 13 脚一直保持高电平，压缩机不会工作；只有断电延时超过 3 min，13 脚的电位才会由高变低，压缩机才能重新启动工作。二极管 VD2、VD3 用来提高电路的抗干扰能力。

（2）交流电过零点检测信号输入电路：220 V 交流电通过变压器 T1 降压输出 14 V 的交流电，经整流二极管 VD9、VD10 整流，再经过电阻 R_{20} 和 R_{21} 分压、电容 C_{11} 滤波、电阻 R_{22} 限流后，在晶体管 VT1 的基极上获得一个脉动直流电。当交流电处于零点时，晶体管基极无电压而截止，从集电极输出高电平；交流电不在零点时，晶体管有基极电流而饱和导通，集电极无输出。因此，在微处理器的 40 脚就获得了与交流电的零点同频同相的脉冲信号。

（3）红外接收信号输入电路：图中 REV 为红外接收器，它将接收到的红外信号经内部的自动增益控制、电路放大、限幅器稳定幅度、38 kHz 低通滤波滤除 38 kHz 调制信号，解调出编码指令脉冲，然后由整形电路进行放大整形，最后从 REV 的 2 脚输出相应的矩形波信号到单片机的遥控信号输入端 25 脚。电容 C_{10} 和电阻 R_5 是根据 REV 的需要外接的匹配元件。

（4）温度信号输入电路：热敏电阻 RT1 为室内温度传感器。温度传感器根据温度变化改变自身电阻值，从而改变电压点的采样电压，然后通过微处理器内置的 A/D 转换器转换成数字信号，与存储的温度数字值进行比较后确定环境温度值，控制各输出端口，达到控温的目的。电感 L_1、L_2、L_3 可防止温度传感器电源波动引起微处理器误判断，电容 C_7、C_8 可防止外信号干扰。

（5）强制开关信号输入电路：微处理器的 14 脚为强制开关信号输入端，实现无遥控器下的强制开机。按下开关 S1 后，14 脚直接接地，由高电平变为低电平，整机进行制冷运行。正常工作状态下，14 脚为高电平。

3. 输出控制电路

（1）指示灯控制电路：指示灯控制电路采用单片机直接输出控制。单片机的 26 脚控制发光二极管 LED3，当 26 脚输出低电平时，LED3 正向导通，指示灯亮；输出为高电平时，LED3 反向截止，指示灯不亮。同样的道理，单片机的 27 脚控制 LED2（定时指示灯），28 脚控制 LED1（电源指示灯）。R_1、R_2、R_3 为限流电阻。

（2）压缩机控制电路：压缩机控制电路由微处理器输出信号经过反相器驱动继电器，来实现压缩机电路的通断，达到控制目的。微处理器的 35 脚输出高电平信号，经反相器 ULN2003 的 7 脚（A7）输入，从 10 脚（Q7）输出变为低电平，继电器 JK1 的线圈通电，常开触点吸合，压缩机回路导通工作；当单片机的 35 脚输出为低电平时，反相器输出高电平，继电器 JK1 线圈断电，触点断开压缩机回路，压缩机停止工作。

（3）风扇电动机控制电路：风扇电动机由于需要进行风速控制，所以与压缩机控制电路不完全相同。此机型只有两种风速，所以利用两路继电器进行控制。当整机通电时，微处理器的 37 脚输出高电平，输入反相器 ULN2003 的 5 脚，从 12 脚输出低电平，使继电器

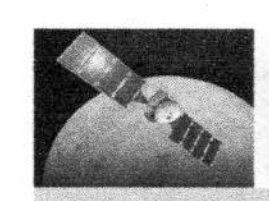

JK3 的线圈通电。而此时继电器 JK4 未通电，其触点位于右边的常闭位置，风扇低速运行。

按下风速调速开关，单片机的 36 脚输出高电平，同样的，这个电平使继电器 JK4 线圈通电，触点闭合，触点位于左边的常开位置，此时风扇高速运行。这种继电器的触点排列，避免了风扇电动机的两个抽头同时得电带来的故障。

（4）摆风电动机控制电路：摆风电动机的控制电路与压缩机控制电路完全相同。

（5）蜂鸣器驱动电路：蜂鸣器驱动电路与一般控制电路完全相同，只是微处理器输出为脉冲信号。单片机的 16 脚输出脉冲信号，信号经 VT2、VT3、VT4 组成的差分放大电路放大后，驱动蜂鸣器发声。

1.3.2　智能家用电器用传感器

传感器是实现自动检测和自动控制的首要环节，在现代家用电器中应用非常广泛。诸如电饭锅、电磁灶、电冰箱、洗衣机等都是靠敏感元件来实现自动控制的。

传感器是用于感受规定的被测量，并按照一定的规律将其转换成可用输出信号的电气元件，它把外界非电物理量转换成电信号输出，相当于智能电器获取信息的“电五官”。

一般传感器由电容、电阻、电感或敏感材料组成，在外加激励电流或电压的驱动下，不同类型的传感器会随不同的非电物理量变化，引起传感器的组成材料发生改变，使其输出连续变化的电流/电压，与非电物理量的变化成正比。

由传感器组成材料发生改变引起输出电流/电压的变化十分小，易受外界干扰，一般成品传感器，是将传感器与放大电路制作在一起，输出标准的 0～10 mA 或 4～20 mA 电流，或 0～5 V 电压，以便进行 A/D 转换。其中 4～20 mA 标准电流输出的传感器较为普遍，其内部是一种恒流输出结构，比电压型传感器的抗干扰能力强，易于实现远距离传输，因此，电流型传感器被广泛用于各种检测系统中。

传感器在信息处理过程中，需要把多种多样的物理量，如温/湿度、速度、位移、形变、电导率等转换成电信号，才能观察、记录、分析和处理。

传感器的定义包括 4 方面内容：

（1）传感器是测量装置。

（2）输入量是被测量（物理量、化学量、生物量，如气、光、压力、流量、加速度、温度等）。

（3）输出量是某种物理量（如电量）。

（4）输出和输入有对应关系，并有一定精度。

1. 传感器的组成、分类及应用现状与发展趋势

1）传感器系统的组成

传感器系统的组成如图 1-65 中虚线框所示。

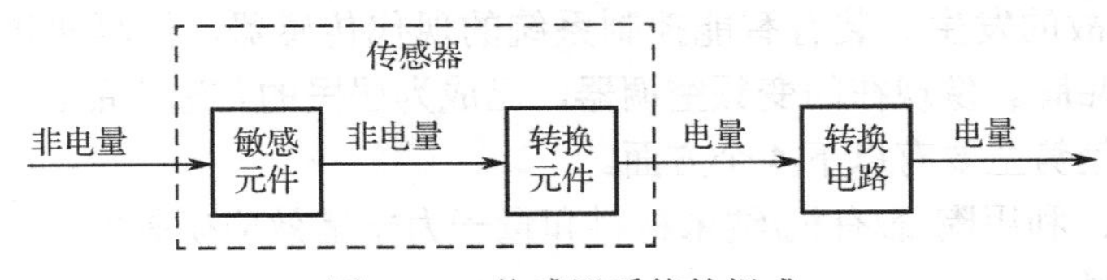

图 1-65　传感器系统的组成

敏感元件：先将待测的非电量变为易于转换成电量的另一种非电量，能完成预变换的器件。

转换元件：能将感受到的非电量变换为电量的器件，也称变换器，如把温度变换为电动势的热电偶。

转换电路：上述电路参数接入电路时，会产生干扰信号或非线性误差、不稳定性，须加以抑制或修正，转换成唯一正确反映被测量大小的电量进行输出。

2）传感器的分类

（1）按输入被测量，传感器分为以下 4 类。

物理量传感器：温度、热量、比热、压力、流量、流速、风速、真空度等。

化学量传感器：气/液体成分、浓度、黏度、湿度、密度、比重等。

机械量传感器：位移、尺寸、形状、应力、力矩、加速度、噪声等。

生物医学量传感器：心音、血压、体温、气流量、心电流、眼压、脑电波等。

（2）按测量原理，传感器分为以下 6 类。

变电阻：应变式、压阻式、电位器式传感器。

变磁阻：自感式、差动变压器式、涡流式传感器。

变电容：变极距式、变面积式、变介质式传感器。

变电动势：热电偶式、霍尔式传感器。

变电荷：压电式传感器。

变谐振频率：振弦式、振筒式、振梁式、振膜式传感器等。

（3）按被测物理量的用途，传感器分为温度传感器、湿度传感器、压力传感器、位移传感器、流量传感器、液位传感器、力传感器、加速度传感器等。

（4）按材料，传感器分为半导体类（陶瓷/光电/压力/霍尔）、绝缘体类、导体类、磁性材料类传感器等。

3）传感器的应用现状与发展趋势

传感器早已渗透到诸如工业生产、宇宙开发、海洋探测、环境保护、资源调查、医学诊断、生物工程甚至文物保护等极其之泛的领域。可以毫不夸张地说，从茫茫的太空到浩瀚的海洋，以至各种复杂的工程系统，几乎每一个现代化项目，都离不开各种各样的传感器。

传感器作为家用电器控制系统的感知元件，其重要性不言而喻。空调器就是借助温度传感器感知室内环境温度，然后采取合适的控制方案的。在传统空调器中，温度传感器大多只需 3 个，现在的变频空调器增加到 5～8 个，电冰箱行业也如此，都相应增加了传感器的数量，这就给传感器市场带来了新的商机。

家用电器中常用的传感器主要有温度传感器、气体传感器、光传感器、超声波传感器和红外传感器。家用电器传感器的正确选择和使用，不仅给生活带来便利，还可以防止火灾、损坏等意外事故的发生。装有智能控制系统的现代传感器，同样扩展了家用电器厂家的市场并成就了其品牌。像现在的变频空调器，已成为居民的首选产品。

传感器的发展趋势主要有以下 4 个方面。

（1）高灵敏度：利用陶瓷/有机/纳米材料和量子力学诸效应研制的高灵敏度传感器，可用来检测极微弱信号。

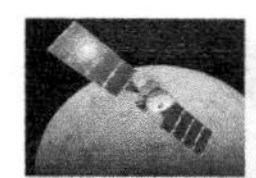

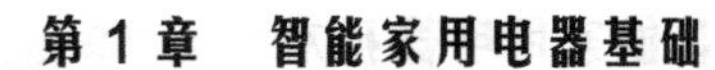

（2）集成化/多功能：在同一芯片上将众多同类型单个传感器集成为一维线型、二维阵列型传感器，或将传感器与放大、调节、补偿电路等集成在同一芯片上，能检出两种以上的信号，如压-温、温-气、温-湿等。

（3）智能化：把传感器、单片机集成在同一芯片上，实现单片智能传感器，不仅具有信号检测、转换功能，同时还具有记忆、存储、分析、统计处理及自诊断、自校准、自适应等功能。它的最大特点就是将传感器监测信息的功能与单片机的信息处理功能有机地结合在一起。

（4）仿生传感器：狗的嗅觉灵敏度为人的数十倍以上；鸟的视力为人的 8~50 倍；蝙蝠、飞蛾、海豚的听觉（超声波传感器），蛇的接近温度感觉（分辨力达 0.001 ℃）等都具有可借鉴性。这些生物的感官功能是当今传感器技术望尘莫及的。研究它们的机理、开发仿生传感器，是引人瞩目的方向。

4）智能传感器的组成与功能

智能传感器（intelligent sensor）是具有信息处理功能的传感器。智能传感器带有微处理机，具有采集、处理、交换信息的能力，是传感器与单片机相结合的产物。一般智能机器人的感觉系统由多个传感器集合而成，采集的信息需要计算机进行处理，而使用智能传感器就可将信息分散处理，从而降低成本。其基本组成如图 1-66 所示。

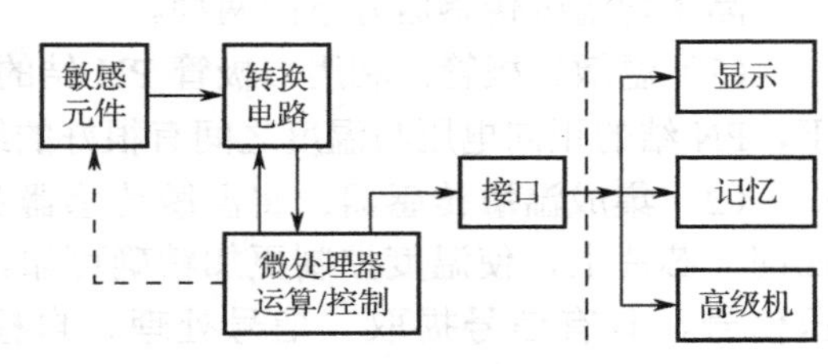

图 1-66　智能传感器系统组成

智能传感器系统的主要功能：

（1）可编程能力：由程序自检/自校/自诊断/自动调零。

（2）逻辑判断和数据处理功能。

（3）线性补偿和特性补偿。

（4）提供高精度输出。

（5）具有数据存储和记忆功能。

（6）有多种形式的输出：串行/并行/USB、模拟/数字、计算机。

传感器技术是现代科技的前沿技术，是现代信息技术的三大支柱之一，其水平是衡量一个国家科技发展水平的重要标志之一。传感器产业也是国内外公认的具有发展前途的高技术产业，它以技术含量高、经济效益好、市场前景广等特点为世人瞩目。

正在全球推广的纳米技术传感器，可以提供高水平的集成，包括由碳纳米管和塑料电子组成的平台。

2. 温度传感器

温度是智能家用电器控制电路工作时，需要检测的一个重要参数。测量温度的传感器，主要利用一些材料或元件的性能随温度变化的特性，通过测量该性能参数，得到被测温度的大小。

1）热敏电阻

热敏电阻是利用电阻值随环境温度变化而改变的特性，经过成形、烧结等工艺制成的一种感温元件，有正温度系数（PTC）热敏电阻、负温度系数（NTC）热敏电阻和负温临界热敏电阻（critical temperature resistor，CTR）3 种类型。

优点：灵敏度高、体积小、测量线路简单、质量小、价格低、阻值大。

缺点：非线性大，稳定性和一致性较差，必须在电路上进行线性化补偿。

2）热电偶

热电偶产生的热电动势与两端点的温差及材料的性质有关。将参考结点保持在已知温度上并测量该点电压，便可推断出检测结点的温度。

热电偶能直接进行温度-电动势转换，且体积小、测温范围广，故应用较广泛。

3）晶体管温敏传感器

晶体管温敏传感器有下面两种。

（1）温敏二极管：利用二极管 PN 结的温敏效应可以进行温度检测。在一定的电流模式下，PN 结的正向电压与温度之间有很好的线性关系，如砷化镓/硅温敏二极管。

（2）集成温敏传感器：将温敏传感器及其外围电路（放大、温补、调整电路等）集成在同一芯片上，使温度控制更加精确可靠。它的最大特点就是直接给出温度的理想输出电压信号，具有信号提取、信号处理、自检索、自诊断、自校准等功能。它已用于-50～150 ℃范围内的温度测量、控制和补偿。

3. 气敏传感器

气敏传感器是利用半导体与某些气体接触时，其特性发生变化这一现象来检测气体的成分或浓度的传感器。

1）气敏传感器的分类

（1）按工作原理，气敏传感器可分为电阻式气敏传感器和非电阻式气敏传感器。

电阻式气敏传感器：利用半导体接触到气体时其电阻值的改变，来检测气体的浓度。

非电阻式气敏传感器：根据气体的吸附和反应，使其某些关系特性发生变化，对气体进行直接或间接的检测。

（2）按工艺，气敏传感器可分为烧结型、薄膜型和厚膜型 3 类。

2）气敏传感器的主要用途

气敏传感器用于对可燃性气体（如 CO、H_2、CH_4、C_2H_5OH）或不可燃性气体（如 CO_2、NO、NO_2 等气体）的检测。

3）气敏传感器的结构

气敏传感器一般由铂丝组成，它被一种能使可燃气体氧化的特殊催化剂覆盖。

气敏传感器单位浓度的信号变化量大，响应重复性良好，选择性好，性能稳定，对环境的依赖性小。

加热器的作用是可以将气敏元件表面的污物烧掉，加速气体的吸附，提高元件的灵敏度和响应速度。

4. 光敏传感器

光敏传感器是将被测量的变化转换成光量的变化，再通过光电元件把光信号转换为电信号的一种换能装置。

光敏传感器分为光敏二极管和光敏晶体管两类。

利用半导体表面接受光照时会使电导率增大的光电效应（光电管），和在 PN 结上产生电动势的光生伏特效应（如光电池、光敏二极管和光敏晶体管），当入射光发生变化时，光生载流子的数量也随之变化，光生电动势发生相应变化，从而把光信号转换为电信号。

光敏二极管的特点：体积小、线性度好、响应速度快、灵敏度高、噪声低等；弱光下灵敏度低。

光敏晶体管可以制成多种类型的光敏传感器，输出电路简单，主要用于低频传感器电路。

光敏晶体管的主要特性如下：

（1）光敏特性：它有一个最佳灵敏度波长值，入射光的波长偏离峰值波长时，灵敏度显著减小。

（2）伏安特性：在不同照度下的伏安特性曲线与普通晶体管在不同基极电流下的输出特性曲线相同。

（3）光照特性：指输出电流与光照度之间的线性关系，但当光照度足够大时，会出现饱和现象，故可作为光电开关元件使用。

（4）温度特性：温度变化对光生电流的影响较小，对暗电流的影响很大，须进行温度补偿。

（5）频率特性：晶体管灵敏度越高，频率特性越差（减小负载可以提高频率响应），光敏二极管的频率特性好于光敏晶体管。

5. 超声波传感器

超声波为频率大于 20 kHz 的声波信号，以直线方式在空间传播，波长短、绕射小、反射能力强，能定向传播，在空气中传播速度较慢且衰减很小。

超声波对固体和液体的穿透能力很强，尤其对不透明固体，可穿透几十米。

超声波遇到杂质或分界面时会产生反射波。

超声波遇到移动物体时使接收到的频率发生变化，可用于测距。

超声波传感器：实现声-电转换的装置，主要由压电晶片构成，也称超声波换能器。它既能发射超声波又能接收超声波的回波，并能将其转换成电信号。

6. 红外传感器

红外传感器分热释电型红外传感器和光导电型红外传感器。

热释电型红外传感器：接受到变化的红外线（照射或遮挡）后，热释电元件的温度发生变化，会使传感器表面产生热量变化而有电压信号输出。一般用特定波长的材料制作传

感器窗口滤光器。

光导电型红外传感器：是利用半导体材料接受红外线照射，其阻值减小的光电效应制成的元件。

最佳使用环境：存在性检测、运动传感、位置编码、限位传感、运动物体的检测和计数。

家用电器中常用光电型红外传感器有红外光敏二极管/发光二极管及光敏晶体管等。

7. 压敏传感器

1）压敏传感器的组成

压敏传感器大多是利用某种形式的压阻效应制成的，即将压力加于半导体压敏元件上时，会使其电阻值发生变化，从而能把压力的变化直接变成电信号。一般将压力首先变换成弹性元件的形变，再把弹性元件的形变变换成压电元件的形变，从而得到电量。

压敏传感器一般是在 2.5 mm^2 的半导体硅片上用 4 只桥式连接的压敏电阻构成一个平衡电桥，与单片机中的运算放大器组成检测部件。当半导体硅片受压变形时，电桥电阻的阻值发生变化，电桥失去平衡，这样就把压力变化转变为以电桥不平衡电压的形式输出。

2）压敏传感器的压电效应

压敏传感器的压电元件是利用压电材料制成的。当有一力作用在压电材料上时，传感器就有电荷（或电压）输出。压电传感器测量的基本参数是力。

3）集成硅压敏传感器

集成硅压敏传感器的内部，有以真空作为参考压力的传感器单元、压力信号调理器、薄膜温度补偿器（消除温度变化对压力的影响）和压力修正电路。传感器的输出电压与被测绝对压力成正比，配以带 A/D 转换器的微控制器，构成压力检测系统。

8. 湿敏传感器

湿度是最难准确测量的参数，因为湿敏元件要长期暴露在待测环境中，易被污染而影响其测量精度及长期稳定性。湿度不是个独立的被测量，会受其他因素（大气压强、温度）的影响。

湿敏传感器正从简单的湿敏元件向集成化、智能化、多参数检测的方向迅速发展，为开发新一代湿度/温度测控系统创造了条件，也将湿度测量技术提高到新的水平。

湿敏传感器一般分为电阻式、电容式和其他类型湿敏传感器。它能将湿度转换成毫伏级的电压信号，但不具备温度补偿及湿度信号调理功能。

1）电阻式湿敏传感器

电阻式湿敏传感器是在带有导电电极的陶瓷衬底上覆盖一层用高分子感湿材料制成的膜，形成阻抗随相对湿度变化呈对数变化的敏感部件。导电机理为，水分子的存在影响高分子膜内部导电离子的迁移率，当空气中的水蒸气吸附在感湿膜上时，元件的电阻率和电阻值都发生变化，利用这一特性即可测量湿度。

特点：主要优点是灵敏度高，易集成，测量精度为±4%；主要缺点是线性度和产品的互换性差，响应时间长（LiO 薄膜的响应时间为 3～5 min），需要进行温度补偿。

2）电容式湿敏传感器

电容式湿敏传感器利用湿敏元件的电容值随湿度变化的原理进行湿度测量。它一般用高分子薄膜材料制成。当环境的相对湿度发生改变时，湿敏电容的介电常数发生变化，使其电容量也发生变化，其电容变化量与相对湿度成正比。

特点：灵敏度高、互换性好、响应速度快、滞后量小，便于制造和集成，但精度比电阻式湿敏传感器要低。

3）其他类型湿敏传感器

其他类型湿敏传感器还有电解质离子型湿敏传感器、重量型湿敏传感器、光强型湿敏传感器、声表面波湿敏传感器等。

9. 传感器在家用电器中的应用

家用电器的种类很多，使用的传感器种类也很多。例如，测量温度、湿度、气体、烟雾、压力、流量、转速、转矩及力等物理量的传感器，有电阻式、热电式、光电式、磁电式、压电式、接触式、气敏、湿敏、超声波等类型。

1）传感器在电冰箱中的应用

电冰箱用以制冷；空调器则兼有制冷机、电暖器及电风扇的功能，用以调节室内的空气。它们主要使用温度传感器，其类型多为热敏电阻。

（1）传感器在电冰箱中的作用。电冰箱控制系统的主要功能：温度自动控制、除霜温度控制、流量自动控制、过热及过电流保护等。完成这些控制功能需要检测温度和流量（或流速）的传感器。

图 1-67 所示是常见的电冰箱电路，它主要由温度控制器、温度显示器、PTC 启动器、除霜温度控制器、电动机保护装置、开关、风扇及压缩机电动机等组成。

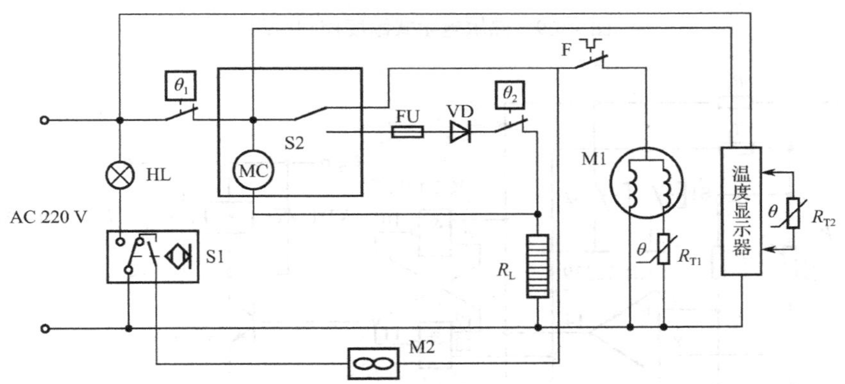

θ_1—温度控制器；θ_2—除霜温度控制器；R_L—除霜热丝；S1—门开关；S2—除霜定时开关；F—热保护器；R_{T1}—PTC 启动器；R_{T2}—测温热敏电阻；F—电动机热保护器；M1—压缩机电动机；MC—化霜定时器；M2—风扇

图 1-67　常见的电冰箱电路

（2）电冰箱中的温度传感器。

① 压力式温度传感器：有波纹管式和膜盒式两种形式，主要用于温度控制器和除霜温

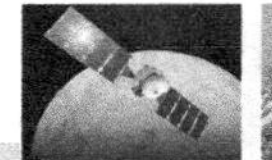

度控制器。如图 1-68 所示，压力式温度传感器由波纹管（或膜盒）与感温管连成一体，内部填充感温剂。

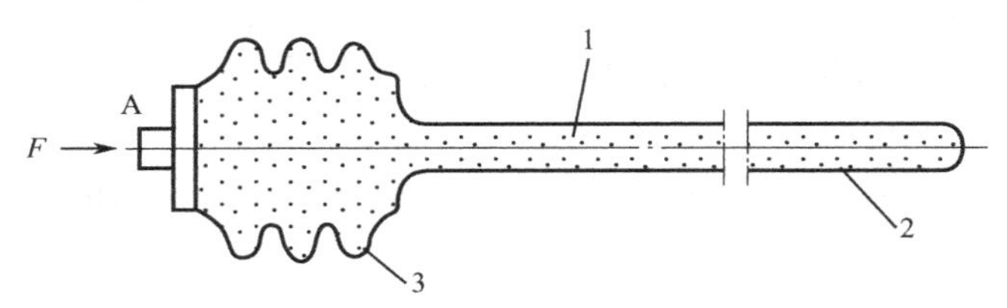

1—感温剂；2—感温管；3—波纹管

图 1-68　压力式温度传感器

② 热敏电阻式温度控制电路。热敏电阻式温度控制电路如图 1-69 所示。热敏电阻 R_T 与电阻 R_3、R_4、R_5 组成电桥，经 IC1 组成的比较器、IC2 组成的触发器、驱动管 VT、继电器 K 控制压缩机的启停。

③ 热敏电阻除霜温度控制。如图 1-70 所示是用热敏电阻组成的除霜温度控制电路，使除霜以手动开始，自动结束，实现了半自动除霜。

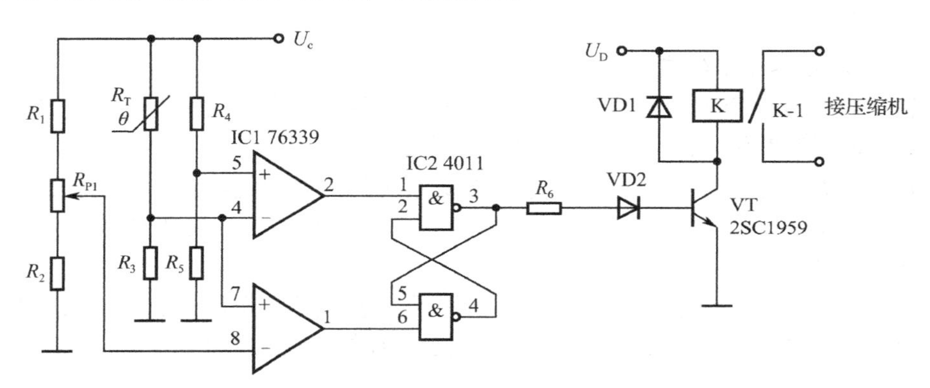

图 1-69　热敏电阻式温度控制电路

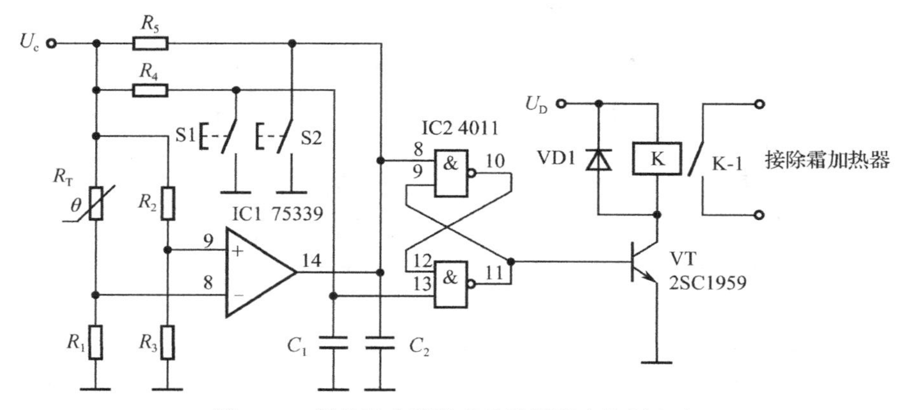

图 1-70　用热敏电阻组成的除霜温度控制电路

2）传感器在自动抽油烟机中的应用

自动抽油烟机的电气部分主要由排油烟风扇和气敏监控电路组成。气敏监控电路主要

由气体传感器和运算放大器 LM324（IC1～IC4）组成，如图 1-71 所示。

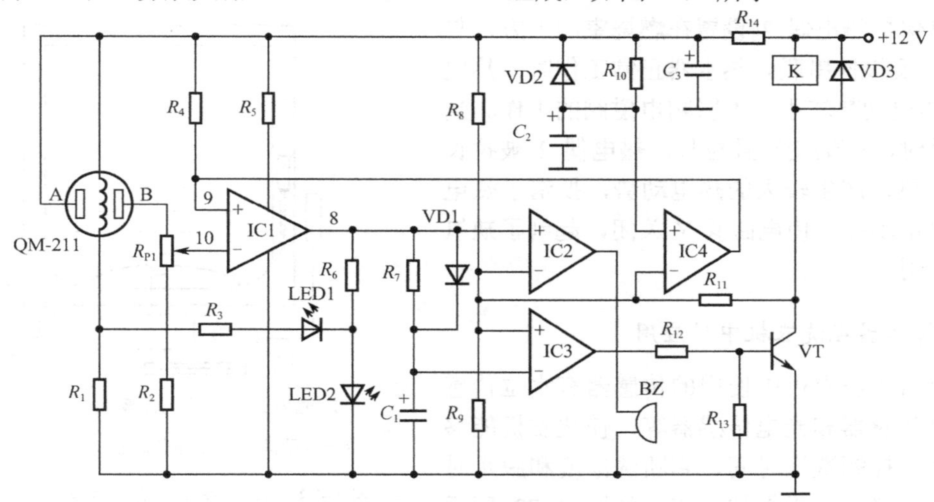

图 1-71　自动抽油烟机的气敏监控电路

3）传感器在燃气淋浴器中的应用

燃气直流式热水器中一般设置有防止不完全燃烧的安全装置、熄火安全装置、空烧安全装置及过热安全装置等。前两个安全装置主要由温度传感器（热电偶）构成，后两个安全装置由水气联动装置来实现。

燃气直流式加热器的工作原理如图 1-72 所示。在热水器中的两个热电偶，一个设置在长明火的旁边，其热电动势加在电磁阀 Y 线圈的两端，在松开开关 S 时维持电磁阀的工作。如果发生意外使长明火熄灭，则电磁阀关闭，切断燃气通路。

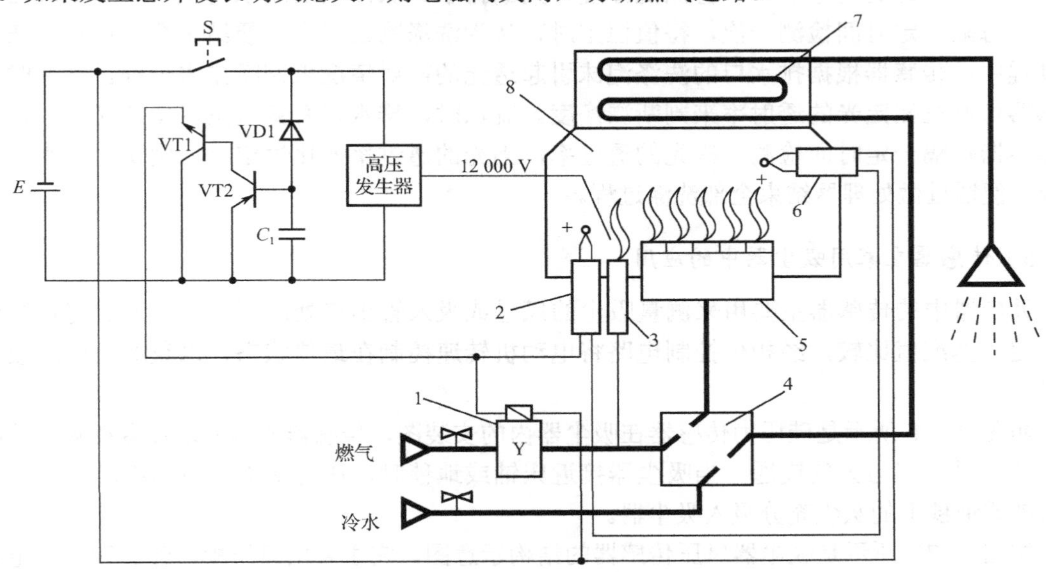

1—进燃气电磁阀；2—热电偶 1；3—长明火；4—水气联动开关；

5—主燃烧器；6—热电偶 2；7—热交换器；8—燃烧室

图 1-72　燃气直流式加热器的工作原理

缺氧保护热电偶 2 设置在燃烧室的上方，与热电偶 1 反极性串联。热水器正常工作时，热电偶 2 的热电动势较小，不影响电磁阀的工作。当氧气不足时，火焰变红且拉长，热电偶 2 被拉长的火焰加热，产生较大的热电动势，抵消了热电偶 1 的热电动势，使电磁阀 Y 关闭，起到了缺氧保护的作用。

4）传感器在洗衣机中的应用

在全自动洗衣机中使用的传感器有水位传感器、衣量传感器和光电传感器等，使洗衣机能够自动进水、控制洗涤时间、判断洗净度和脱水时间，并将洗涤控制于最佳状态。如图 1-73 所示是传感器在洗衣机中的应用示意图。

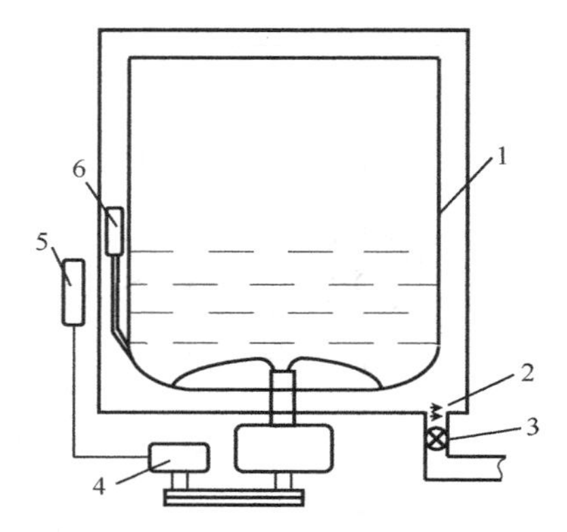

1—脱水缸；2—光电传感器；3—排水阀；4—电动机；5—衣量传感器；6—水位传感器

图 1-73　传感器在洗衣机中的应用示意图

（1）水位传感器。洗衣机中的水位传感器用来检测水位的等级。它由 3 个发光元件和一个光敏元件组成，根据依次点亮 3 个发光元件后，光到达光敏元件的变化而得到水位数据。

（2）衣量传感器。衣量传感器用来检测洗涤物的质量，是通过电动机负荷的电流变化来检测洗涤物质量的。

（3）光电传感器。光电传感器由发光二极管和光敏晶体管组成，安装在排水口上部。根据排水口上部的光透射率，检测洗净度，判断排水、漂净度及脱水情况。在微处理器控制下，每隔一定时间检测一次，待值恒定时，认为洗涤物已干净，便结束洗涤过程。在排水过程中，传感器根据排水口的洗涤泡沫引起透光的散射情况来判断排水过程。漂洗时，传感器可通过测定光的透射率来判断漂净度。脱水时，排水口有紊流空气使透光散射，光电传感器每隔一定时间检测一次光的透过率，当光的透过率变化恒定时，则认为脱水过程完成，便通过微处理器结束全部洗涤过程。

5）传感器在家用吸尘器中的应用

吸尘器中的传感器主要用来测量吸尘的风量或吸入管出口处的压力差，通过将检测值与设定的基准值比较，经相位控制电路将电动机转速控制在最佳状态，以获取最好的吸尘效果。

如图 1-74 所示是硅压力传感器在吸尘器内的安装图，传感器的输入端设置在吸入管的出口处，另一端与大气连通。当吸尘器接近床铺或地毯时，压力增大，电动机转矩下降，将床铺或地毯上的灰尘充分吸入吸尘器。

如图 1-75 所示是吸尘器风压传感器的结构示意图，它主要由风压板、弹簧和可变电阻器等组成。吸入的空气流通过风压板带动可变电阻器转动，将风压转换为电阻的变化，以控制电动机的转矩大小，使其达到最佳的工作状态。

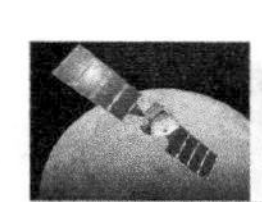

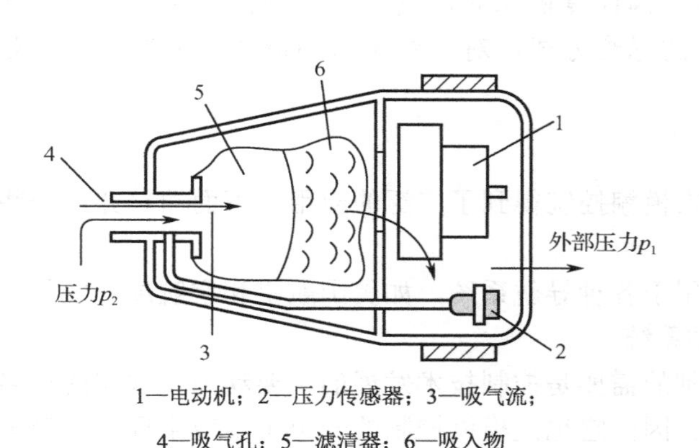

1—电动机；2—压力传感器；3—吸气流；
4—吸气孔；5—滤清器；6—吸入物

图 1-74　硅压力传感器在吸尘器内的安装图

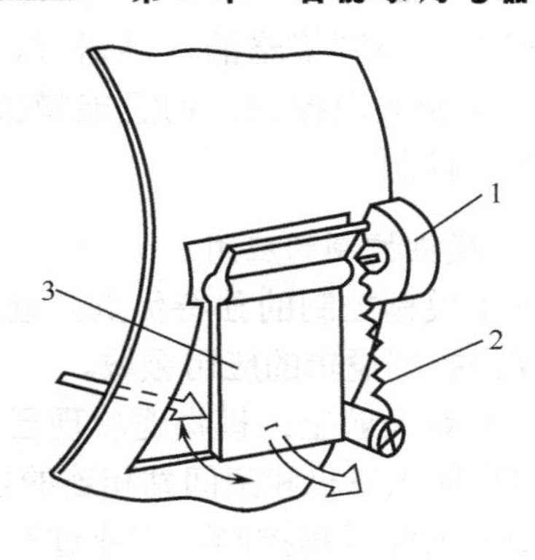

1—可变电阻器；2—弹簧；3—风压板

图 1-75　吸尘器风压传感器的结构示意图

1.3.3　智能家用电器用新技术

随着家用电器智能化程度的提高，各种新技术的应用也越来越广泛。新技术的广泛使用，也促进了家用电器的进一步智能化。这里简要介绍一些现代智能家用电器中所采用的新技术。

1. 模糊控制技术

1）模糊控制的概念

计算机处理精确信息达到无与伦比的程度，能够把人造卫星准确地送入轨道。但是，对于人轻而易举就能做的许多事件，它却做不了。为什么呢？原来，人具有识别模糊事物、运用模糊概念的能力。

世界上许多东西是不能用精确的数学模型来表达的。人的语言中就有大量的诸如“大概”“差不多”“稍高”“偏低”之类的词语。事实上，处理许多事情用模糊的方式比用精确的方式更有效。模糊数学的创始人、著名的控制论专家扎德在谈到这个问题的时候，曾经用汽车停车作为例子。要在拥挤的停车场上两辆车之间的空隙停放一辆汽车，司机通过一些不精确的观察，执行一些不精确的操作，轻而易举地就完成了泊车的工作。而如果通过微分方程表示汽车的运动，装备精良的检测设备用一台大型计算机也难以胜任这一工作。

现实生活中一些概念是有明确意义的，但不是每个概念都很明确。例如，一粒沙是很明确的，但“一堆沙”却没有明确界线，我们不知道到底几粒沙才叫“一堆沙”，它是一个渐变的过程。我们把这样的一类概念称为模糊概念。又如，天气的“冷”“热”，衣服是否洗“干净”，其他一些如“加快”“减慢”“太多”“太少”等，均是模糊概念。

由于自然语言具有模糊性，故这种语言控制也称模糊语言控制，或简称模糊控制。“模糊”一词的英语是“Fuzzy”，所以模糊控制理论及模糊控制器也称 Fuzzy 控制理论及 Fuzzy 控制器。

1965 年美国的控制论专家 L.A.Zadeh 教授创立了模糊集合论，从而为描述、研究和处理模糊性现象提供了一种新的工具。一种利用模糊集合的理论来建立系统模型，设计控制器的新型方法——模糊控制也随之问世了。模糊控制的核心就是利用模糊集合理

论，把人的控制策略的自然语言，转化为计算机能够接收的算法语言的控制算法，这种方法不仅能实现控制，而且能模拟人的思维方式，对一些无法构造数学模型的被控对象进行有效控制。

2）模糊控制的应用

鉴于模糊控制的独特优点，近年来模糊控制得到了广泛的应用。下面简单介绍一些可使用模糊控制逻辑的应用领域。

（1）航天航空：模糊逻辑现已应用于各种导航系统，如美国航空和宇航局开发的一种用于引导航天飞机和空间站相连的自动系统。

（2）工业过程控制：工业过程控制的需要是控制技术发展的主要动力，现在的许多控制理论都是为工业过程控制而发展的。因而它也是模糊控制的一个主要应用场合。最早的实用工业过程模糊控制是丹麦 F.L.Smith 公司研制的水泥窑模糊逻辑计算机控制系统，它已作为商品投放市场，是模糊控制在工业过程中成功应用的范例之一。现在模糊逻辑已广泛应用于各种从简单到复杂的工业诊断和控制系统中。

（3）家用电器：模糊逻辑能以极小的代价提高产品的性能，使它在家用电器中得到广泛的应用。在日本，大多数家用电器制造厂商使用模糊技术。松下和日立公司已生产了能按洗的衣量、脏污的类型和数量来自动选择适当的洗衣周期和洗衣粉用量的全自动洗衣机。三菱和夏普公司生产的空调器因使用了模糊控制技术，可节省能源 20%以上。索尼和三洋公司生产的一些电视机使用模糊逻辑来自动调整屏幕的颜色、对比度和亮度。佳能和索尼公司生产的照相机使用模糊逻辑技术来实现自动对焦功能。我国的家用电器产品也广泛采用了模糊控制技术，如洗衣机、电冰箱、空调器、彩电、微波炉及热水器等。

（4）汽车和交通运输：汽车中使用了大量单片机，其中有些已使用模糊逻辑来完成控制功能。例如，Nissan 汽车公司在它的 Cima 豪华汽车中，使用了模糊控制的防抱死制动系统，在 Subaru's Justy 型号中，使用了基于模糊逻辑的无级变速器。其他汽车生产厂家也已开发了模糊发动机控制和自动驾驶控制系统等。

日本仙台的地铁使用模糊技术来控制地铁，使地铁机车启动和停车非常平稳，乘客不必抓住扶手也能保持平衡。

（5）其他：模糊逻辑还广泛应用于其他控制场合，如电梯控制器、工业机器人、核反应控制、各种医用仪器等。

除了控制应用外，模糊逻辑还可应用于图像识别、计算机图像处理、金融（如股票预测）和各种专家系统中。

总之，模糊控制已经逐渐成为人们广泛应用的控制方法之一。

3）模糊控制的特点

模糊控制是一种基于规则的控制。它直接采用语言型控制规则，出发点是现场操作人员的控制经验或相关专家的知识，在设计中不需要建立被控对象的精确数学模型，只需从对被控制工业过程的定性认识出发，建立语言控制规则即可，使控制机理和策略易于被人们接受与理解。模糊控制对那些数学模型难以获取、动态特性不易掌握或变化非常显著的对象非常适用。

基于模型的控制算法及系统设计方法，由于出发点和性能指标的不同，容易导致较大

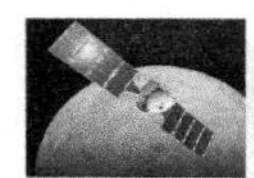

差异。但一个系统的语言控制规则却具有相对的独立性，利用这些控制规律间的模糊连接，容易找到折中的选择，使控制效果优于常规控制器。

模糊控制算法是基于启发性的知识及语言决策规则设计的，这有利于模拟人工控制的过程和方法，增强控制系统的适应能力，使之具有一定的智能水平。

模糊控制系统的鲁棒性（robustness，鲁棒性是指控制系统在一定结构、大小的参数摄动下，维持其他某些性能的特性，即“抗变换性”）强，干扰和参数变化对控制效果的影响就大大减弱，尤其适合于非线性、时变及纯滞后系统的控制。

4）模糊控制系统框图

模糊控制系统的基本结构如图 1-76 所示。

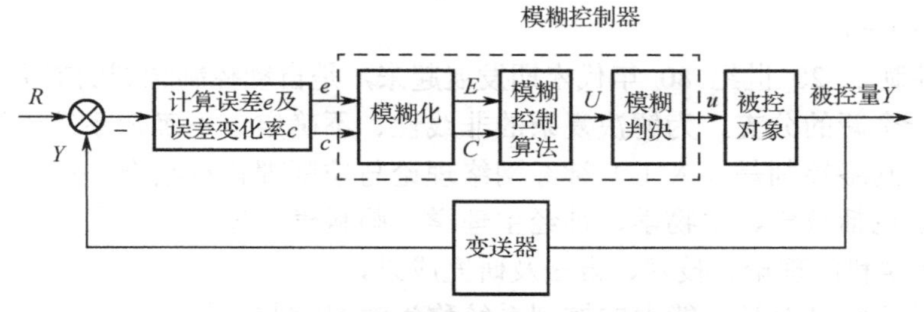

图 1-76　模糊控制系统的基本结构

其中 R 为系统被控量的给定值；Y 为实际输出值；e 和 c 分别是系统误差（$e=Y-R$）和误差的微分信号（$c=de/dt$），e 和 c 都是精确量。经模糊化后得到相应的模糊量 E 和 C。

依据操作经验，即模糊控制规则（或算法），即可得到模糊控制量 U。

加到被控对象上的控制量 u 当然还必须是精确量，模糊控制量 U 经模糊判决后便可得到其相应的精确量 u。

模糊控制器便由模糊化、模糊控制算法和模糊判决这 3 个环节组成。如图 1-77 所示为全自动洗衣机的模糊控制模型。

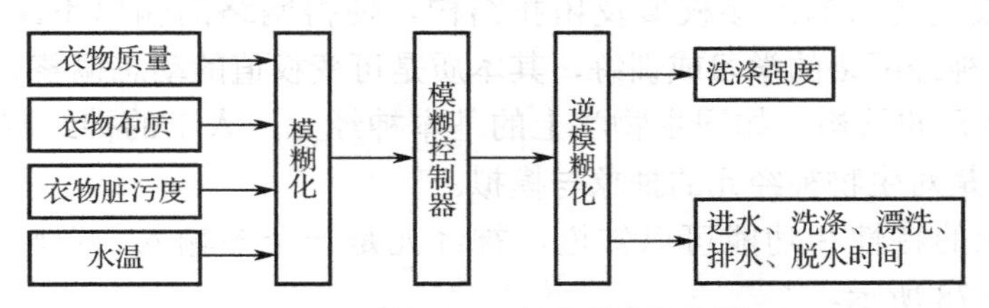

图 1-77　全自动洗衣机的模糊控制模型

2. 神经网络控制

智能家用电器目前所采用的智能控制技术主要是模糊控制。少数高档家用电器也用到神经网络技术，也称神经网络模糊控制技术。

模糊控制技术目前是智能家用电器使用最广泛的智能控制技术。原因在于这种技术和人的思维有一致性，理解较为方便且不需要高深的数学知识表达，可以用单片机进行构造。不过模糊逻辑及其控制技术也存在一个不足的地方，即没有学习能力，从而使模糊控制家用电器产品难以积累经验。

知识的获取和经验的积累，并由此所产生新的思维，是人类智能的最明显体现。家用电器在运行过程中，存在外部环境差异、内部零件损耗及用户使用习惯的问题，这就需要家用电器能对这些状态进行学习。

例如，一台洗衣机在春、夏、秋、冬 4 个季节外界环境是不一样的，由于水温及环境温度不同，洗涤时的程序也有区别，洗衣机应能自动学习不同环境中的洗涤程序。另外，在洗衣机早期应用中，洗衣机的零件处于紧耦合状态，过了磨合期，洗衣机的零件处于顺耦合状态，长期应用之后，洗衣机的零件处于松耦合状态。对于不同时期，洗衣机应该对自身状态进行恰当的调整，同时还应产生与之相应的优化控制过程。此外，洗衣机在很多次数的洗涤中，应自动学习特定衣质、衣量条件下的最优洗涤程序，当用户放入不同量、不同质的衣服时，洗衣机应自动进入学习后的最优洗涤程序。这就需要一种新的智能技术——神经网络控制。

神经网络控制于 20 世纪 80 年代末期发展起来，是自动控制领域的前沿学科之一。它是智能控制的一个新的分支，为解决复杂的非线性、不确定、不确知系统的控制问题开辟了新途径。神经网络控制是（人工）神经网络理论与控制理论相结合的产物，是发展中的学科。它汇集了包括数学、生物学、神经生理学、脑科学、遗传学、人工智能、计算机科学、自动控制等学科的理论、技术、方法及研究成果。

在控制领域，将具有学习能力的控制系统称为学习控制系统，属于智能控制系统。神经控制是有学习能力的，属于学习控制，是智能控制的一个分支。

1）神经网络的定义

神经网络是由多个非常简单的处理单元，彼此按某种方式相互连接而形成的计算系统。该系统是靠其状态对外部输入信息的动态响应来处理信息的。

人工神经网络由许多简单的并行工作处理单元组成系统，其功能取决于网络的结构、连接强度及各单元的处理方式。

人工神经网络是一种旨在模仿人脑结构及其功能的信息处理系统，能够通过对样本的学习训练，不断改变网络的连接权值及拓扑结构，使得网络的输出不断地接近期望的输出。这一过程称为神经网络的学习或训练，其本质是可变权值的动态调整。

（1）人工神经元的结构。如同生物学上的基本神经元，人工的神经网络也有基本的神经元。人工神经元是对生物神经元的抽象与模拟。

从人脑神经元的特性和功能可以知道，神经元是一个多输入、单输出的信息处理单元，其模型如图 1-78 所示。

在如图 1-78 所示的模型中，x_1，x_2，…，x_n 表示某一神经元的 n 个输入；ω_n 表示第 n 个输入的连接强度，称为连接权值；θ 为神经元的阈值；y 为神经元的输出。由图 1-78 可以看出，人工神经元是一个具有多输入、单输出的非线性器件。

神经元模型的输入是

$$\sum \omega_i \cdot x_i \quad (i=1,\ 2,\ \cdots,\ n)$$

输出是

$$y = f(\sigma) = f(\sum \omega_i \cdot x_i - \theta)$$

其中，f 称为神经元功能函数（作用函数、转移函数、传递函数、激活函数）。

（2）人工神经网络。人工神经网络是对人类神经系统的一种模拟。尽管人类神经系统规模宏大、结构复杂、功能神奇，但其最基本的处理单元只有神经元。人工神经系统的功能实际上是通过大量神经元的广泛互连，以规模宏伟的并行运算来实现的。

基于对人类生物系统的这一认识，人们也试图通过对人工神经元的广泛互连来模拟生物神经系统的结构和功能。

人工神经元之间通过互连形成的网络称为人工神经网络。在人工神经网络中，神经元之间互连的方式称为连接模式或连接模型。它不仅决定了神经元网络的互连结构，同时也决定了神经网络的信号处理方式。

① 单层人工神经网络。如图 1-79 所示为单层网络结构，单层网络结构有时也称两层网络结构。单层或两层网络结构是早期神经网络模型的互连模式，这种互连模式是最简单的层次结构。

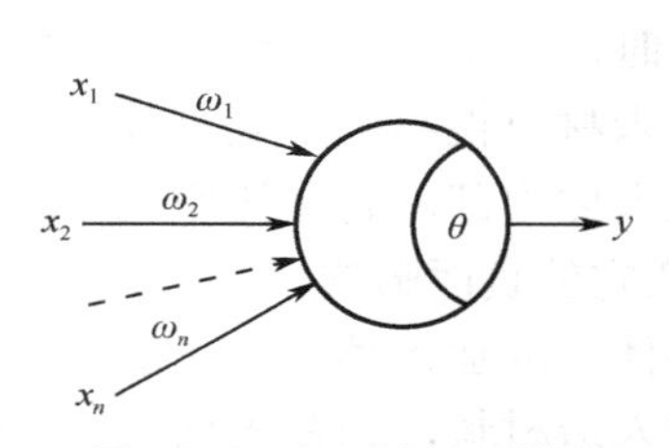

图 1-78　人工神经元模型

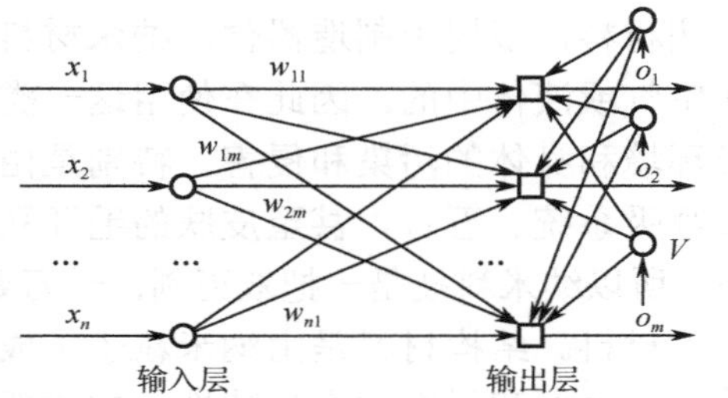

图 1-79　单层网络结构

② 多层人工神经网络。如图 1-80 所示为多层网络结构。通常把 3 层和 3 层以上的神经网络结构称为多层神经网络结构。所有神经元按功能分为若干层，一般有输入层、隐藏层（中间层）和输出层。输入层节点上的神经元接收外部环境的输入模式，并由它传递给相连隐藏层上的各个神经元。隐藏层是神经元网络的内部处理层，这些神经元再在网络内部构成中间层。由于它们不直接与外部输入、输出打交道，故称隐藏层。人工神经网络所具有的模式变换能力主要体现在隐藏层的神经元上。输出层用于产生神经网络的输出模式。

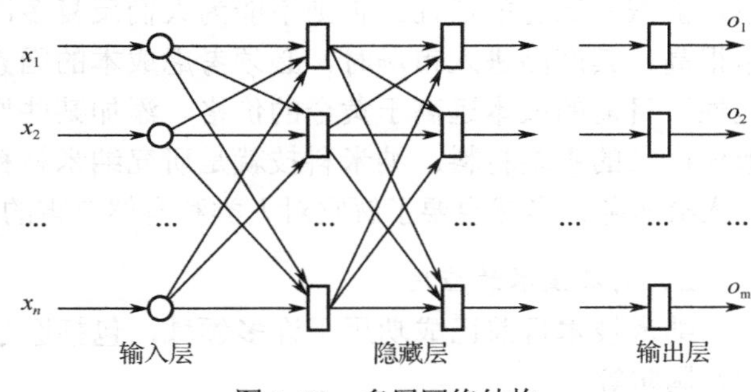

图 1-80　多层网络结构

2）神经网络的突出优点

（1）可以充分逼近任意复杂的非线性关系；

（2）所有定量或定性的信息，都等势分布储存于网络内的各神经元，故有很强的鲁棒性和容错性；

（3）采用并行分布处理方法，使快速进行大量运算成为可能；

（4）可学习和自适应不知道或不确定的系统；

（5）能够同时处理定量、定性知识。

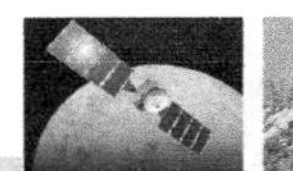

3. 纳米技术

纳米技术（nanotechnology）是用单个原子、分子制造物质的科学技术，研究结构尺寸在 0.1～100 μm 范围内材料的性质和应用。纳米科学技术是以许多现代先进科学技术为基础的科学技术，它是现代科学（混沌物理、量子力学、介观物理、分子生物学）和现代技术（计算机技术、微电子和扫描隧道显微镜技术、核分析技术）结合的产物。纳米科学技术又将引发一系列新的科学技术，如纳米物理学、纳米生物学、纳米化学、纳米电子学、纳米加工技术和纳米计量学等。

1）纳米材料的分类

通常将纳米材料分为两大类：功能材料和结构材料。

（1）功能材料。功能材料主要是纳米尺寸的，具有催化、杀菌、清洁、隐身和燃料等功能的原子团材料，多用于制造器件。纳米材料体积小，在常温常压下，由于布朗运动，它是悬浮在空气或液体中的。因此在使用这一类材料时，一定要注意这个飘浮特性，不要造成对人类环境和身体的污染和侵害。特别是由于纳米材料很小，小到可以容易地通过各种渠道，如呼吸系统、五官，甚至皮肤的毛汗孔进入人体内部。它是比空气中的粉尘危害更大的污染。所以纳米科技是一把双刃剑，千万要注意它的负面影响。

（2）结构材料。结构材料是由纳米粒子压成的块体，或加入纳米粒子的复合体。利用纳米粒子的活性表面和界面的奇异特性，构成新型的人造材料，通常表面具有活性，能起到杀菌、清洁作用。但结构材料一定要有活化能力，即在光、热、机械或其他某种作用下，能恢复原有的活性。否则不能为人们反复多次使用，其应用将受到限制。有的加工成本很高，其产品进入市场时，必须考虑成本的因素。例如纳米玻璃，增加了强度，但失去脆性，目前的成本远高于黄金的价格。添加某些原子团的材料或复合材料，可能是最容易形成产品的主要材料。纳米科技就是研究纳米材料的特殊结构和奇异特性，利用这些特性为人类服务，当然也要了解它对人类和自然有害的一面，加以避之。

2）纳米技术的应用

纳米技术目前已成功用于许多领域，包括医学、药学、化学及生物检测、制造业、光学及国防等。

如在纺织和化纤制品中添加纳米微粒，可以除味杀菌。化纤布挺括结实，但有烦人的静电现象，加入少量金属纳米微粒就可消除静电现象。利用纳米材料，可以生产出抗菌冰箱、抗菌洗衣机。用纳米材料制作的无菌餐具、无菌食品包装用品已经面世。利用纳米粉末可以使废水彻底变清水，完全达到饮用标准。纳米食品色香味俱全，还有益健康。

中国将纳米技术成功应用于家用电器的大型家电企业，有青岛海尔集团、济南小鸭集团、佛山美的集团、珠海格力集团等。小鸭集团开发生产的纳米洗衣机，将具有抗菌作用的纳米银离子充注到洗衣机外桶基材的微孔中，再通过一种材料添加剂将其稳定住，以达到缓慢释放的效果。它能在保证原有功能不变的前提下，具有自洁、防垢、防附着、耐高温、耐摩擦、抗冲击和无焊缝等特点，可长效抗菌，无二次污染。海尔集团的纳米电冰箱，具有长效抑菌、防霉、除味、保鲜、节能等诸多方面的杰出性能，为人们提供舒适、安全、健康的现代家庭生活。

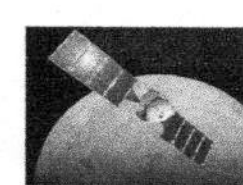

4. 变频技术

1）变频调速的工作原理

电动机的转速公式为

$$n=\frac{60f(1-s)}{p}$$

式中，n 为异步电动机的转速；f 为异步电动机的频率；s 为电动机的转差率；p 为电动机的极对数。

变频调速是利用电动机的转速 n 与电源频率 f 成正比的原理进行调速的。

变频调速是在电动机的前面加装一只变频器，把来自电网的 50 Hz 交流电改变频率后提供给电动机。

变频器的基本工作模式有两种：

（1）交-交型：输入是交流，输出也是交流。它将工频交流电直接转换成频率、电压均可控制的交流，又称直接式变频器。

（2）交-直-交型：输入是交流，变成直流，再变成交流输出。它是将工频交流电通过整流变成直流电，再把直流电变成频率、电压均可控的交流电。因此这种变频器又称为间接变频器。

目前，多数情况都是交-直-交型变频器。

2）变频器的组成

如图 1-81 所示，变频器电路由主电路和控制电路组成。

（1）主电路：包括整流器、中间直流环节和逆变器。改变电压、改变频率（variable voltage and variable frequency，VVVF）变频器是目前应用较广泛的一种变频器。

如图 1-81 所示，三相工频交流电经过 VD1～VD6 整流后，正极送入缓冲电阻 R_L 中，R_L 的作用是防止电流忽然变大。经过一段时间，电流趋于稳定后，晶闸管或继电器的触点会导通，短路掉缓冲电阻 R_L，这时的直流电压加在滤波电容 C_{F1}、C_{F2} 上，这两个电容可以把脉动的直流电波形变得平滑一些。

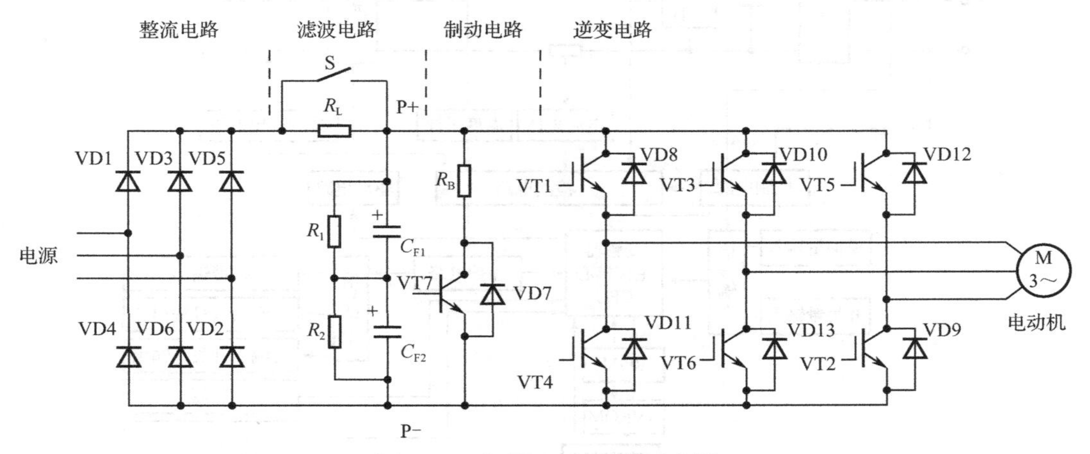

图 1-81 变频器电路结构示意图

由于一个电容的耐压有限，所以把两个电容串起来用，耐压就提高了一倍。又因为两个电容的容量不一样，分压会不同，所以给两个电容分别并联了一个均压电阻 R_1、R_2，这样，C_{F1} 和 C_{F2} 上的电压就一样了。

通电后，三相电源经整流为直流电压，加在大功率晶体管 VT7 的集电极与发射极之间，VT7 的导通由控制电路控制，VT7 上还串联了变频器的制动电阻 R_B，组成了变频器制动回路。

由于电极的绕组是感性负载，在启动和停止瞬间都会产生一个较大的反向电动势，这个反向电压的能量会通过续流二极管 VD7～VD12 使直流母线上的电压升高，这个电压高到一定程度会击穿逆变管 VT1～VT6 和整流管 VD1～VD6。当有反向电压产生时，控制回路控制 VT7 导通，电压就会通过 VT7 在电阻 R_B 上释放掉。当电动机较大时，还可并联外接电阻。一般情况下“P+”端和“P−”端是由一个短路片短接的，如果断开，这里可以接外加的支流电抗器，直流电抗器的作用是改善电路的功率因数。

直流母线电压加到 VT1～VT6 六个逆变管上，这 6 个大功率晶体管称为绝缘栅双极型功率管（insulated gate bipolar transistor，IGBT），基极由控制电路控制。控制电路控制某 3 个管子的导通，给电动机绕组内提供电流，产生磁场使电动机运转。例如，某一时刻，VT1、VT2、VT6 受基极控制导通，电流经 U 相流入电动机绕组，经 V、W 相流入负极。下一时刻同理，只要不断地切换，就把直流电变成了交流电，供电动机运转。

为了保护 IGBT，在每一个 IGBT 上都并联了一个续流二极管，还有一些阻容吸收回路。其主要的功能是保护 IGBT，有了续流二极管的回路，反向电压会从该回路加到直流母线上，通过放电电阻释放掉。

（2）控制电路：如图 1-82 所示为变频器控制电路的原理示意图。上半部为主电路，下半部为控制电路。变频器控制电路主要由控制核心 CPU、输入信号、输出信号和面板操作指示信号、存储器、驱动电路组成。

外接电位器的模拟信号经模数转换将信号送入 CPU，达到调速的目的。外接的开关量信号也经与非门送入 CPU。

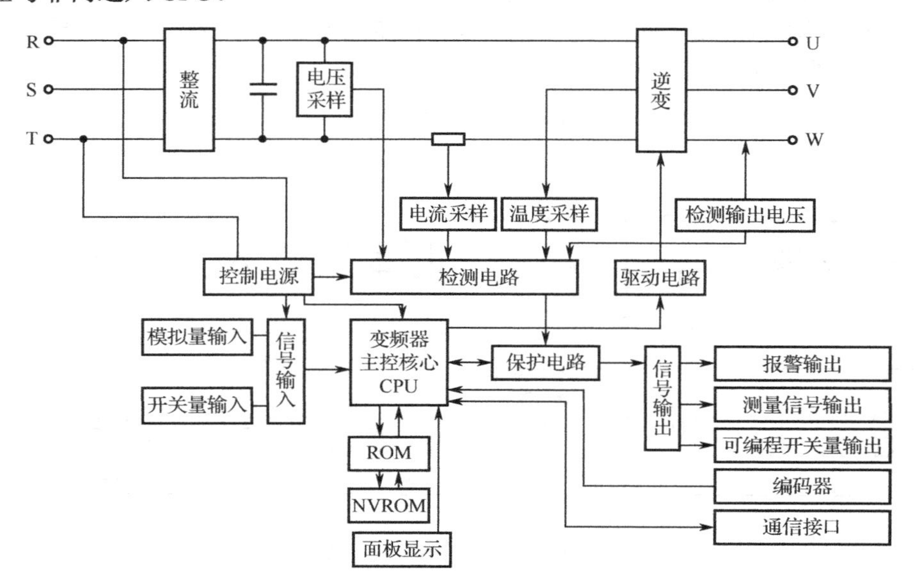

图 1-82　变频器控制电路原理示意图

3）典型应用——不间断供电系统

不间断供电系统是变频技术的一种最基本的应用，其原理如图 1-83 所示。

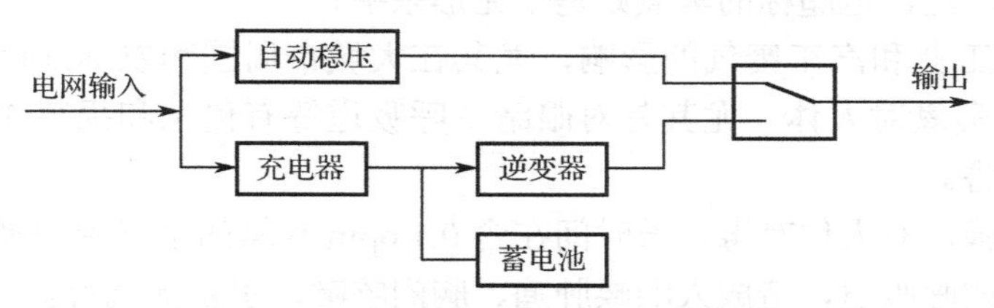

图 1-83 不间断供电系统原理框图

（1）用正弦波振荡器产生正弦波输出，正弦波信号通过变换电路，得到方波输出（如用施密特触发器），用积分电路将方波变换成三角波或锯齿波输出。

（2）利用多谐振荡器产生方波信号输出，用积分电路将方波变换成三角波输出，用折线近似法将三角波变换成正弦波输出。

（3）用多谐振荡器产生方波输出，方波经滤波电路可得正弦波输出，方波经积分电路可得三角波输出。

5. 臭氧技术

臭氧（化学分子式为 O_3），因有类似鱼腥味的臭味而得名。臭氧的化学性质极为活泼，它在游离时可在瞬间产生强氧化作用，是一种高效的消毒剂，对细菌、病菌、真菌、霉菌、病毒等微生物都具有极强的杀灭力。

它能迅速将细菌和病毒杀灭，灭菌速度是氯的 300～600 倍，是紫外线的 3 000 倍。

臭氧为弥漫气体，消毒无死角，故消毒效果好。

多余的臭氧可以很快分解成氧气，故不存在二次污染的问题。

1）臭氧的特性

近年来，臭氧型家用电器在市场上非常受宠，这主要归功于臭氧自身的物理和化学特性。臭氧是氧的一种同素异形体，常温下是一种具有特殊气味的淡蓝色气体，固体为紫色。

2）臭氧的益处

首先，它是一种广谱杀菌剂。由于臭氧的化学性质极为活泼，常温条件下很不稳定，可以和很多物质发生反应，因而可以分解农药等污染有机物，还可以破坏含剧毒的强致癌物。臭氧的不稳定性就给其系列产品的开发提出了要求，这就决定了臭氧发生器是臭氧型家用电器产品的核心部位。

其次，氧化反应过后，臭氧的最终反应物只能是氧气，因而具有无残毒的特性，方便运输；若用于净水，其安全性大大高于氯。已有研究报告指出：在对自来水的水源用氯进行消毒时，会产生多种有害的有机氯化合物，其中，大部分被认为是致癌物。此外，臭氧还可以脱色、除去水中或空气中的异味。

最后，臭氧还可以使水中的杂质沉淀，从而使水变得更清澈，将水面“染”上一层漂亮的蓝色。

人类发现臭氧以来，主要将它作为氧化剂使用，以臭氧制备技术为核心的家用电器技术产品，也是基于臭氧的化学特性研发的。

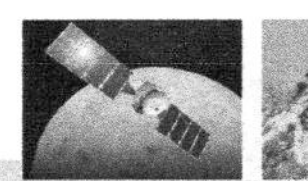

3）臭氧的危害

虽然臭氧应用广泛，但超标的臭氧则是个无形杀手！

在夏季，由于工业和汽车废气的影响，尤其在大城市周围和农林地区的地表，臭氧会形成和聚集。地表臭氧对人体，尤其是对眼睛、呼吸道等有侵蚀和损害作用。地表臭氧对农作物或森林也有害。

臭氧能刺激黏膜，对人体有毒，长时间在含 0.1 ppm 臭氧的空气中呼吸是不安全的。

它强烈刺激人的呼吸道，造成人咽喉肿痛、胸闷咳嗽，引发支气管炎和肺气肿。

臭氧会造成人的神经中毒，使人出现头晕头痛、视力下降、记忆力衰退、呼吸短促、疲倦、鼻子出血等症状。

臭氧会破坏人体皮肤中的维生素 E，致使人的皮肤起皱、出现黑斑。

臭氧还会破坏人体的免疫机能，诱发淋巴细胞染色体病变，加速衰老，使孕妇生出畸形儿。

因此，臭氧和有机废气所造成的危害必须引起人们的高度重视。

4）臭氧技术的应用

由于臭氧型家用电器产品门类齐全，其功能与特性又与人们健康生活的理念相吻合，因而正在形成一块“朝阳产业”。表 1-2 列出了臭氧技术在一些行业的应用。

表 1-2　臭氧技术的应用

行　业	应　用
饮用水	自来水杀菌消毒；瓶装、桶装纯净水、矿泉水等饮用水消毒；高楼屋顶水箱的水质处理
城市污水处理	城市污水处理厂的深度处理
娱乐业	游泳池水质消毒；营业场所空气净化、环境的消毒
医疗业	病房、手术间的空气消毒，医疗器械消毒，医疗废水灭菌消毒处理、衣物的消毒
化工业	工业废水、废气处理；能迅速分解废水中的氰铬盐、酚等；有机染料的脱色
家电业	臭氧消毒洗涤器、臭氧洗衣机、臭氧消毒碗柜、臭氧洗碗机等

美国一家公司曾发明了利用臭氧洗衣的新方法，臭氧型洗衣机便应运而生。它不仅具备双缸、定时、甩干等常规功能，还具备了洗净度高（洗净度可提高 10%，臭氧的去污能力是氯气的 15 倍）、不用漂洗等独特功能。采用这种产品洗衣可节省洗衣粉和水，从而降低洗衣成本。之后陆续出现的有臭氧型电冰箱，它利用臭氧产生器产生臭氧分子，可有效杀灭各种细菌、寄生虫，使食品在电冰箱里的保质期延长了 1～2 倍，杜绝了食品的异味化、腐蚀化。再如臭氧型空调器，此种空调器装有臭氧发生器，可消除异味，清新空气。有的臭氧型空调器还可调节臭氧浓度，以适应不同季节使用。

而后，臭氧型电风扇、臭氧型抽油烟机、强臭氧杀菌解毒机、臭氧除菌净水机纷纷亮相。用氯净水易产生致癌物，而臭氧除菌净水机的直接饮水功能给消费者带来安全饮水的便利；臭氧的洗涤功能给家庭带来无菌空间，提供了安全用水的便利；而此衍生的其他功能也是有益于消费者身体健康的。

随着人们生活水平的不断提高，若按 50%的家庭拥有一件计，我国臭氧型家用电器将

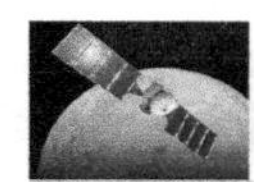

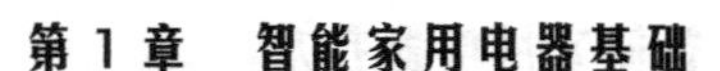

在 5 000 万件以上。何况臭氧型家用电器品种繁多，档次门类齐全，而且使用寿命长，故市场潜力极大，可开发领域极广。

思考与练习 1

一、填空题

1．智能家用电器是指应用了________技术，或具有了________的家用和类似用途的电器。

2．物联网的关键技术包括________、________、________技术，智能家居是消费者密切关注的物联网应用之一。

3．所有家用电器，其基本结构包括 3 部分，即________、________和________。

4．PTC 是一种温度系数的电热元件，它的电阻随温度会发生改变，其突变温度点称为________，该温度称为________。

5．家用电器控制元件，按其控制目的可分为________、________和________3 种类型。

6．家用电器用单相异步电动机有 3 种分相方式，即________、________、________。

7．智能家用电器中，起智能控制的部件是________，实现自动检测的首要环节是________。

8．传感器系统由________、________和________3 部分组成，它把外界物理量转换成输出，相当于智能电器的“电五官”。

9．纳米材料有两大类，即________和________。

二、选择题

1．智能电器涉及的相关技术包括（　　）、控制、电子、人工智能、网络技术等。

A．传感器　　B．数据采集　　C．信号处理　　D．数字通信

2．智能电器现场参量采集的模拟参量包括（　　）两种。

A．模拟信号与数字信号　　B．电量信号和非电量信号

C．电流信号和电压信号　　D．状态参量与逻辑信号

3．智能电器的现场开关参量采集包括（　　）两种状态。

A．通和断或开与闭　　B．模拟量与数字量

C．电流信号与电压信号　　D．电量信号与非电量信号

4．智能熄火保护燃气灶利用的控制元件是（　　）。

A．感温磁钢　　B．热敏电阻

C．热电偶　　D．形状记忆温控元件

5．二极管整流控制功率输出，当二极管串接入电路时，平均输出功率将降低（　　）。

A．1/2　　B．1/3　　C．1/4　　D．1/5

6．智能化功率控制电路，主要使用的控制元件是（　　）。

A．空气开关和手闸　　B．晶闸管和继电器

C．热敏电阻和热电隅　　D．机械定时器和电动式定时器

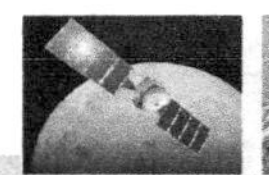

7．在控制电路中，电容发挥着重要的作用，但（　　）一般不算电容的作用。

A．整流滤波　　B．隔直通交　　C．开关延时　　D．放大驱动

8．智能家电显示电路中，没有包括在内的是（　　）。

A．CRT　　B．LED　　C．LCD　　D．数码管

9．智能家电控制电路的基本电路包括（　　）。

A．电源电路、时钟振荡电路、复位电路、照明电路、报警电路

B．电源电路、时钟振荡电路、复位电路

C．电源电路、时钟振荡电路、复位电路、驱动电路、保护电路

D．电源电路、时钟振荡电路、复位电路、整流电路、保护电路

10．智能家电电路原理图，可以分为三大部分，即（　　）。

A．基本电路、信号输入电路、输出控制电路

B．电源电路、时钟振荡电路、显示电路

C．电源电路、控制电路、显示电路

D．电源电路、控制电路、执行电路

11．传感器在电冰箱中的使用，主要以（　　）传感器为主。

A．温度　　B．气敏　　C．光敏　　D．压敏

12．传感器在自动抽油烟机中的应用，主要以（　　）传感器为主。

A．温度　　B．气敏　　C．光敏　　D．压敏

13．自动温控燃气热水器，可能用不到的传感器是（　　）。

A．温度　　B．气敏　　C．光敏　　D．压敏

14．以下智能家电中，暂时还未考虑使用变频技术的是（　　）。

A．冰箱　　B．空调　　C．洗衣机　　D．智能电视

三、判断题

（　　）1．决定电器智能化发展的，是用户对高水平电器的需求。

（　　）2．智能家用电器电路结构越来越复杂，但在使用上却越来越简单易用。

（　　）3．国家“三网合一”是指电信网、互联网、电视网的融合。

（　　）4．电器智能化过程中，嵌入式系统的应用无处不在。

（　　）5．家用电器中，普遍使用的动力设备是三相交流电动机。

（　　）6．单相电源是无法形成旋转磁场带动转子运转的，必须进行“分相”。

（　　）7．单相异步电动机中，启动转矩最大的是电容分相式电动机。

（　　）8．智能家用电器目前所采用的智能控制技术主要是模糊控制。

（　　）9．不是所有的家电都必须“智能化”，如照明的电灯，完全没那个必要。

（　　）10．智能家电用单片机正在向32位过渡，将为我们提供更加强大的智能化功能。

（　　）11．用单片机输出的信号来驱动执行元件，必须通过驱动电路实现。

（　　）12．最简单的延时电路，可以利用电容的充放电流来实现。

（　　）13．神经网络控制系统最典型的特点是智能电器具有学习功能。

（　　）14．臭氧杀菌技术毒性高，药物残留引起二次污染严重，所以现在已经禁止使用。

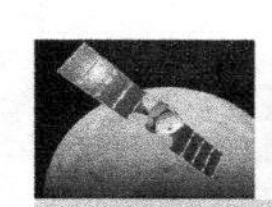

四、简答题

1．智能电器具有哪些基本特点？
2．智能家用电器具备哪些基本功能？
3．智能电器现场参量的采集量有哪些种类？
4．电热元件有哪些种类？
5．如图 1-84 所示，试分析晶闸管调功控制电路原理。
6．单片机用于智能家电的控制，具有哪些优点？
7．如图 1-85 所示，试分析该延时电路的工作原理。

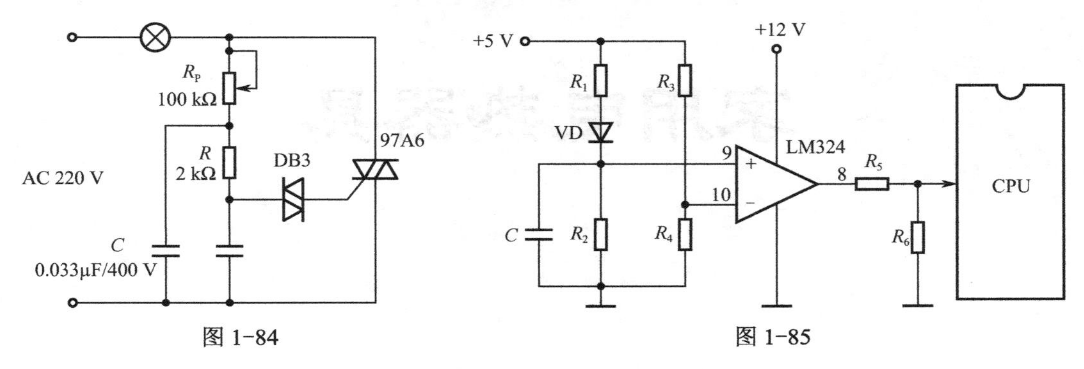

图 1-84　　　　图 1-85

8．智能家用电器中常用的传感器有哪些？
9．传感器的发展趋势是什么？
10．自动恒温燃气热水器中，使用了哪些传感装置？

五、分析题

自选某款智能家用电器，分析其结构原理，并绘出电路原理框图。

第2章 家用电热器具

家用电热器具主要集中在厨房电器中，如电饭锅、电磁灶、红外烤箱、微波炉、烘干机、电热水器等。本章以电饭锅、电磁灶、红外烤箱、微波炉为例，分别对采用不同加热方式的电热器具的原理进行阐述。

家用电热器具是将电能转换为热能的电器。近些年来，随着生活水平的不断提高，电热器具工业得到了很快的发展，而且品种越来越多，质量越来越好，外观设计也随来越漂亮，电热器具的使用量约占家用电器的1/3。

电热器具主要具有以下几个优点：

（1）体积小，质量小，使用方便，维修容易。

（2）控温方便，精确度高，容易实现自动控制。

（3）热效率高，为50%～95%（煤的热效率为12%～20%，液体燃料的热效率为20%～40%，气体燃料的热效率为50%～60%）

（4）热惯性小。

（5）干净卫生，没有油烟污染。

由于电热器具具有这些优点，因而使用范围很广。

电热器具常常根据用途不同，制造成各种类型及功能的家用电热器具，如电饭锅、电烤箱、电磁灶、微波炉、电热水器、电热毯、电暖器、电熨斗和电热梳等。除此之外，电热器具也可把多种功能综合在一起，如带微波炉的电冰箱、带干衣装置的全自动洗衣机、带制热功能的空调器、带热风功能的电风扇等。

2.1 电热器具的分类、结构及通用技术要求

2.1.1 电热器具的分类

电热器具分类方法很多，常用的为按用途分类和按加热原理分类。

1. 按用途分类

（1）厨房电热器具。例如，电饭锅、电炒锅、电烤箱、电灶、电磁灶和微波炉等。
（2）取暖电热器具。例如，电暖器、电热毯、电热衣、电热鞋和红外线取暖器等。
（3）热水电热器具。例如，电水壶、电热杯、咖啡壶、暖手器、自动沸水器和速热器等。
（4）熨烫电热器具。例如，电熨斗等。
（5）美容电热器具。例如，电吹风、烘发器、烫发器和电热梳等。
（6）保健电热器具。例如，红外线电灸器、热敷器和家庭消毒器等。
（7）其他专用电热器具。例如，电烙铁、电热笔等。

2. 按加热原理分类

1）电阻式电热器具

加热原理：当电流流过高电阻率导体时，要克服电阻的阻力而消耗功率，其消耗的功率再以热的形式释放出来，这就是电阻加热。

分类：直接加热（如对水加热的热水器）和间接加热（电流使电热器具中的电热元件产生热量，再通过辐射、对流或传导将热量传送到被加热物体）。

应用：在家用电热器具中，间接加热的典型产品有电饭锅、电热毯、电烤箱和电熨斗等。

2）远红外式电热器具

加热原理：先使电阻发热元件通电发热，利用此热能来激发红外线发射物质，使其辐射出红外线来取暖人体和烘烤食物。

加热形式：红外线是电磁波，和可见光一样，以辐射的形式向外传播。波长为 2.5～15 μm 的红外线最易被物体吸收，可起到加热的作用。因此，在家用红外线辐射电热器中远红外线的波长一般集中在 2.5～15 μm。

应用：远红外线取暖器、电烤箱和消毒碗柜等。

3）电感应式电热器具

加热原理：根据电磁感应定律，若将导体置于交变磁场中，导体内部会产生感应电流（涡流），涡流在导体内部会克服内阻做回旋流动产生热量，这就是电磁感应加热的原理。

应用：采用电磁感应加热法的典型产品是电磁灶。在电磁灶中，因工频电磁灶（频率为 50～60 Hz）易产生振动和噪声，所以家用电磁灶采用频率为 1 500 Hz 以上的高频电磁灶。

4）微波式电热器具

加热原理：微波也是一种电磁波，波长在 1 mm～1 m，频率相应为 300 kHz～3 000 MHz。使用微波加热的典型产品是微波炉。微波加热实质上是介质加热。食物是吸收微波的一种介质，在微波辐射之下，食物中水分子随微波频率的变化，在 1 s 内做二十几亿次（2.450 GHz）

摆动。食物中水分子之间的摩擦十分剧烈，从而产生足够的热量，这就是微波加热的原理。

应用：目前微波炉使用的频率有 915 MHz 和 2.450 GHz 两种，前者用于烘烤、干燥、消毒，后者用于家用微波炉中。

2.1.2 电热器具的基本结构

电热器具的基本结构包括 3 部分：电热元件（工作元件）、控制元件和器具结构件。

1. 电热元件

电热元件是电热器具的换能装置，一般由电热材料和绝缘保护层组成。它是电热器具的心脏，它的质量关系到电热器具的使用寿命和安全性能。

2. 控制元件

电热器具的控制元件主要是控制电流、温度和时间等因素。另外，它还要求附带保护功能，以防止电热器具在工作过程中出现过热等安全隐患。

3. 器具结构件

电热器具的结构件，除考虑它的造型及实用性外，耐热性、安全性也是必须具备的。对电磁波、微波的屏蔽，也是电磁、微波类电热器具必须考虑的因素。

2.1.3 电热器具的通用技术要求

电热器具设计的技术要求，最重要的就是考虑电安全和热安全。在考虑安全问题时，不但要考虑正常使用情况下的安全，还要考虑意外情况下的安全。因此，电热器具的设计、制造、安装和维修，都应符合《智能家用电器通用技术要求》（GB/T 28219—2018）等相关国家标准。

1. 功率

电热器具的输入功率和可拆开的电热元件的输入功率，在额定电压和正常工作温度下，一般偏差不应大于±10%。

2. 温升

电热器具中所有电热元件都接入电路，并在充分发热的条件下，其输入功率超过额定功率，并等于额定功率的 1.5 倍的情况下工作，人们握持的手柄、旋钮、夹子等零部件的温升不得超过 35 ℃（环境温度以 40 ℃为基准）。

3. 在工作温度下的泄漏电流

电热器具在工作温度下的泄漏电流，按其额定输入功率计算，应该不大于 0.75 mA/kW，但整个电热器具的最大泄漏电流不大于 5 mA/kW。

4. 绝缘电气强度

电热器具的绝缘电气强度应进行 50 Hz 的交流电压试验，历时 1 min，要求不发生闪烁和击穿现象。

5. 防触电保护

电热器具的结构和外壳应有良好的防触电保护功能。

6. 耐热、耐燃

电热器具的外部零件和非金属材料的部件均应有足够的耐热性和耐燃性。

7. 接地装置

电热器具的外壳应有永久、可靠的接地装置，或者连接到电器进线装置的接地极上。

2.2 电饭锅

电饭锅是一种将电能转变为热能来烧饭的装置，由于它具有温度到达 103 ℃，能自动断开电路的温度自限能力和保温（保持在 65 ℃±5 ℃）能力，使用方便、安全，煮好的饭不焦、不夹生，深受广大用户的欢迎。现在，随着技术的发展，更多功能的电饭锅已经开始推向市场，如有些高档电饭锅同时具有煮饭、熬粥、煲汤、炖肉、蒸食等多种功能。

2.2.1 电饭锅的结构

1. 机械控制式电饭锅的组成

机械控制式电饭锅结构简单、操作简便、性能可靠，至今仍为广大消费者所喜爱。

如图 2-1 所示，机械控制式电饭锅主要由锅盖、外壳、内锅、电热盘和磁钢限温器等部分组成。其各部分组件大多集中在电饭锅的底部，在对电饭锅进行加热的过程中，通过底部的各个部件完成炊饭功能。

2. 微电脑控制式电饭锅的组成

如图 2-2 所示，微电脑控制式电饭锅增加了控制电路、操作面板与温度传感器等。

图 2-1　机械控制式电饭锅

图 2-2　微电脑控制式电饭锅

与机械控制式电饭锅的结构相似，微电脑控制式电饭锅同样将加热器、磁钢限温器等主要装置安装在电饭锅的底部，以便于控制电饭锅的炊饭工作。

2.2.2 电饭锅的工作原理

1. 机械控制式电饭锅的工作原理

1）电路工作原理

自动保温式电饭锅电路原理如图 2-3 所示。

刚开始煮饭时，电路为冷态，双金属保温器K2闭合，接通电源，按下磁钢限温器K1，电热元件通电加热，米饭由吸水过程进入加热升温过程，当温度升到65 ℃±5 ℃时，K2断开，由于K1仍闭合，电热元件继续加热，温度继续上升。温度升到100 ℃时，米饭处于沸腾状态。当生米煮成熟饭时，水分蒸干，内锅底温度上升，超过100 ℃，温度升到103 ℃±2 ℃时，磁钢限温器动作，电路断开，停止加热。此时，电热板中的余热继续提供给米饭热能，满足米饭的焖饭过程。当米饭温度下降到65 ℃±5 ℃以下时，双金属保温器K2动作，电饭锅开始加热保温。双金属保温器将在65 ℃±5 ℃上下反复通断，达到米饭保温的目的。

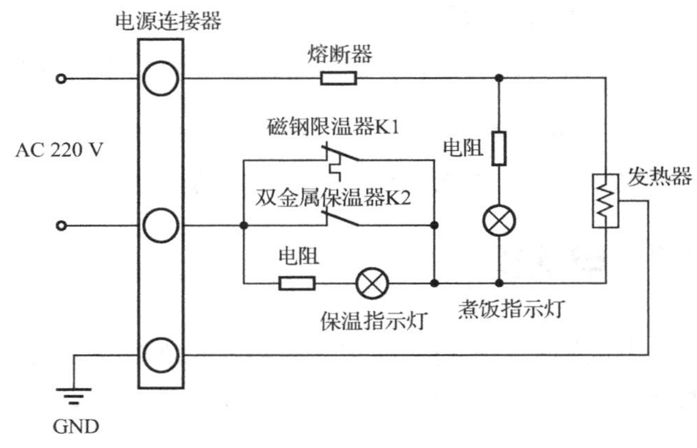

图2-3　自动保温式电饭锅电路原理

2）磁钢限温器的工作原理

磁钢限温器为磁性温控元件，广泛应用于自动保温式电饭锅和电水壶中。其结构如图2-4所示。

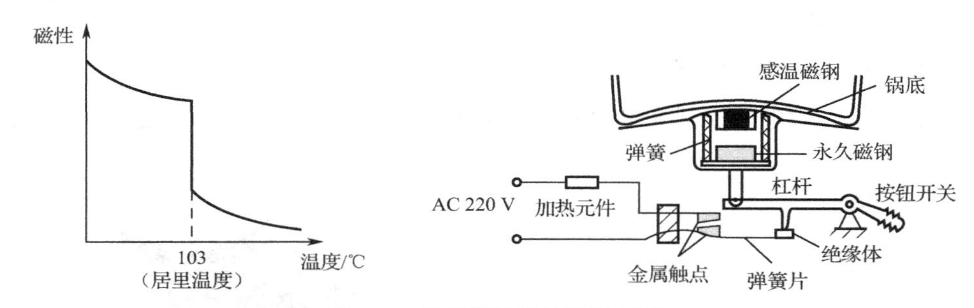

图2-4　磁钢限温器结构原理图

在锅底与灶体接触的地方，安装一片居里温度很低的软磁片（感温磁钢），下部安装一片居里温度很高的硬磁片——永久磁钢，其磁感应强度为0.075～0.09 T。两磁片之间用耐温弹簧连接，永久磁钢的下面安装连杆，插在杠杆的一端，杠杆的另一端是按钮开关。

环境温度低于软磁片的居里温度时，按下按钮开关，硬磁片与软磁片互相吸合，吸力大于耐温弹簧的弹力和硬磁片的重力之和，硬磁片带动杠杆被托起，贴近软磁片，使与电路连通的金属触点接通，加热元件通电发热。

温度升高时，软磁片的磁感应强度随着温度的升高而降低，硬磁片与软磁片之间的吸力逐渐减小。温度超过预定值，升到软磁片的居里温度时，磁感应强度急剧下降，趋近于零。这时，两磁片之间的吸力小于硬磁片的重力与弹簧弹力之和，硬磁片带动杠杆落下，压迫触点，使电路断开，电热元件停止加热。

用于自动保温式电饭锅中的磁钢限温器，动作温度为103 ℃±2 ℃。因为饭熟前锅内有水，温度不会超过100 ℃，磁钢限温器不会动作。当饭熟后，锅内无水，温度才会超过 100 ℃，并继续上升；当升到 103 ℃±2 ℃时，磁钢限温器动作，切断电源，表示饭已烧熟。

用于电水壶中的磁钢限温器的动作温度是 98 ℃±2 ℃。

磁性材料是磁钢限温器的关键材料。硬磁片一般用钡铁氧体（$BaFe_{12}O_{19}$）和锶铁氧体（$SrFe_{12}O_{19}$）制作。其中锶铁氧体材料的成分是碳酸锶（$SrCO_3$）占 14%，三氧化二铁（Fe_2O_3）占 86%。

软磁片有铁氧体软磁片和合金软磁片两种。常用的是镍锌铁氧体，它的主要成分是氧化镍占 11%，氧化锌占 22%，三氧化二铁占 67%。若镍的成分增多，居里温度随之增高；反之，锌的成分增多，居里温度会随之下降。

磁性温控元件结构简单、控制精度高，一般可控制在±1 ℃。

3）电饭锅各部分的工作特点

（1）发热盘：这是电饭煲的主要发热元件。它是一个内嵌电发热管的铝合金圆盘，内锅就放在它上面，取下内锅就可以看见。

（2）限温器：又称磁钢，位置在发热盘的中央。煮饭时，按下煮饭开关，靠磁钢的吸力带动杠杆开关使电源触点保持接通，随锅底的温度不断升高，永久磁环的吸力减弱，当内锅里的水被蒸发掉，锅底的温度达到 103 ℃±2 ℃时，磁环的吸力小于其上的弹簧的弹力，限温器被弹簧顶下，带动杠杆开关，切断电源。

（3）保温开关：又称恒温器。它由一个弹簧片、一对常闭触点、一对常开触点、一个双金属片组成。煮饭时，锅内温度升高，由于构成双金属片的两片金属片的热伸缩率不同，结果使双金属片向上弯曲。当温度开到 65 ℃±5 ℃以上时，在向上弯曲的双金属片推动下，弹簧片带动常开触点与常闭触点进行转换，从而切断发热管的电源，停止加热。当锅内温度下降到 65 ℃±5 ℃以下时，双金属片逐渐冷却复原，常开触点与常闭触点再次转换，接通发热管电源，进行加热。如此反复，即达到保温效果。

（4）杠杆开关：该开关完全是机械结构，有一个常开触点。煮饭时，按下此开关，给发热管接通电源，同时给加热指示灯供电使之点亮。饭好时，限温器弹下，带动杠杆开关使触点断开。此后发热管仅受保温开关控制。

（5）限流电阻：外观以金黄色或白色为多，安装在发热管与电源之间，起着保护发热管的作用。常用的限流电阻参数为 185 ℃、5 A 或 10 A（根据电饭锅功率而定）、220 V。限流电阻是保护发热管的关键元件，不能用导线代替。

2. 微电脑控制式电饭锅的工作原理

微电脑控制式电饭锅是在单片机的控制下自动完成煮饭程序的。微电脑控制式电饭锅具有预置煮饭时间、定时显示、故障显示、自动识别煮饭量、自动调整煮饭程序，以及在预定时间自动开始煮饭等功能，如图 2-5 所示。

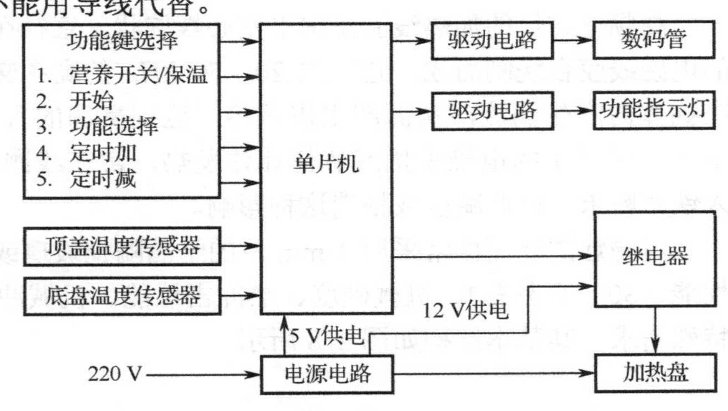

图 2-5　微电脑控制式电饭锅工作原理框图

无论哪种微电脑控制式电饭锅，其基本工作原理都是在接通电源后，交流 220 V 市电通过电源部分，为控制电路提供直流工作电压，通过操作按键输入人工指令到单片机中，单片机通过控制电路控制继电器通断，把 220 V 市电直接加到炊饭加热器和保温加热器上，两种加热器成串联型。由于保温加热器的功率较小、电阻较大，炊饭加热器上只有较小的电压，这种情况的发热量较小，只起保温的作用。单片机同时输送保温显示信号。

此外，在控制电路中设有时钟电路，通过单片机的控制，实现预定定时启动和定时停止加热的功能。电路中的频率同步信号电路将电源的频率信号取出来作为基准信号。

微电脑控制式电饭锅用芯片较多，如图 2-6 所示为采用飞思卡尔单片机 MC68HC05P 的电饭锅电路。

2.3 电磁灶

电磁灶又名电磁炉，由美国西屋电气公司于 1971 年率先研制成功，是现代厨房革命的产物。它让热直接在锅底产生，热效率得到极大提高，是一种高效节能橱具，完全区别于传统所有的有火或无火传导加热厨具。电磁灶是利用电磁感应加热原理制成的电气烹饪器具。由高频感应加热线圈（即励磁线圈）、高频电力转换装置、控制器及铁磁材料锅底炊具等部分组成。使用时，加热线圈中通入交变电流，线圈周围便产生一交变磁场，交变磁场的磁力线大部分通过金属锅体，在锅底产生大量涡流，从而产生烹饪所需的热量。在加热过程中没有明火，因此安全、卫生。

常用的电磁灶有两种类型：一种利用工频电流进行感应加热；另一种利用 15 kHz 以上的高频电流进行感应加热。前者称为工频电磁灶，后者称为高频电磁灶。工频电磁灶无须进行工频到高频的变换，电路复杂性较小。但是，需要特殊的复合材料（一般为不锈钢、铁、不锈钢、铝 4 层复合）制成的烹饪锅具才能正常工作。高频电磁灶需要设置高频变换和控制电路，但无须复合材料制成锅体。家用电磁灶一般采用高频类型。

2.3.1 电磁灶的结构

高频电磁灶由加热线圈、灶面板、控制保护电路 3 部分组成，其主体结构如图 2-7 所示。

高频电磁灶的加热线圈呈扁平空心螺旋状，直径在 180 mm 左右，由 16～20 股ϕ0.5 mm 的电磁线胶合绕制而成。它产生 20～50 kHz 的高频交变磁场，磁力线穿透灶面和锅体，并在锅体内产生涡流，从而产生焦耳热，达到烹调的目的。为了消除扁平电磁线圈对电磁灶下方电路产生的电磁干扰或者使灶体发热，常在线圈的内侧粘贴铁氧体，或在线圈座内掺入铁质粉末，以此减少或抵消这种影响。

电磁灶的灶面板常采用 4 mm 厚的结晶陶瓷玻璃或石英结晶玻璃，以满足电磁灶的耐热性能（300 ℃左右）、机械硬度、热冲击性能、机械冲击性能、绝缘性能及耐水和耐腐蚀等特殊需求，其基本结构如图 2-8 所示。

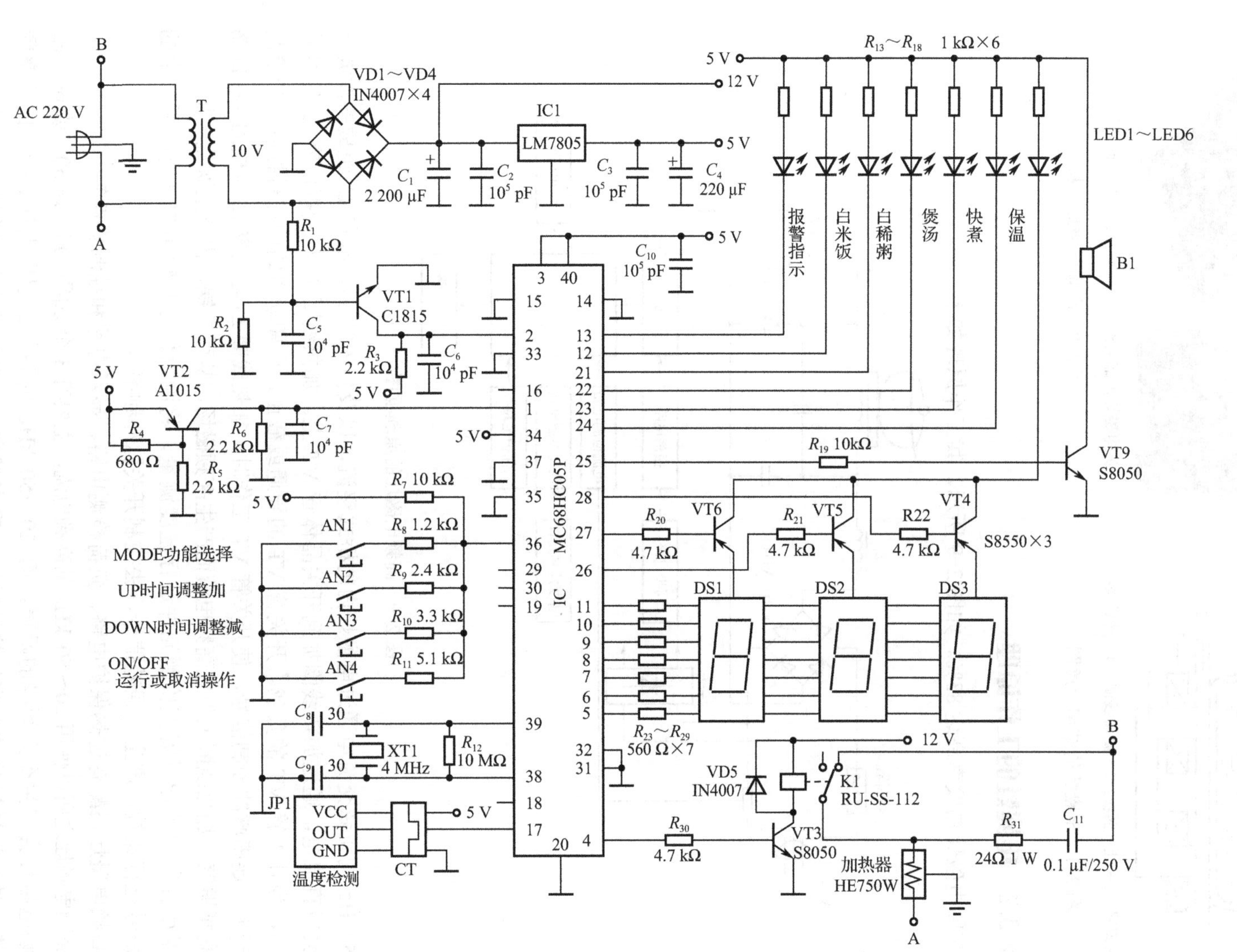

图 2-6　采用飞思卡尔单片机 MC68HC05P 的电饭锅电路原理图

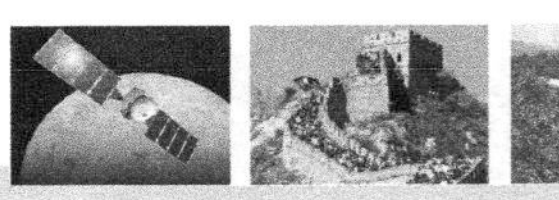

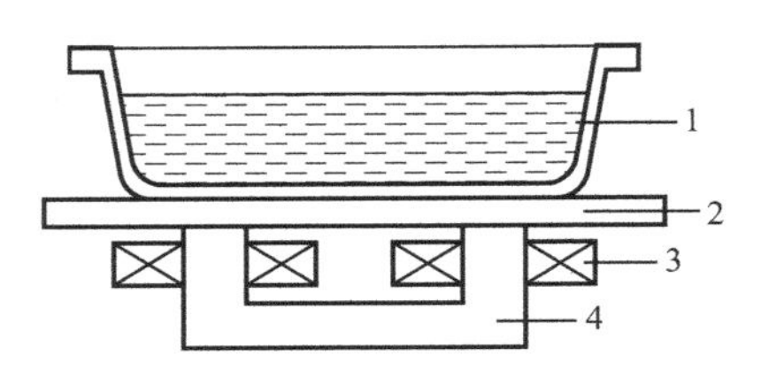

1—烹调锅；2—灶台面板；3—励磁线圈；4—励磁铁心

图 2-7　电磁灶的结构示意图

（a）电磁灶内部结构

（b）电磁灶外形

图 2-8　高频电磁灶结构

2.3.2　电磁灶的工作原理

高频电磁灶热效率高达 83%。如图 2-9 所示，其工作原理如下：

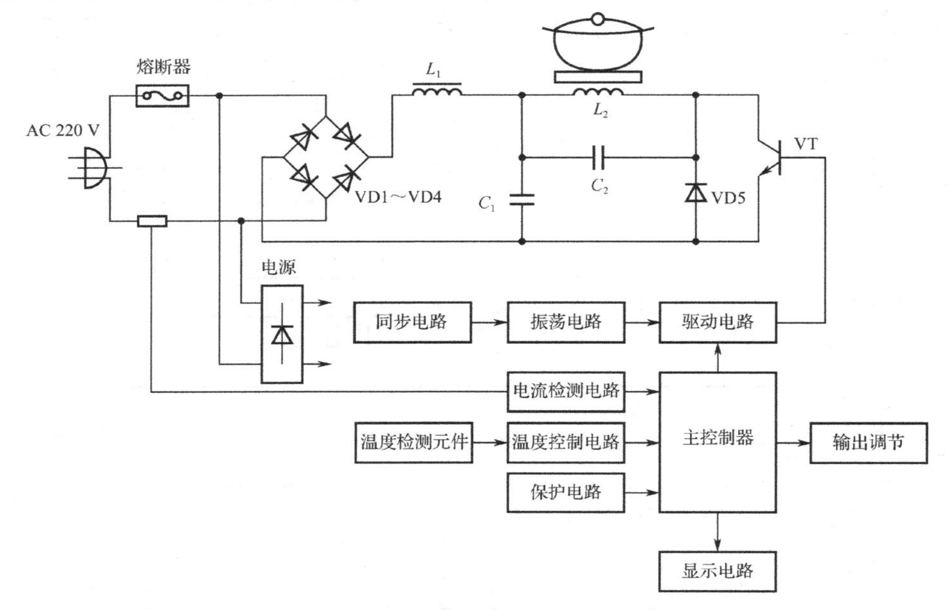

图 2-9　高频电磁灶的原理框图

50 Hz 的正弦交流电通过电磁灶内的桥式整流，以及扼流圈 L_1、电容 C_1 组成的滤波电路后变成直流电，通过加热线圈加到开关晶体管 VT 上。加热线圈 L_2 与谐振电容 C_2 组成并联电路，为开关管 VT 的负载。开关管 VT 的导通或截止，由驱动电路的信号控制。当控制回路产生一连串脉冲控制信号，使开关管 VT 工作时，加热线圈 L_2 与电容 C_2 组成的共振回路产生高频振荡，加热线圈上形成高频电流而产生高频磁场，从而在锅体内产生涡流生热。

温度控制电路通过温度检测元件进行温度测量，将测出信号与输出控制电路所产生的标准信号进行比较，产生一误差信号，去控制开关脉冲频率。

高频电磁灶还配有过热保护电路、负荷检测电路、显示电路和控制器件等。

高频电磁灶之所以使用 20～50 kHz 的高频电流，主要有 3 个原因：其一是 50（或 60）Hz 的工频电磁灶会产生令人烦躁的噪声，而 20～50 kHz 的高频已超出人耳能听到的频率阈值；其二是电流通过导体会产生趋肤效应，频率越高，趋肤效应和涡流越强，可提高电磁灶的工作效率；其三是频率越高，涡流功率越大。

涡流功率：

$$P = \sigma f^2 B_m^2 V$$

式中，σ为铁心材料电阻系数，是与薄片厚度有关的系数；f 为交变电流频率；B_m 为工作时铁心最大磁感应强度；V 为所用铁心的体积。

可见，涡流功率与交变电流频率的平方成正比，频率越高，功率越大，可以大大提高电磁灶的效率。

2.3.3　电磁灶的优缺点

1. 电磁灶的优点

（1）热效率高。由于它是通过涡流直接给锅体加热，没有传导、辐射的热损失，热效率为 70%～80%，甚至高达 83%（煤气灶热效率为 40%，电炉热效率为 52%）。

（2）安全可靠。它不产生明火，灶面板不发热，就是把手帕或纸张垫在灶面板与锅体之间，接通电源，锅内水沸腾时，手帕或纸张也不会燃烧，故适合盲人、老人、病人使用，不会引起火灾。

（3）清洁卫生。由于灶面板不发热，食物溢到面板上不会焦煳，容易擦净。

（4）控温准确，它的功率为 300～1 200 W，烹调温度可控制在 50～200 ℃范围内。由于它的热惯性小，断电后马上断磁，停止加热，控温比较准确。

（5）质量小、体积小，使用方便。

2. 电磁灶的缺点

（1）操作不便：必须使用平底锅，中餐炒菜时颠勺必须重新启动等。目前，市面已有自动检测锅具并重启，方便颠勺的电磁灶出现。

（2）不能无级调速，在煮粥、煲汤等情况下容易溢锅。一般采用最低火力挡间歇加热来解决这个问题。

（3）电磁灶产生的磁场由于不可能 100%被锅具吸收，部分磁场从锅具周围向外泄漏，形成电磁辐射。泄漏越大，对使用者的伤害就越大，由于这种伤害是我们肉眼看不到的，因此电磁灶被称为“隐形杀手”，长期或长时间使用对人的身体健康会有较大的负面影响。

2.4　红外加热炉

红外加热具有热辐射率高、热损失小，容易进行操作控制，加热速度快、传热效率高，有一定的穿透能力，产品质量好、热吸收率高的优点。现在家用红外加热炉主要的代表电器有家用红外烤箱、消毒碗柜、红外烘干机等。

1. 红外加热炉的工作原理

家用红外加热炉主要以红外线辐射的形式加热。如图 2-10 所示，辐射源向外辐射的最小微粒是光子，被加热的食品分子吸收光子后，可以使光子的能量完全转变

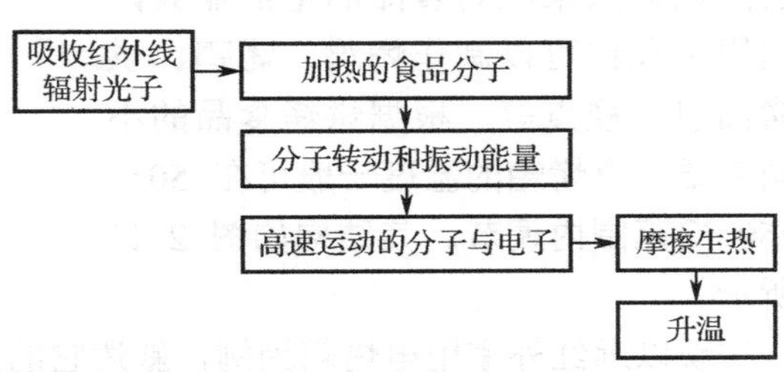

图 2-10　红外加热炉的工作原理

为分子的振动与转动能量，从而加速分子与电子的运动。高速运动的分子与电子，会使晶格和键团产生碰撞，出现类似摩擦生热的现象，从而达到加热升温的目的。

红外线是一种电磁波，它是英国著名天文学家威廉•海射尔在 1800 年发现的。它是一种看不见的射线，其波卡介于可见光与微波之间。

红外线的波长范围是 0.75～1 000 μm。红外线又可分为近红外线与远红外线，近红外线波长为 0.76～2.5 μm，远红外线波长为 2.5～1 000 μm。

2. 红外加热的特点

（1）吸收能力取决于物质的吸收光谱和电烤箱的红外辐射光谱的匹配度。

（2）红外辐射存在穿透深度问题，在远红外线能够穿透的部位，物质被激起共振吸收热量，内部温度往往比表面高，因此烤制食物时，可能会出现外熟内焦的现象。

（3）辐射波长与食品吸收波长匹配越好，吸收越快，穿透深度越浅，否则穿透深度增加，呈现内高外低的温度梯度。

对于远红外线能吸收的物质，并非对所有的波长都可以吸收，而是在某几个波长范围上吸收比较强烈，物质的这种特性通常称为物质的选择性吸收。

而对辐射体来说，也并不是所有波长的辐射能都具有很高的辐射强度，也是按波长不同而变化的，辐射体的这种特性称为选择性辐射。

当选择性吸收和选择性辐射一致时，称为匹配吸收。

在远红外干燥过程中，要达到完全的匹配吸收是不可能的，只能做到接近于匹配吸收。

原则上，辐射波长与物质的吸收波长匹配得越好，辐射能量被物质吸收得越快，穿透深度也就越浅；偏离越远，则透射越深，从而使表里同时均热。

对于只要表层吸收的物质，应采用正匹配，也就是说，使辐射峰带与吸收峰带正相对应，使入射的辐射能量在刚进入物质表层时，即引起强烈的共振吸收而转变为热量。

对于表里同时吸收均匀升温的物质，应采用偏匹配。即根据物质的不同厚度，使入射辐射的波长不同程度地偏离吸收峰带所在的波长范围。

3. 家用电烤箱

电烤箱主要由箱体、电热元件、调温器、定时器和功率调节开关等构成。其箱体主要由外壳、中隔层、内胆组成，在内胆的前后边上形成卷边，以隔断腔体空气；在外层腔体中充填绝缘的膨胀珍珠岩制品，使外壳温度大大降低；同时在门的下面安装弹簧结构，使门始终压紧在门框上，使之有较好的密封性。电烤箱是利用电热元件所发出的辐射热来烘烤食品的电热器具，利用它我们可以制作烤鸡、烤鸭、烘烤面包、糕点等。根据烘烤食品的不同需要，电烤箱的温度一般可在 50～250 ℃范围内调节。其结构如图 2-11 所示。

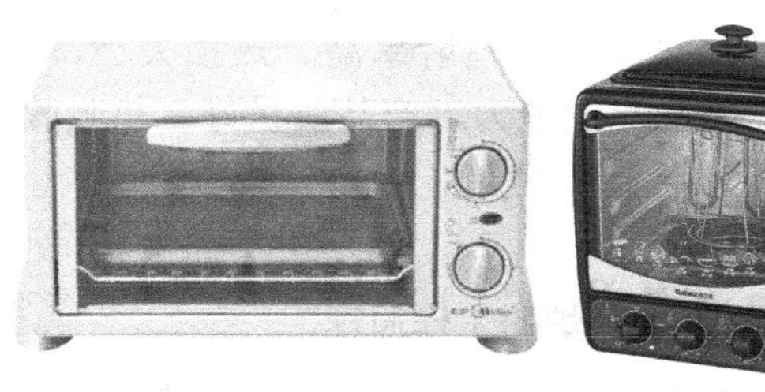

图 2-11　家用电烤箱

现以远红外家用电烤箱为例，叙述它的工作原理。家用电烤箱中常用 2.5～15 μm 的远红外线，它是红外加热的实效区。其电路结构如图 2-12 所示。

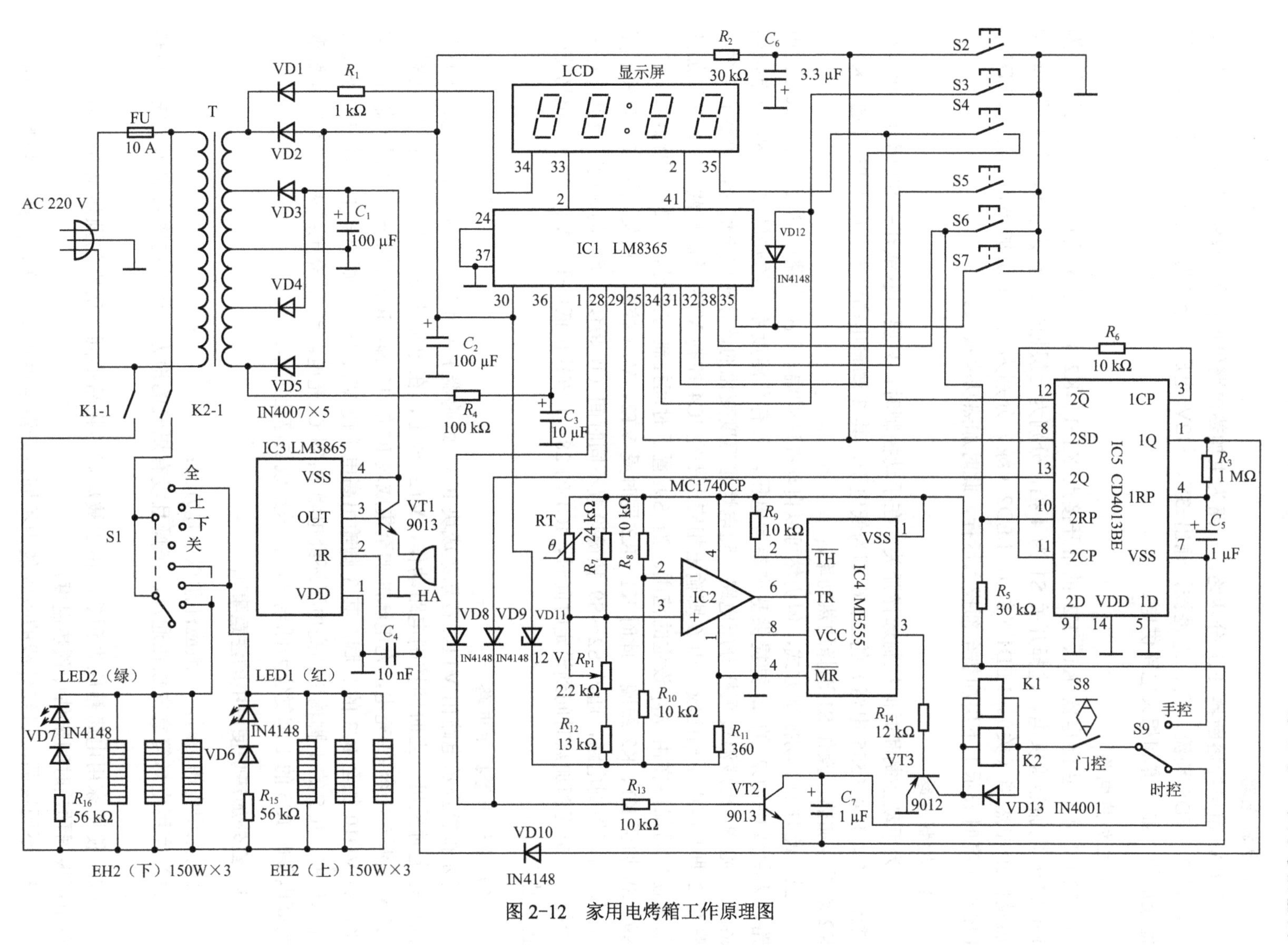

图 2-12　家用电烤箱工作原理图

1）电源电路

220 V 市电经熔断器 FU 分两路，一路为主加热电路供电；另一路经电源变压器 T 降压，VD2～VD5 整流，C_1、C_2 滤波，输出-3V、-12V 电压，分别为音乐提示报警电路及其他集成块、显示屏和相关电路供电。

2）主加热电路

220 V 市电由继电器 K1、K2 的常开接点 K1-1、K2-1 及功率选择开关 S1 控制，为 150 W×6 电加热管供电。选择开关 S1 为 4 挡，分别为上层加热、下层加热、上下层同时加热及停止加热挡（关）。LED1（红）、LED2（绿）分别为上、下层加热指示灯。LED1、LED2 全亮时表示上下层加热全部投入运行，此时加热功率最大。

3）控制电路

S9 为手动控制和时间控制选择开关。在手动控制时，只要门联锁开关 S8 闭合，此时在常温状态，IC4（555 电路）的 2、6 脚为低电平，其 3 脚输出高电平，使 VT3 导通，K1、K2 均吸合加热。操作 S1 选择加热功率。

虽然此时为手动控制方式，但仍然可以自动控制炉温。温控电路中 R_8、R_{10} 组成分压电路，为集成块 IC2 的 2 脚提供基准参考电压。具有负温度系数的热敏电阻 R_T 与电位器 R_{P1}、电阻 R_{12} 组成温度采样分压电路，随电烤箱温度变化的该分压电压信号，加至 IC2 的 3 脚与 2 脚基准电压相比较，由 6 脚输出相应电平经 IC4 控制 VT3 导通与截止，来控制加热器，使炉温保持在由 R_{P1} 设定的范围。当 S9 置于时间控制方式时，-12 V 电源经 VT2、S9、S8 加至 K1、K2 线圈。此时 K1、K2 同时受 VT2、VT3 控制。由集成块 IC1 与外围元件组成时间控制电路，通过 S2～S9 按键设置不同时间（所烤食品所需的时间）及其他相关功能。当电烤箱加热时间到设定时间时，IC1 的 28、1 脚输出低电平，VT2 截止，电烤箱停止加热。

4）音乐报警提示电路

音乐报警提示电路由 VT1、音乐集成块 IC3、蜂鸣器 HA 和外围元件组成。无论即时关机还是定时关机，当时间控制电路动作，VT2 截止，在电加热管 EH 停止加热的同时，-12 V 电源对电容 C_7 充电，充电脉冲加至集成块 IC 的 11 脚，IC5 的 1 脚（Q 端）输出高电平，经 VD10 加至 IC3 的 2 脚，其 3 脚输出高电平使 VT1 导通，蜂鸣器 HA 发出音乐报警提示乐曲。IC5 的 1 脚输出的高电平还经电阻 R_3 对 C_5 充电。当 C_5 充电结束，IC5 的 4 脚变为高电平时 IC5 的 1 脚复位为低电平，音乐集成块停止工作。

4. 红外加热炉使用中的注意事项

使用家用电烤箱时，一般应注意以下几方面：

（1）家用电烤箱宜安放在通风、干燥且没有煤气的地方。使用前需考虑用电安全与热安全。

（2）使用家用电烤箱应先预热。由于被烘烤的物品不同，所需的预热温度也不同。实践中可根据预热时间来估计预热温度。

（3）不同物品，对红外线的吸收能力不同，升温速度也不一样，因此，烘烤时间应不同。例如，花生、瓜子和芝麻等物品，吸收能量少，升温快，烘烤时间可以短一些，并要注意常搅拌，以便烘烤均匀。而像面包、饼干之类，吸收能量多一点，升温速度慢一点，烘烤时间可适当延长，虽不能搅拌，可翻身烘烤。而像蕃芋一类的物品，吸收能量多，升温慢，烘烤时间就需更加长一些。

（4）由于烘烤物品时的穿透深度不一样，对于穿透深度大且颗粒小的物品，应特别注意。因为它与一般食品加热不同，呈内高外低的温度梯度。要防止出现像花生米一样外黄内黑、外熟内焦的现象。

（5）要注意电烤箱停电后的 2～3 min 内，烤箱内的远红外能量还在不断反射，没有吸收完，烤物的温度还会继续上升。我们曾做过实验，花生米从冷态开始烘烤，16 min 后停电，在停电后的 2 min 内，温度可升高 12～15 ℃，足以使烘烤适度的花生米变焦。熟练地利用好余热，不但可以省电，而且可以烤出味美质优的上等食品。

2.5　微波炉

微波式电热器具的代表是微波炉，也称微波灶，是一种利用微波进行加热的电热器具。

微波加热的原理，由美国雷声公司斯本塞在 1945 年提出来。1947 年该公司根据斯本塞微波加热原理，由贝克研制成功第一台微波炉，当时称之为雷达炉。1955 年家用微波炉才在西欧诞生，20 世纪 60 年代开始进入家庭。由于用微波烹饪食物又快又方便，不仅味美，而且有特色，因此有人诙谐地称之为“妇女的解放者”。进入 80 年代、90 年代，控制技术、传感技术不断得到应用，使得微波炉得以广泛的普及。

微波炉的发明，改变了人类从钻木取火到由外部加热食品，使热量逐渐传导到食物内部的传统烹调方式，开创了食品内外同时加热的新烹调方式。

2.5.1　微波炉的加热原理与分类

微波是指波长为 0.001～1 m 的无线电波，其对应的频率为 300 MHz～300 GHz。为了不干扰雷达和其他通信系统，微波炉的工作频率多选用 915 MHz 或 2.45 GHz。

微波的能量不仅比通常的无线电波大得多，还很有“个性”，它碰到金属就发生反射，金属根本没有办法吸收或传导它；微波可以穿过玻璃、陶瓷、塑料等绝缘材料，但不会消耗能量；对含有水分的食物，微波不但能透过，而且能量也会被吸收。

1. 微波的特性

微波与加热有关的有 3 个特性：

（1）微波遇到金属材料就会被反射，效果就像镜子反射可见光一样，这就是微波的反射特性。

利用这个特性，可用金属材料作为微波的隔离体。例如，用金属材料制作微波炉的箱体、传输微波的波导；用金属网外加钢化玻璃制作炉门观察窗等。

（2）微波能顺利穿过塑料、玻璃、陶瓷和云母等绝缘材料，效果就像光透过玻璃一样，这就是微波的可透射性。

利用这个特性可用绝缘材料制作盘碟，使食物受热均匀，不会因为盘碟的存在而影响

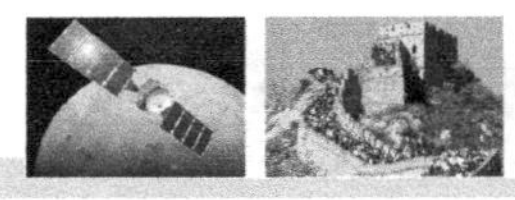

加热效果。

（3）微波会引起极性分子的剧烈振动、碰撞和摩擦，从而产生分子热，这就是微波的可吸收特性（也称制热效应）。

2. 微波的加热原理

如果把介质放在交变电场中，介质就会被交变极化。电场电压越高，极化程度越强。电场极性变化越快，介质分子交变极化越频繁，其原理如图 2-13 所示。

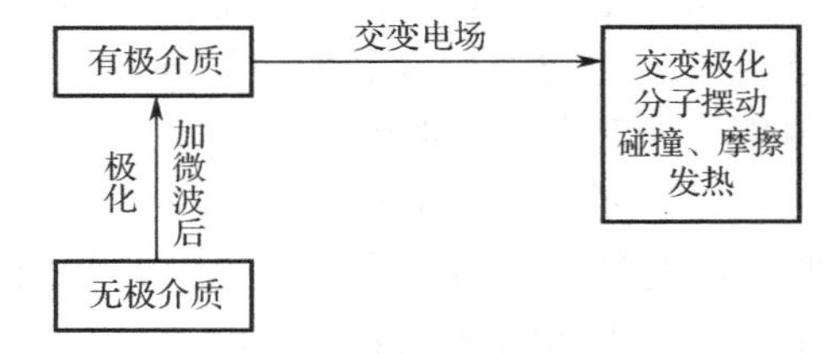

图 2-13　微波加热原理示意图

微波加热的本质就是，当介质分子从微波场中取得位能，离子取得动能，再变为内能、热能。

在食品中，水是主要的组成成分，它属于有极分子电介质，把它放在微波场中，就会被加热。这就是可用微波来加热食品的原因。

微波加热的原理，简单来说就是：当微波辐射到食品上时，食品中总含有一定量的水分，而水是由极性分子（分子的正负电荷中心，即使在外电场不存在时也是不重合的）组成的，这种极性分子的取向将随微波场而变动。由于食品中水的极性分子的这种运动，以及相邻分子间的相互作用，产生了类似摩擦的现象，使水温升高，因此食品的温度也就上升了，其原理如图 2-14 所示。用微波加热的食品，因其内部也同时被加热，使整个食品受热均匀，升温速度也快。它以每秒 24.5 亿次的频率，深入食物内部进行加热，加速分子运转。

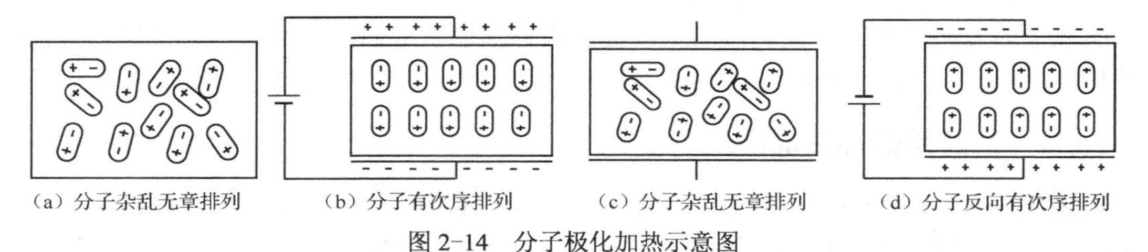

图 2-14　分子极化加热示意图

微波所产生的热量除与食品本身的性质有关之外，还与微波场的电场强度的平方和频率的乘积成正比，即 $Q \propto E^2 f$。

3. 微波炉的分类

微波炉按功能不同，可分为单一微波加热型和多功能复合型两种。单一微波加热型是指仅有微波加热一种功能。多功能复合型是指除具有微波加热功能外，还具有烘烤、蒸气等传统方式加热功能。目前我国生产的多数是单一微波加热型微波炉，而多功能复合型微波炉上市越来越多。

微波炉按控制方式不同可分为机电控制式和电脑控制式两种。机电控制式微波炉也就是普及式微波炉，一般带有机械式、电动式或电子式定时装置，功率调节装置和温度控制装置，可选定烹调时间，有自动停止烹调的功能。电脑控制式微波炉装有一套电子集成电路构成的控制器，有记忆功能，可按预定的程序完成解冻、满功率加热、半功率加热和保温功能。该种微波炉控制面板上无旋钮，但有一些轻触按钮和显示窗。

目前微波炉又开发出模糊控制型和“傻瓜”型新产品。它们使用单片机芯片为控制器的关键部件。模糊控制型是运用模糊控制理论建立起来的。它接近于人脑控制，自动化程度很高，是目前投放市场的新产品。“傻瓜”型微波炉也属电脑型微波炉，它只是按一定的程序工作，操作非常方便。

2.5.2 微波炉的基本结构及原理

微波炉的基本结构如图 2-15 所示。它主要由加热腔体、微波源和控制系统等部分组成。

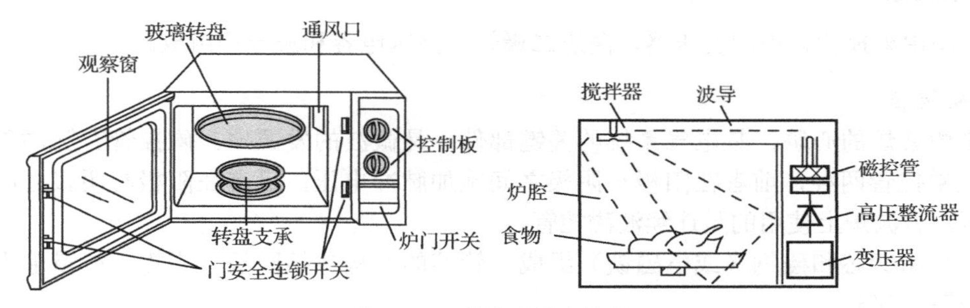

图 2-15 微波炉基本结构

1. 加热腔体

加热腔体又称微波谐振腔或炉腔，是能把微波变为热能而对食品进行加热的空间，主要由腔体、搅拌器、转盘组成。

（1）腔体：腔体一般是由金属薄板制造的中空六面体，分内腔、外箱和隔热层 3 部分。内腔用不锈钢或铝板等金属制作，平整而光洁，有利于微波在腔体内多次反射。外箱常用冷轧钢板冲压成形，经表面防锈、装饰处理而成。

（2）搅拌器：搅拌器常装在腔体顶部、波导的出口处，它是一只有金属风叶的小风扇，当它旋转时，可改变微波的传播途径，以达到均匀加热的目的。目前有的微波炉采用转盘代替搅拌器。转盘用低损耗的耐热玻璃制作，可用来盛放被加热的食品，安装在腔体正中，由微型电动机带动而低速转动。有的可做升、降运动，以利于食品加热更加均匀。

（3）炉门：炉门由金属框架和玻璃观察窗组成。观察窗的玻璃夹层中有一层金属微孔网，既可透过它看见食品，又可防止微波泄漏。网孔大小是经过精密计算确定的。

炉门上安装双重（多重）安全联锁微动开关装置，炉门没有关好，微波炉就不能启动工作，微波自然就不会泄漏。

为了防止从炉门与腔体之间的缝隙中泄漏微波，在炉门四周安装硅橡胶封条，用来吸收少量泄漏的微波。目前有的微波炉采用抗流槽结构代替容易破损和老化的硅橡胶。抗流槽是防止微波泄漏的一种稳定可靠的方法。

抗流槽（又称扼流槽或短路波导）是依据传输终端短路阻抗变换原理设计而成的，在炉门周边安置抗流槽，可有效防止微波泄漏。

抗流槽的截面形状像波导，但比波导小，槽深 d=30 mm，约为$\lambda/4$（λ为微波波长 12.2 cm），槽宽 g_2=20 mm，炉门与炉体间隙 g_1<1 mm。

普通抗流槽炉门的微波泄漏量一般为 30 μW/cm^2，大大小于非抗流槽结构的微波泄漏量。

微波炉抗流槽的位置、形状和尺寸不尽相同，但基本原理是一样的。如果在槽内安装

滤波器，可进一步提高抑制微波及高次谐波的能力。这种炉门结构复杂，加工较困难。

微波泄漏量在 $d=\lambda/4$ 时最少。增加或减少 d 都会使微波的泄漏量增加。

微波的泄漏与炉门、炉腔的缝隙 g_1 和槽宽 g_2 比值的二次方成正比，与炉腔的功率密度成正比。因此，降低炉腔功率密度，减小炉门缝隙，增大槽宽，都有利于减少微波泄漏。

抗流槽内安装含量小于 50%的铁氧体吸收材料，可将 mW 级的微波泄漏降至μW 级，可有效防止微波泄漏。

2. 微波源

微波源由磁控管、电源变压器、高压二极管、高压电容和波导等组成。

1）磁控管

它是微波炉的心脏，是电气系统的关键部件，是微波的发源地。磁控管有脉冲磁控管和连续波磁控管两种，前者在阳极与阴极之间施加脉冲电压，后者在阳极与阴极之间施加直流电压。微波炉上使用的是连续波磁控管。

磁控管由管芯和磁钢（或电磁铁）组成。管芯的结构包括阳极、阴极、能量输出器和磁路系统等 4 部分。

（1）阳极。阳极由导电良好的金属材料（如无氧铜）制成，并设有多个谐振腔，谐振腔的数目必须是偶数，管子的工作频率越高，腔数越多。

它与阴极一起构成电子与高频电磁场相互作用的空间。电子在此空间内完成能量转换的任务。

（2）阴极。连续波磁控管中常用直热式阴极，它由钨丝绕成螺旋状，通电流加热到规定温度后就具有发射电子的能力。

此种阴极加热电流大，要求阴极引线要短而粗，连接部分要接触良好。

大功率管的阴极引线工作时温度很高，常用强迫风冷散热。

磁控管内部保持高真空状态。磁控管工作时阳极与阴极接负高压。

在磁控管上，还安装了散热和风冷装置，用于散发受高速电子撞击而产生的高温热量，其外形及结构如图 2-16 所示。

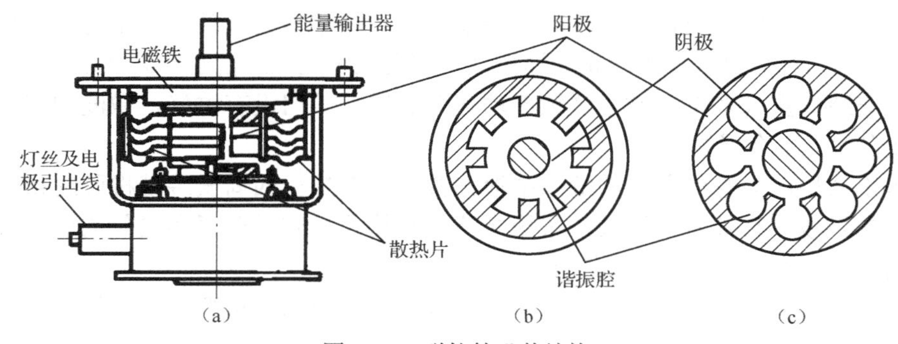

图 2-16　磁控管及其结构

2）电源变压器

电源变压器是一种高效漏感变压器，有一个一次绕组、两个二次绕组。其中一个二次绕组产生 3～4 V 交流电压，提供给磁控管阴极。另一个二次绕组产生 2 000 V 以上高压，经倍压整流后提供给磁控管阳极。这种变压器工作温度比较高，常采用 H 级绝缘（耐热 180 ℃以上），并在一、二次侧之间放置分流磁芯，加大绝缘间隙，以提高安全系数。

3）高压二极管与高压电容

高压二极管与高压电容组成半波倍压电路，供给磁控管一个直流高压。因此，二极管选耐压 10 kV 以上，额定工作电流 1 A 的。电容选耐压 300 V 以上，容量 1 μF 的。由于电容的补偿作用，微波炉整机功率因数为 95%～100%。

4）波导

波导是用金属导体制成的矩形截面的空心管，在内壁上镀上一层高电导率的金属膜，一端接磁控管阳极微波天线，另一端接加热腔体。

对波导内壁尺寸有严格要求，它受到传输条件——工作波长λ必须小于波导临界波长λ_c的限制。因为波导的尺寸直接影响微波功率的传输，尺寸不合理，微波会送不出去。

设波导截面长边为α，则$\lambda/2<\alpha<\lambda$。

微波炉中使用的微波波长为 12.2 cm，因此，波导的尺寸应为 6.1 cm<α<12.2 cm。

此波导的临界波长$\lambda_c=2\alpha$。

3. 控制电路

控制电路主要包括定时器、功率分配器、联锁微动开关、热断路器、保险管、照明灯、转盘电动机、风扇电动机等。

1）定时器

微波炉一般有两种定时方式，即机械式定时和微电脑定时。基本功能是选择设定工作时间，设定时间到后，定时器自动切断微波炉主电路。

2）功率分配器

功率分配器用来调节磁控管的平均工作时间（即磁控管断续工作时，工作、停止时间的比例），从而达到调节微波炉平均输出功率的目的。机电控制式一般有 3～6 个挡位，而电脑控制式微波炉可有 10 个挡位。

3）联锁微动开关

联锁微动开关是微波炉的一组重要安全装置。它有多重联锁作用，均通过炉门的开门按键或炉门把手上的开门按键加以控制。当炉门未关闭好或炉门打开时，断开电路，使微波炉停止工作。

4）热断路器

热断路器是用来监控磁控管或炉腔工作温度的组件。当工作温度超过某一限值时，热断路器会立即切断电源，使微波炉停止工作。

典型电路 2　日产 R-2J28 型微波炉电路分析

如图 2-17 所示为日产 SHARP R-2J28 型微波炉整机电路，它采用单片机 JZA710DR 进行系统控制。

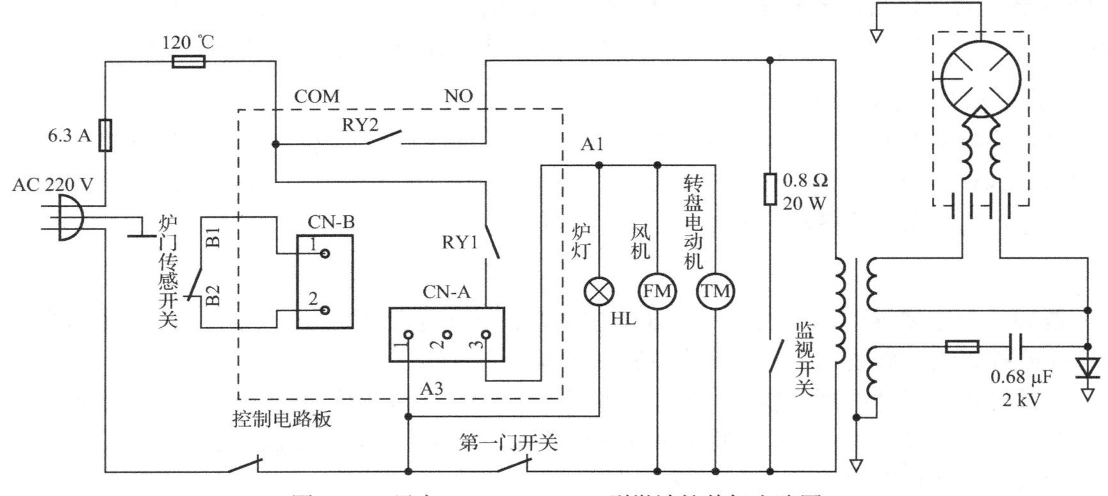

图 2-17 日产 SHARP R-2J28 型微波炉整机电路图

图 2-18 所示为该控制板原理图。接通电源，220 V 市电经 6.3 A 与 120 ℃的熔丝，送入电脑控制板 COM 与 A3 端，经 VD1、VD3 整流后的 220 V 电压分两路输出，一路由 R_1～R_5 限流、VZ20～VZ21 稳压、C_{20} 滤波后给继电器 RY1 及附属电路供电，空载电压约 24 V。第二路经 R_{10}、R_{11}、R_{12} 限流分压后，输出 5 V 左右的直流电压给单片机的 42 脚供电，此时显示屏上的 LCD 开始闪烁。电路中的 R_{40}、R_{41}、VZ40、VT40 及 C42 等组成上/掉电复位电路。在初次上电时，IC1 的 35 脚得一低电平而复位，使单片机程序初始化，并等待指令输入。由于某种原因突然断电时，系统获掉电指令使整机所有程序复位，微波炉停止运行。

使用时按 SW3，当 LCD 显示“:”符号时，可旋转 SW60 选择烹调时间，然后按 SW4 使微波炉开始烹调。在按下 SW4 后，IC1 的 24 脚输出高电平，VT21、VT20 导通，RY1 吸合，使炉内照明灯、冷却排气扇及转盘电动机开始工作（注意第一门开关在炉门关闭时处于闭合状态，炉门打开时，该开关随即断开）。此时，IC1 的 22 脚输出低电平，使 VT71、VT70 导通，继电器 RY2 吸合，电源变压器二次侧输出 3.3 V 左右的交流电压，点亮磁控管的灯丝。同时电源变压器的二次侧还输出约 2 kV 的交流电压，经高压电容及高压整流二极管负极倍压整流，输出约 4 kV 的直流电压，使磁控管发射微波，频率为 2450 MHz。

另外，需注意 RY2 是在 RY1 和炉门传感开关都闭合的情况下供电的，220 V 市电经 RY1-1 常开触点，由 VD3、VD70、VD71 整流，VZ70、VZ71、VZ72 稳压，C_{70} 滤波后得到的，空载电压约为 24 V。RY2 的负载电流较大，工作时，RY2 线圈两端电压为 19 V，RY1 线圈两端电压为 22 V 左右，是正常的。炉门传感开关与第一门开关呈上下并列状，在开门机构上并联安装，二者缺一不可。

当烹调完成后，IC1 24 脚由高电平翻转为低电平，RY1 释放，22 脚由低电平翻转为高电平，RY2 释放，磁控管、转盘电动机、风机及炉灯均停止工作。与此同时，IC1 的 23 脚输出高电平脉冲信号，使 VT30 导通，SP30 发出蜂鸣音用以提示烹调完成。

图 2-18 中的 IC1 13-16 与 27 脚组成按键操作电路，SW1 为自动烹调键。按下 SW1，微波炉会按预置的程序进行自动烹调，完成智能模糊控制。SW2 为烹调功率选择键，可实

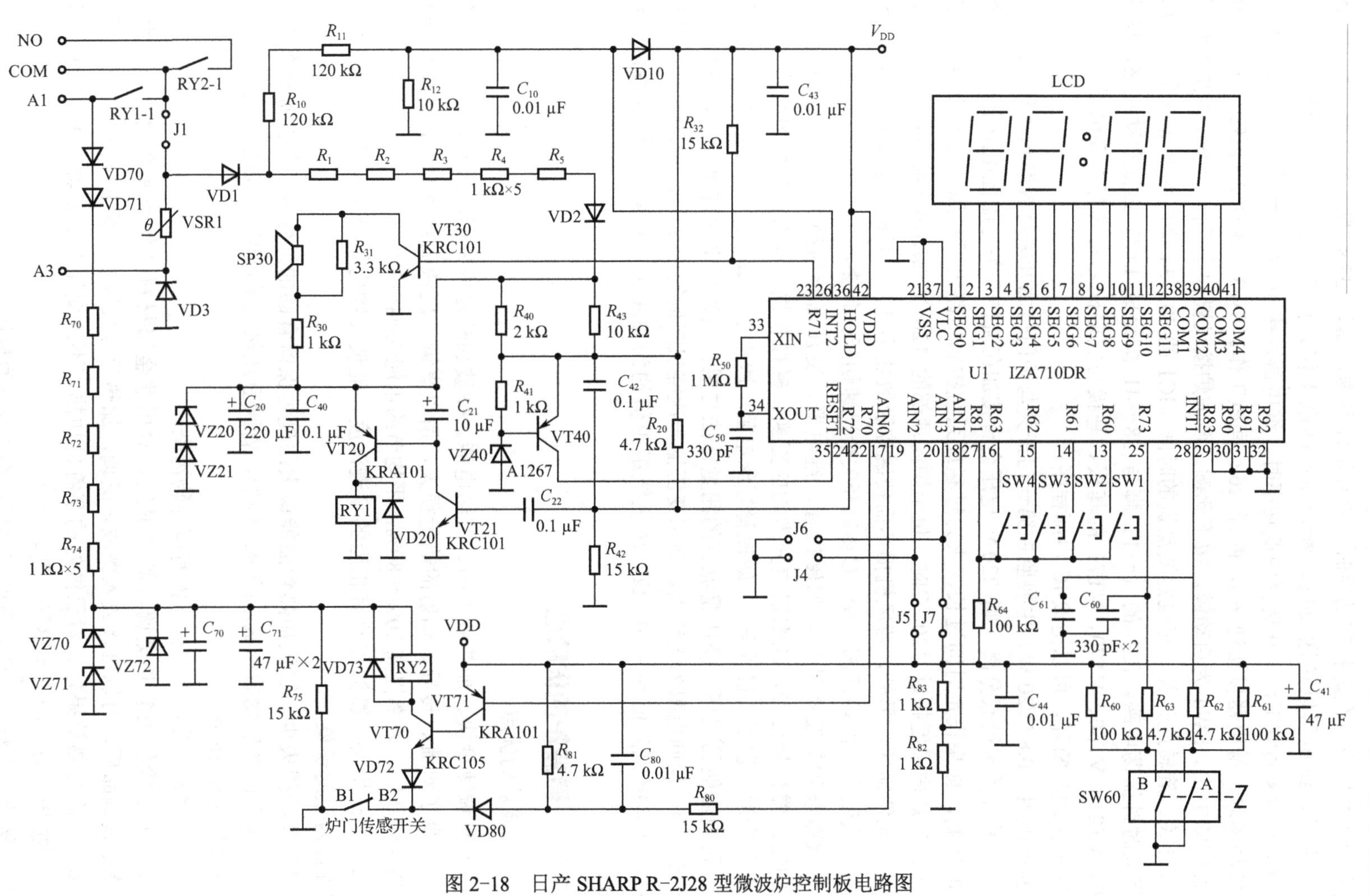

图 2-18　日产 SHARP R-2J28 型微波炉控制板电路图

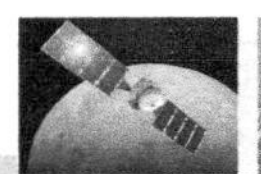

现改变功率的操作。在选择高功率时，单片机控制继电器以 32 s 的周期间歇工作。在选择中高功率时，继电器以接通 24 s，断开 8 s 间歇工作。在选择中功率时，继电器以接通 18 s，断开 14 s 间歇工作。在选择中低功率时，继电器以接通 12 s，断开 20 s 间歇工作。在选择低功率时，继电器以接通 6 s，断开 26 s 间歇工作。SW3 为停止/取消键，按下此键，烹调程序即中止。SW4 为启动键，按下此键，微波炉按设置程序工作。SW6 为烹调时间/分量选择开关，旋转此开关，可设定要烹调的时间。IC1 的 33、34 脚内部电路与外接的 R_{50}、C_{50} 组成时钟振荡电路。IC1 的 1～12 脚与 38～41 脚组成 LCD 扫描驱动电路。图中的 VT20、VT21、VT30、VT70、VT71 的基极、基极与发射极之间均有内接电阻。J4、J5、J6、J7 的接通与断开，可以更改 IC 内部程序。

监控电阻（0.8 Ω/20 W）主要监控第一门开关与炉门传感开关是否彻底断开。在打开炉门时，若其开关未彻底分离，则 220 V 电压会直接加在监控开关与监控电阻上，6.3 A 熔丝会立即熔断。如果设定时间过长、火力过猛或系统控制电路出现故障，可能会导致炉内食物着火，当炉内温度超过 120 ℃时，位于炉内顶部的 120 ℃热动熔丝会熔断，从而有效地防止其他元件损坏。另外，若风机损坏而使磁控管散热不良，一旦磁控管温度上升到 95 ℃以上时，安装在微波炉顶部的 95 ℃热动开关会迅速切断，使微波炉关闭。

这款微波炉的功率器件，如磁控管、继电器、变压器等易损坏。如果继电器触点烧蚀、粘连，弹性片变形，线圈阻值异常均应更换。磁控管损坏均有明显的表面痕迹（严重者可能会变形、发黑、破洞等），磁控管灯丝电阻一般小于 1 Ω，而与其他引脚间电阻为无穷大，否则可能已损坏。高压整流管的测量方法与黑白电视机中的硅堆一样，正向电阻应大于 100 kΩ，反向电阻为无穷大。高压变压器一次绕组阻值约为 2.0 Ω，二次绕组阻值约为 163 Ω，灯丝绕组阻值约为 0.8 Ω，风机绕组阻值约为 330Ω，转盘电动机线圈阻值约为 1 200 Ω。

2.5.3 微波炉的优缺点

1. 微波炉的优点

（1）烹调速度快、加热效率高、节约电能。微波加热是内外同时加热，减少了热传导时间，减少了对流、传导、辐射的热量损失，所以烹调速度快而热效率高，速度比普通电灶提高 4～10 倍，效率提高 30%～80%，平均节约电能 55%～77%。

（2）加热均匀。微波加热有相当的穿透深度，能使食物内外同时加热，不发生食物变形或外焦内生的现象。

（3）营养损失少。微波加热食品能最大限度地保留食品的维生素，保持原来的颜色和水分，保留食品的矿物质和氨基酸等。例如，青豌豆加热几乎可保留 100%的维生素，而一般炊具只能保留 36.7%。

（4）烹调无油烟、无明火、没有废弃物污染。

（5）可直接使用餐具烹调，简单卫生。对用非金属材料制作的适合微波炉使用的餐具，盛放食调品后，可以直接放入微波炉烹调，加热后可直接端上餐桌，使用非常方便。

（6）二次加热效果好。对已做好的菜肴再加热，不改变原有的新鲜、美味、色彩和形状，不用搅拌、省时间、实惠又方便。

（7）解冻速度快。可在短时间内解冻，不改变原有鲜味。

（8）有一定的灭菌消毒作用。利用微波的致热（干燥）原理可进行灭菌消毒。

2. 微波炉的缺点

微波对人体的影响可分为热效应和非致热效应两类。

家用微波炉使用的频率是 2 450 MHz，它不可能穿透人体而损伤内部器官，仅体表组织吸收发热而已，一般不影响健康。但实验证明：微波容易损伤人的眼睛和睾丸，应特别注意。生产微波炉的厂家已经做好安全措施，在微波炉外对人体的辐射量就和一支 40 W 荧光灯管差不多，对人体几乎没有影响。

2.5.4　微波炉的使用及选购

1. 使用微波炉的注意事项

（1）不宜将折叠的金属放在微波炉中。否则会有风险，且使用金属容器会影响加热效果。

（2）平面的金属若置于微波炉中则不可碰到炉壁，否则电流经炉壁传回磁控管，会使磁控管熔化，导致短路。

（3）使用微波炉加热脂肪含量高的食物，如含有大量脂肪的猪肉，应在容器上方加上盖子，以免脂肪因过热喷离肉类至炉内部。

（4）不可将保鲜膜与食品一起加热。若使用保鲜膜，应选择“不含有 PVC”或“可用于微波炉加热”者，并避免直接碰触到食物。PVC 经加热会释放出氯化氢，会附着在食物上。

（5）不可把带壳的全蛋直接放入微波炉烹调，因为蛋壳不透气，加热会因内部气压增加造成爆裂。

（6）加热液体时应避免单独放入微波炉加热，要放置搅拌棒等以助热能释放，加热后不应立即取出，以免突然沸腾而被灼伤。

（7）不要预先将肉类加热至半熟，留待以后再用微波炉加热至全熟。半熟的食物中细菌未被杀死，即使放入电冰箱，细菌仍会生长。第二次再用微波炉加热时，因时间太短，可能不能将所有细菌杀死，食用后易引起疾病。

（8）已在微波炉中解冻的肉类及家禽，不可再冷冻。因在微波炉中解冻，事实上已使外面一层开始低温加热。在这种低温下，细菌可能已繁殖到一危险的数量。虽然再冷冻可使繁殖停止，却不能将活细菌杀死。所以，已用微波炉解冻的肉类，必须加热至全熟，如不吃，再收入电冰箱。

（9）塑料容器在高温下会释放出毒素，因此不要用普通塑料容器放入微波炉中加热。虽然塑料自身不被加热，但热的食物会使容器变得很烫。此外，厨用透明塑料纸会往微波炉中放出毒素。虽目前还没有人因此中毒，但中毒的可能性还是存在的。

2. 微波炉的安全措施

为了防止微波泄漏，一般采用如下几方面的措施：

（1）在炉门上安装双重联锁开关，可在门打开前就切断电源。有的还安装了监控开关，进一步完善防泄漏措施。

（2）炉门观察窗的玻璃夹层中，安装 500 目以上的金属网，起屏蔽微波作用。

（3）炉门要求经得起 0.5 kg 的钢锤反复敲打而不变形或碎裂。

（4）出厂前，需检验炉门外 5 cm 处微波泄漏，不得超过国际标准规定的 5 mW/cm^2。

（5）炉门的开启使用寿命在 25 万次以上。

3. 微波炉的选购

（1）品牌：应选购经国家安全认证的微波炉。

（2）型号、容量：微波炉的种类很多，输出功率有 500 W、600 W、800 W、1 000 W 等多种，容量也有 0.6 ft^3、0.7 ft^3、0.9 ft^3、1.0 ft^3（1 ft=0.304 8 m）等不同的规格。选购时既要考虑家庭的经济能力和人口多少，也要考虑家庭电路和电度表的负荷能力。就现阶段普通家庭 3～4 口人的生活水准而言，选择功率在 800～1 000 W 的普通转盘式微波炉，无论从价格、容量、供电等诸方面考虑，都比较适宜。

（3）外观质量：对微波炉外观质量的选择，则包括造型、色彩、表面质量和零部件的配合。

① 造型是看该产品的造型是否美观大方。

② 色彩是看该产品的颜色是否令你喜欢，产品上的各种颜色是否协调，该产品与安置处其他家具和器具的颜色是否协调。

③ 表面质量是查看产品表面的涂层、漆层或镀层有无机械碰伤和擦伤，各部件有无裂缝、损伤，加工披峰是否除尽。

④ 面板要求平整无凹度、无擦毛、无碰伤、无机加工痕迹，色泽均匀，光泽好，图案、字符清楚。

（4）通电试验：将微波炉接通电源，放入水，启动微波炉，注意观察以下几点：

① 观察炉内是否有照明。

② 观察炉内玻璃盘是否转动。

③ 水是否被加热，可将一杯 200 mL 的冷水，放入功率为 500 W 的微波炉内，开动 4 min 将水烧开，或放入功率为 600 W 的微波炉内，开动 3 min 将水烧开，则属于正常。如不热，证明磁控管不工作。

④ 检查是否有热风排出。磁控管正常工作时如果排风系统不工作，将损坏微波炉。

⑤ 根据说明书检查控制板所有按键及旋钮是否功能齐全。

⑥ 在微波炉工作时，如将炉门打开，微波炉应停止工作，否则大量微波射向炉外，将对人体产生危害。

⑦ 轻启炉门时应听到轻微的“咔嚓”声。这证明门栓钩与微型开关接触良好。

⑧ 噪声不宜过大。可用一台中波收音机调到无台处，放在靠近炉体的四周，如听不到放电似的噪声，则说明微波屏蔽良好，微波泄漏功率较小。

思考与练习2

一、填空题

1．家用电热器具是将________能转换为________能的电器，按加热原理分类，有________加热器具、________加热器具、________加热器具和________加热器具四大类。

2．电热器具的基本结构包括________、________和________3 部分。

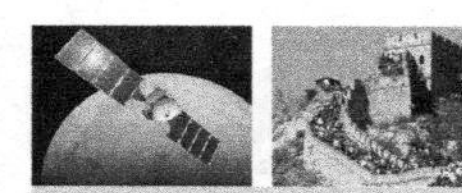

3．电磁灶是利用加热原理制成的电气烹饪器具，根据工作频率分为________电磁灶和________电磁灶两种类型，家用电磁灶一般采用________模式。

4．微波加热的本质是________，介质分子从微波场中取得________，离子取得________，再变为内能、热能。

二、选择题

1．机械式电饭锅的温控元件是（　　）。

A．热敏电阻　　B．感温磁钢　　C．电磁阀　　D．晶闸管

2．目前常用的电磁灶类型是（　　）。

A．工频电磁灶　　B．高频电磁灶　　C．微波电磁灶　　D．远红外电磁灶

3．相比较各种加热器具中，（　　）的热效率是最高的。

A．煤燃料器具　　B．液体燃料器具　　C．气体燃料器具　　D．电热器具

4．微波炉工作的主要部件是微波源，它的构成器件中不包含（　　）。

A．磁控管　　B．石英红外管　　C．电源变压器　　D．波导

三、判断题

（　　）1．电饭锅不具备智能化功能，它只是一种煮饭的器具而已。

（　　）2．电磁灶的锅具必须由磁性材料制作，这是它的不方便处之一。

（　　）3．微波遇到金属材料会反射，像镜子反光一样。

（　　）4．微波对人体有辐射伤害，因此使用中要注意屏蔽隔离。

（　　）5．由于微波具有辐射性，因此用它加热食物对人体是有害的。

（　　）6．微波只对极性分子加热，对塑料、玻璃、陶瓷等餐具材料不具有热效应。

（　　）7．红外辐射存在穿透深度问题，烹饪时会存在外熟内焦的现象。

（　　）8．使用微波炉加热食物，用金属、玻璃、塑料等餐具均可，但要小心烫伤。

（　　）9．为便于观察食物烹饪情况，微波炉一般采用玻璃观察窗，它能很好地隔离微波。

四、简答题

1．简述图 2-19 所示磁钢限温器的工作原理。

2．试设计一款机械温控、具有双火力（煮饭、熬粥）功能的电饭锅电路，要求煮饭亮红灯、熬粥亮绿灯、保温亮黄灯。

3．试设计一款电脑控温电饭锅，功能自拟，画出其电路框图。

4．试设计一款电熨斗控温电路，要求具备多挡调温模式。

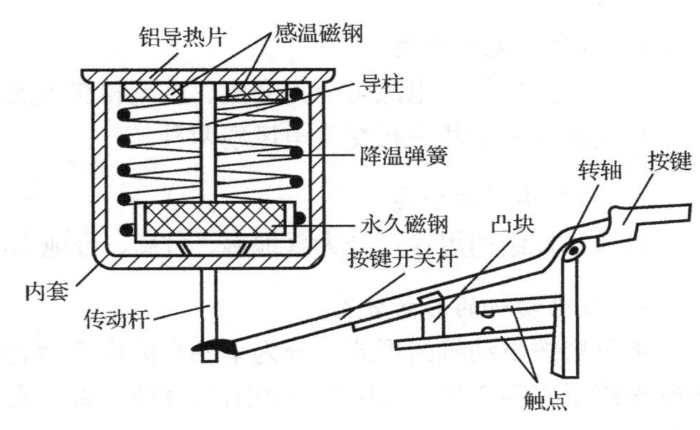

图 2-19

第3章 家用电动器具

家用电动器具是将电能转换为机械能电器，其核心工作部件为电动机。常见的家用电动器具包括电吹风、电风扇、排风扇、抽油烟机、吸尘器等。另外，强排式热水器、洗衣机、电冰箱、空调器，其核心动力都来源于电动机。本章以家用电风扇为例，分析家用电动器具的基本工作原理与控制原理。

3.1 家用电风扇的分类与性能指标

1. 家用电风扇的分类

家用电风扇的种类很多，规格、品种齐全，都已形成系列产品，归纳起来可分为如下几类：

1）按使用电源分类

电风扇按使用的电源可分为交流、直流和交直流两用电风扇3种。其中交流电风扇又可分为单相交流电风扇和三相交流电风扇两种。

2）按结构用途分类

电风扇按结构用途可分为落地扇、台扇、台地扇、壁扇、顶扇、换气扇、转页扇和吊扇等。

3）按电动机的形式分类

电风扇按电动机的形式可分为单相交流电容运转式、单相交流罩极式、直流和交直流两用串励整流子式等3种。其中第一种因具有耗电省、成本低、体积小且制造方便等优点而被广泛应用。

4）按扇叶直径分类

电风扇按扇叶直径分为 100 mm、200 mm、230 mm、250 mm、300 mm、350 mm、400～1 800 mm 等多种。

5）按功能分类

电风扇按功能分为普通电风扇、加温电风扇、模拟自然风电风扇、阵风电风扇、微风电风扇、送风角度可以变化的电风扇、带灯电风扇和具有定时功能的电风扇等。

2. 家用电风扇的型号

家用电风扇的型号由英文字母和阿拉伯数字组成，代表符号“K”。由于通风器具很多，使用范围广泛，所以，一般将电风扇前的符号“K”省略。

一般电风扇的型号由 6 部分组成，如图 3-1 所示。

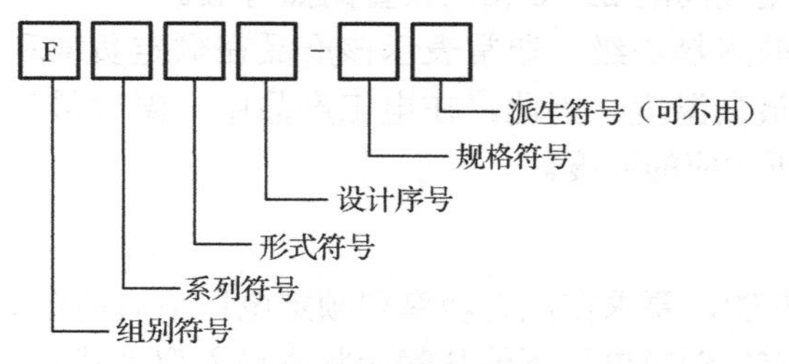

图 3-1　电风扇的型号组成

第一部分表示组别符号，用英文字母“F”表示。

第二部分表示系列符号，也用英文字母表示，其含义如下：

H 表示罩极式电动机。

R 表示电容式电动机（一般省略）。

T 表示三相交流电动机。

Z 表示直流电动机。

第三部分表示形式符号，用英文字母表示，其含义如下：

A 表示轴流式排气扇。

B 表示壁式电风扇。

C 表示吊扇。

D 表示顶扇。

E 表示台地扇。

T 表示台式电风扇。

S 表示落地扇。

Y 表示转页扇。

第四部分表示设计序号，用阿拉伯数字表示。

第五部分表示规格符号，用两位阿拉伯数字表示。

第六部分是派生符号（暂不用）。

3. 家用电风扇的主要性能指标

1）绝缘性能

绝缘性能需满足国家标准：A 级绝缘、E 级绝缘。

绝缘材料的绝缘性能与温度有密切的关系。温度越高，绝缘材料的绝缘性能越差。为保证绝缘强度，每种绝缘材料都有一个最高允许工作温度，在此温度以下，可以长期安全地使用，超过这个温度就会迅速老化。按照耐热程度，把绝缘材料分为 Y、A、E、B、F、H、C 等级别，如表 3-1 所示。

表 3-1　绝缘材料耐热等级

耐热等级	温度/℃	耐热等级	温度/℃
Y	90	F	155
A	105	H	180
E	120	C	>180
B	130		

温度超过 250 ℃，则按间隔 25 ℃相应设置耐热等级。

在电工产品上标明的耐热等级，通常表示该产品在额定负载和规定的其他条件下达到预期使用期时能承受的最高温度。因此，在电工产品中，温度最高处所用绝缘的温度应该不低于该产品耐热等级所对应的温度。

2）启动性能

家用电风扇的启动性能，要求在额定功率和额定电压下启动自如，3～5 s 内全速运行平稳，风压均匀；要求在 85%额定电压下能从静止状态进入启动状态。

3）电动机温升

温升是电动机与环境的温度差，是由电动机发热引起的。

（1）与绕组接触的铁心温升（温度计法），应不超过所接触的绕组绝缘的温升限度（电阻法），即 A 级为 60 ℃，E 级为 75 ℃，B 级为 80 ℃，F 级为 100 ℃，H 级为 125 ℃。

（2）滚动轴承温度应不超过 95 ℃，滑动轴承的温度应不超过 80 ℃。因温度太高会使油质发生变化和破坏油膜。

（3）机壳温度实践中往往以不烫手为准。

4）风量与功率

电风扇的风量与输入功率也是它的技术指标之一。电风扇要求在相同的输入功率下，有尽可能大的风量。

5）调速性能

$$\text{调速比}=\frac{\text{最低转速}}{\text{最高转速}}\times 100\%$$

调速比反映了高、低挡位转速的差别程度。调速比过大，说明调速范围小；调速比过小，低速挡不易启动。调速比按照满足电风扇启动性能要求的最小值规定。

6）噪声

噪声小于 60 dB，即离电风扇 1 m 的空间范围内，听不到碰击声、摩擦声和其他噪声。

7）使用寿命

电风扇的使用寿命有如下规定：在正常条件下经过 5 000 h 连续运转后，应还能正常使

用；调速开关在额定电压及负载下，经逐挡依次变换 5 000 次后，仍能正常使用，不得同时接通两个挡位；台扇的摇头机构经过 2 000 次操作，扇头轴向定位装置经 250 次操作，仰角、俯角或高度调节装置及螺旋夹紧件，经过 500 次操作后，均不出现零部件损坏或调节失灵现象。

3.2 家用电风扇的结构

家用电风扇中，台扇与落地扇是基本的结构形式。台扇的结构主要分成 5 个部分：扇头、扇叶、电动机、底座、控制部分、网罩，如图 3-2 所示。

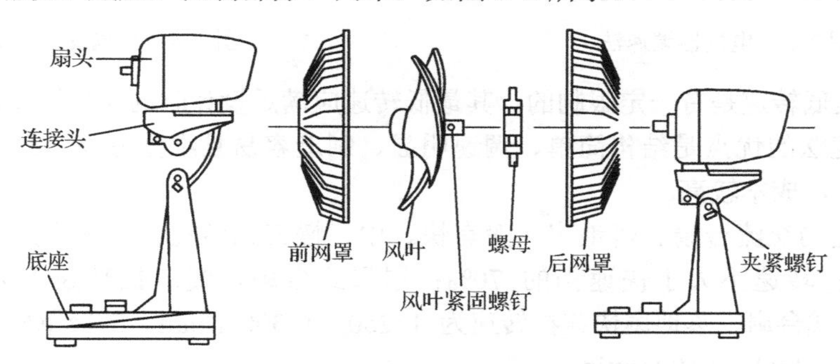

图 3-2　台扇结构示意图

3.3 家用电风扇的调速方法

家用电风扇的调速方法应有 3 种：变电压调速、变磁极调速和变频调速。

3.3.1 变电压调速

电风扇变电压调速，是通过调节加在主、副绕组上的电压实现的。电压越高，转速越快；电压越低，转速越慢。

电风扇变电压调速通常有电抗器调速、抽头调速、电容调速和电子无级调速等。

1. 电抗器调速

电抗器调速是在电风扇电动机电路中串入一个电抗器，通过调节电抗器线圈的匝数来达到调速的目的，如图 3-3 所示。

电抗器是一只带有铁心的电感线圈，中间有几个抽头，可用于调速。

当“调速”开关在快速挡时，电抗器中只有一小部分线圈串入电风扇电动机电路，电源电压基本上全部加在电动机的绕组上，因此，电风扇转速最快，获得风量也最大。在快速挡，串入少量电抗器线圈的目的是使指示灯获得一定的感应电流。指示灯亮，表示电源接通。

当“调速”开关在中速挡时，则有更多电抗器线圈串入电动机电路中，由于线圈的电抗作用降低了加在电动机绕组上的电压，降低了旋转磁场的强度，从而使转速变慢，风量减少。

当“调速”开关在慢速挡时，全部电抗器线圈串入电动机电路中，电风扇电动机上的电压更低，磁场强度更弱，转速更慢，获得风量最少。

电抗器的连接方法有很多种，有的快速挡不串入电抗器线圈，有的风扇采用自耦变压器的形式，如图 3-4 所示。

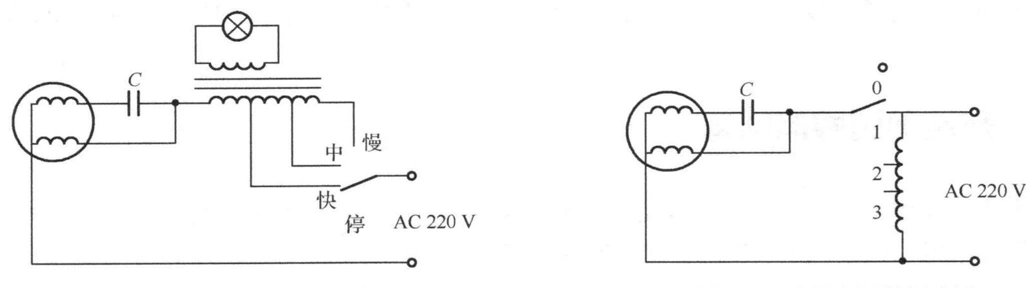

图 3-3　电抗器调速法　　　　图 3-4　自耦变压器调速法

电风扇的最低转速是有一定限制的。其最低转速应满足设计时的调速比要求。

电抗器调速法的优点是结构简单、调速明显、制造容易且维修方便，其缺点是需专门附加一只电抗器，成本较高。

目前可调速的交流台扇、落地扇一般有快、中、慢三挡转速。国家规定，标准电容式电风扇，慢速挡转速不大于快速挡的 70%；罩极式台扇，慢速挡转速不大于快速挡的 80%。四极电容式台扇、落地扇快速挡转速为 1 250～1 300 r/min。二极罩极式台扇、落地扇快速挡转速为 1 800～2 100 r/min。

中挡转速介于快慢挡之间，没有具体规定，只要求调速明显即可。

2. 抽头调速

抽头调速是指在定子绕组中嵌入一个中间绕组（调速绕组），在中间绕组上抽出几个抽头，接入调速开关，来获得不同转速的调速方法。

抽头调速是通过改变中间绕组在电路中的连接方式，从而改变加在主、副绕组上的电压及定子磁场强度来实现调速的。

抽头调速按抽头的连接方式分为 L-1 型、L-2 型、L-3 型、T 型和 H 型等，如图 3-5 所示。

中间绕组可以与主绕组同槽，也可以与副绕组同槽，但无论是与主绕组同槽，还是与副绕组同槽，中间绕组总是嵌在槽的上层。

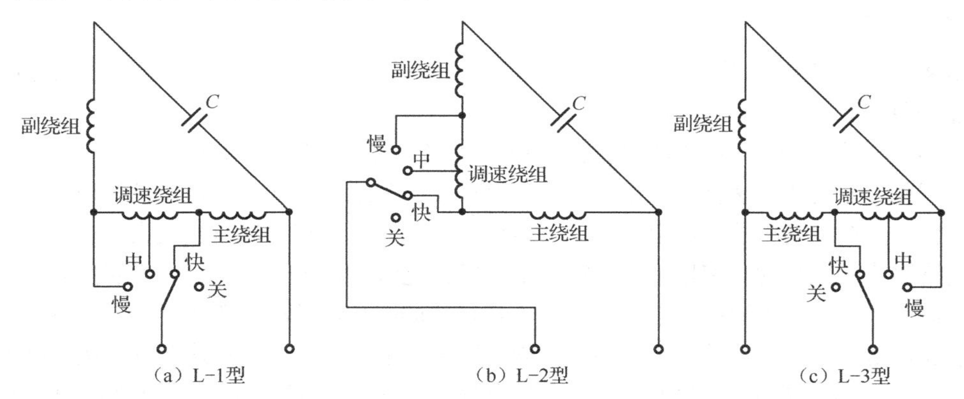

图 3-5　不同类型的抽头调速电路

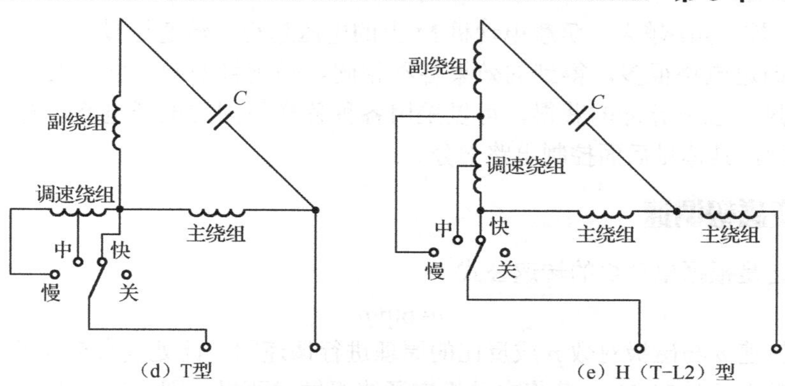

图 3-5　不同类型的抽头调速电路（续）

3. 电容调速

利用在主、副绕组中串联电容来进行调速的，称为电容调速。电容调速的原理是利用串联电路中电容的降压、移相作用，通过改变串联电容的容量大小，改变容抗和电路中的电流及定子磁场强度，从而达到改变转矩和转速的目的。一般串联电容量减少，容抗增加，使电流减少，定子磁场的强度减小，从而转速下降。

图 3-6 所示为电容调速原理图。该种电路的优点是结构简单、调速可靠、功耗小且效率高；缺点是成本较高，应用不太广泛。

4. 电子无级调速

随着电子技术的发展，用电子电路进行调速，特别是利用晶闸管进行无级调速，是一种发展方向，目前正在逐渐得到应用。

如图 3-7 所示是一种典型的电子无级调速电路。它通过改变晶闸管的控制角α，使晶闸管输出电压发生改变，从而达到调节电动机转速的目的。这种电路的优点是没有触点，没有噪声，速度可以连续调节。

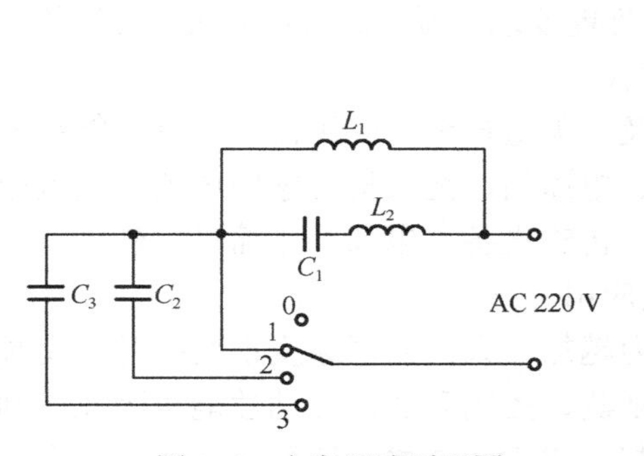

图 3-6　电容调速原理图

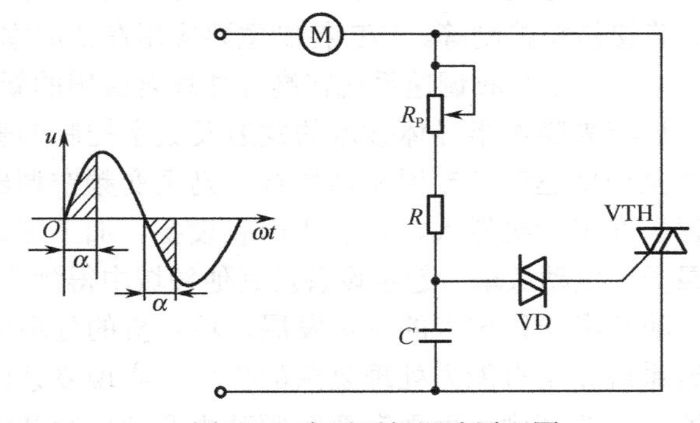

图 3-7　电子无级调速原理图

在电源电压每半周起始部分，双向晶闸管 VTH 为阻断状态，电源电压通过电位器 R_P、电阻 R 向电容 C 充电，当电容 C 上的充电电压达到双向触发二极管 VD 的触发电压时，VD 导通，C 通过 VD 向 VTH 的控制极放电，使 VTH 导通，有电流流过电动机绕组。通过调节电位器 R_P 的阻值，可调节电容 C 的充电时间常数，也就调节了双向晶闸管 VTH 的控制

角α。R_P越大，控制角α越大，负载电动机 M 上的电压越小，转速越慢。

电子无级调速电路很多，得到的效果各不相同。晶闸管的触发脉冲波形不同，可以得到不同的自然风。触发脉冲的获得，可以采用各种各样不同的电子电路，对电风扇的动作实现智能化控制，具体见后面控制电路部分。

3.3.2 变磁极调速

变磁极调速是根据电动机的转速公式

$$n=60f/p$$

利用电动机的转速 n 与磁极对数 p 成反比的原理进行调速的（此处没有包含转差率）。

我国电源频率 f 为 50 Hz。若将电动机定子绕组做成两极，则转速 n 为 3 000 r/min；若将电动机定子绕组做成 4 极，则转速 n 为 1 500 r/min；若将电动机定子绕组做成 6 极，则转速 n 为 1 000 r/min。

例如，空调器中的风扇电动机通常采用变磁极调速的方法。在电动机的定子绕组中设计了两组线圈，其中一组线圈构成 6 极电动机，当它通电时，电动机低速运转，空调器执行“低冷”功能；另一组线圈构成 4 极电动机，当它通电时，电动机高速运转，空调器执行“高冷”功能。

3.3.3 变频调速

变频调速技术的基本原理是，根据电动机转速与工作电源输入频率成正比的关系，通过改变电动机工作电源频率，达到改变电动机转速的目的。

变频器就是基于上述原理，采用交-交或交-直-交电源变换技术，把来自电网的 50 Hz 交流电改变频率后提供给电动机，从而实现变频调速目的的将电力电子、微电脑控制等技术集于一身的综合性电气产品。

国际上变频器的频率可在 30～125 Hz 范围内自动调节，目前甚至可以低至 1 Hz 运行。

变频调速技术已深入我们生活的每个角落，变频调速系统的控制方式包括 V/F、矢量控制、直接转矩控制等。V/F 控制主要应用在低成本、性能要求较低的场合；而矢量控制的引入，则开启了变频调速系统在高性能场合应用的新时代。

近年来随着半导体技术的发展及数字控制的普及，矢量控制的应用已经从高性能领域扩展至通用驱动及专用驱动场合，乃至变频空调器、电冰箱、洗衣机等家用电器。交流驱动器已在工业机器人、自动化出版设备、加工工具、传输设备、电梯、压缩机、轧钢、风机泵类、电动汽车、起重设备及其他领域中得到广泛应用。

随着半导体技术的飞速发展，单片机的处理能力越加强大，处理速度不断提升，变频调速系统完全有能力处理复杂的任务，实现复杂的观测、控制算法，传动性能也因此达到前所未有的高度。而现在变频驱动主要使用脉宽调制合成驱动方式，这要求其控制器有很强的 PWM 生成能力。

变频技术在第 1 章已有介绍，这里不再详述。由于其制造成本较高，在电风扇上的应用不多。

3.4 常用电风扇控制电路分析

电风扇在工作时，应可以根据人们的需要进行控制。不同的控制方法，电路结构、原理均不相同。

3.4.1 机械式调速风扇控制电路

传统的机械式调速风扇电路较为简单，常见的有以下两种。

1. 电抗器调速电路

电抗器调速电路由电动机、电抗器、调速开关、定时器、电容、指示灯等组成，如图 3-8 所示。其控制原理前面在基本电路中已经讲到，这里请读者自行分析。

2. 抽头调速电路

抽头调速电路由定时器、调速开关、电容、电动机、指示灯等组成，如图 3-9 所示。其控制原理请读者自行分析。

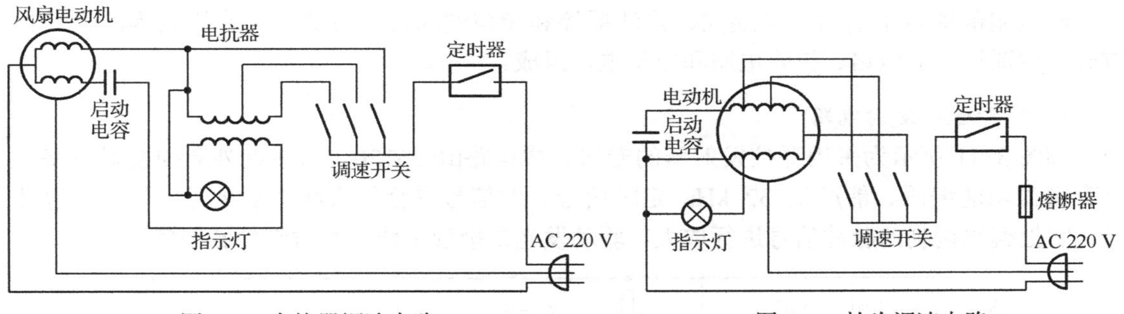

图 3-8 电抗器调速电路　　图 3-9 抽头调速电路

3.4.2 电子式调速风扇控制电路

1. 模拟自然风电路

如图 3-10 所示为在第 1 章中见过的模拟自然风风扇电路，其核心控制元件为 555 集成电路。

电路通电后，NE555 内部矩形波发生器工作，从 3 脚输出矩形波脉冲信号。该矩形波脉冲信号为低电平期间，JZC-78F 继电器不动作，开关 KR 常闭，风扇电动机 M 通电，风扇运转送风；在 NE555 的 3 脚输出高电平期间，JZC-78F 继电器通电，KR 断开，风扇电动机 M 断电，但由于惯性的存在，风扇不会立即停转，而只是转速变慢。约 20 s 后，NE555 的 3 脚输出低电平，风扇电动机 M 通电工作，风扇又快速旋转，如此周而复始，即可产生类似自然风的阵阵凉风。

电源电路由抽头开关上降压耦合线圈、桥式整流电路、滤波电容 C_1 和稳压二极管 ZD 组成。交流 220 V 电压经降压、整流、滤波和稳压后，形成稳定的直流+12 V 电压，给电磁继电器和单稳态触发器电路供电。矩形波发生器由时基集成电路 NE555 及电位器 R_{P1}、R_{P2}、二极管 VD6 等外围元件组成。

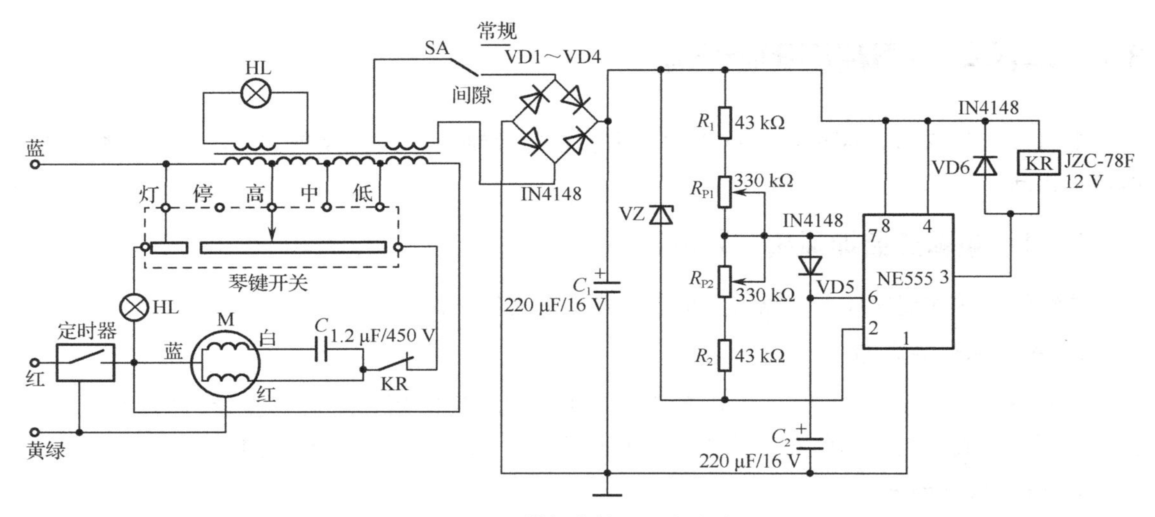

图 3-10　模拟自然风风扇电路

2. 红外线遥控电路

电风扇的遥控主要有红外遥控、声波遥控和超声波遥控等方式，最常用的为红外遥控方式，由遥控发射电路、接收电路和控制电路组成。

1）红外遥控发射电路

如图 3-11 所示为采用遥控发射器的专用集成电路μPD6120，组成红外遥控发射电路，具有键盘功能编码、能产生 32 kHz 定时信号、对信号进行放大和驱动执行元件工作等功能。它把编码调制的脉冲信号进行放大，驱动发光二极管工作，发射红外脉冲信号。

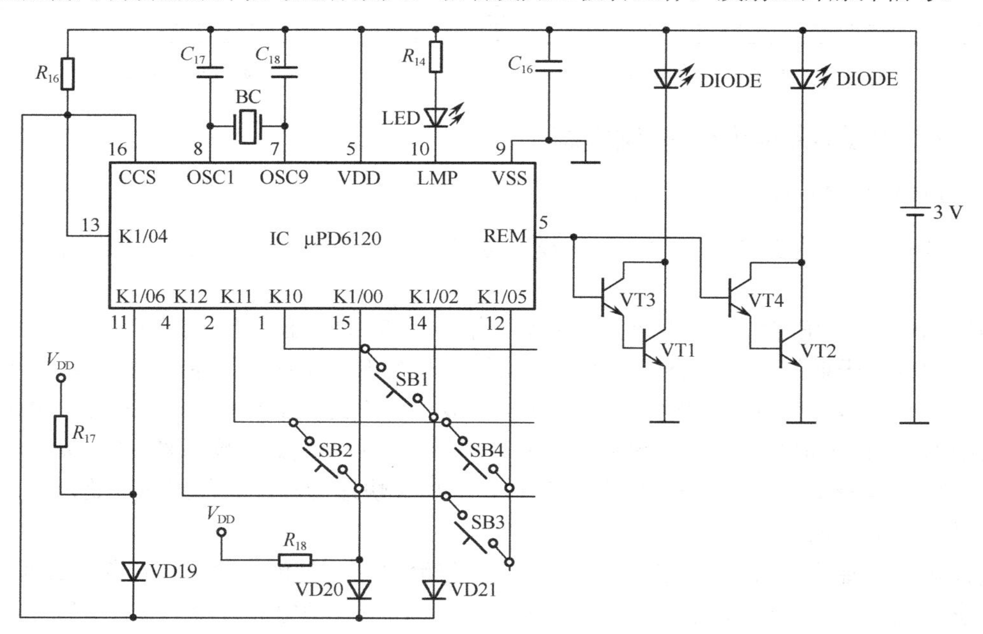

图 3-11　红外遥控风扇发射电路

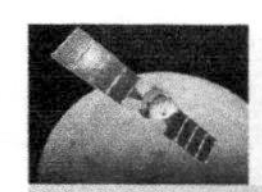

其中，载波信号由 7、8 脚接 455 kHz 晶体振荡器 BC，产生 455 kHz 的正弦信号后，通过 IC 内部的 14 级分频后产生。IC 的 K1/00、K1/02、K1/05 三端口为按键扫描输出端，它与键盘脉冲输入端 K10、K11、K12 组成 3×3 按键矩阵电路。

16 脚（CCS 端）为设备码的选择端，它与二极管 VD19、VD20、VD21 的负极相接，3 只二极管的正极分别与 IC 的 K1/00、K1/02、K1/06 相接，组成一定的设备码。不同品牌的产品，可用二极管进行不同的连接，以构成不同的设备码，使被控电风扇主机免受其他电风扇发射器的干扰。

2）红外线接收与控制处理电路

如图 3-12 所示，由 IC2（μPC1475HA）及其外围元件组成接收电路，由 IC3（μPD7556）为主组成控制处理电路。

图 3-12 中，由光敏二极管 PM302 接收到的红外线信号送到 IC2 的 8 脚，经内部放大后，通过 4 脚外接的 L_1、C_{10} 组成的 32 kHz 谐振选频网络进行选频，滤掉干扰分量。遥控信号再经限幅放大和峰值检波，获得遥控编码信号，经整形放大，由 IC2 的 1 脚输出，送入 IC3 的 1 脚 P00 端。

在控制电路中，由 IC3 内部时钟振荡系统及在 CL1（11 脚）、CL2（10 脚）端外接阻容延时元件 R_5（一般取 39～40 kΩ）、C_6（一般取 50～100 pF），产生频率为 640～660 kHz 的时钟信号。

P00 端为串行输入口，接受来自 IC2 输出的串行信号。

13 脚外接阻容（R_{30}、C_7）微分电路，用于上电复位（reset）。

P01（2 脚）、P10（3 脚）、P11（4 脚）、P12（5 脚）为键盘输入端。当不用遥控器操作时，电风扇可由键盘进行操作控制。

P101～P103（15～17 脚）为显示扫描输出端，它与 P110～P113（18～21 脚）显示扫描输入端组成 3×4 矩阵电路，以显示各种控制。

IC3 内部的控制电路，通过 P80～P82（7～9 脚）端直接驱动双向晶闸管 VS1～VS3 工作，以控制电风扇的 3 挡调速。

P90 端（22 脚）为蜂鸣信号输出端，外接蜂鸣器，每当按动一次按键就鸣叫一次。

3.4.3　微电脑程控电风扇

1. 微电脑程控电风扇的主要特点

电风扇程控控制的特点主要有以下几个方面：

（1）风速可调，一般为强、中、弱 3 挡控制。

（2）仿自然风功能，自然风为 3 挡风速间歇随机变化。

（3）睡眠风功能，采用间歇控制方式，以适合人体生理要求。

（4）定时功能，普通风和睡眠风均能进行定时控制。

（5）LED 显示功能，一般显示当前的操作方式。

（6）设有手动轻触开关和遥控器。

（7）电路中设有过电流保护元件，以防电风扇过电流损坏。

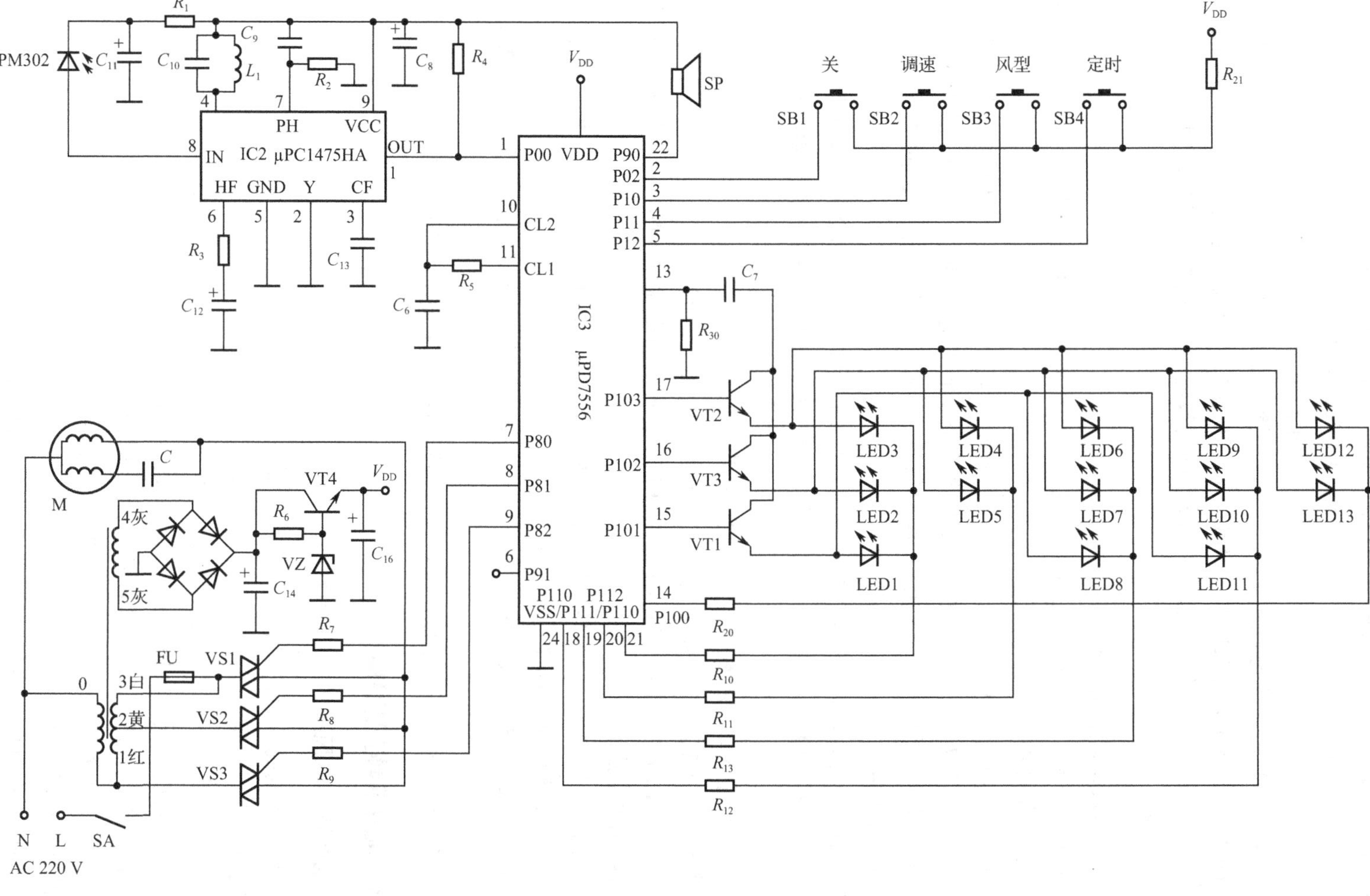

图 3-12　红外遥控风扇接收电路

2. 微电脑程控电风扇的结构

1）程控电风扇原理框图

程控电风扇实际上采用了一个电脑控制芯片，来代替传统机械式和电子式的控制开关，从而实现它的各种智能化功能。其原理框图如图 3-13 所示。

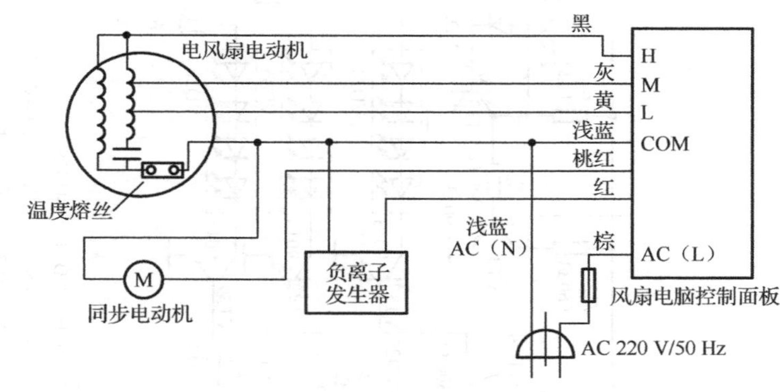

图 3-13　程控电风扇原理框图

2）程控电风扇的面板布置

程控电风扇的面板布置如图 3-14 所示。

3）电动式摇头控制机构

为了实现遥控控制，微电脑电风扇的摇头机构需要采用微型同步电动机控制，其结构如图 3-15 所示。

图 3-14　程控电风扇的面板布置图

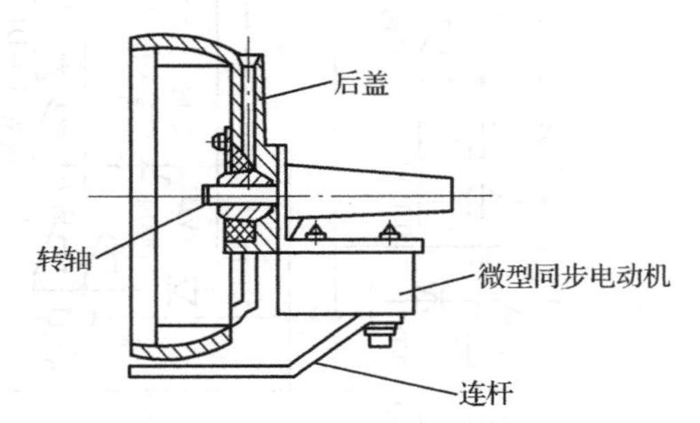

图 3-15　电动式摇头机构

3. MH8822 微电脑程控电风扇的原理

专为电风扇控制电路设计的电脑芯片种类繁多，下面仅以 MH8822 单片机为例做简单介绍。MH8822 微电脑程控电风扇的电路图如图 3-16 所示。

1）基本电路

该电风扇设有强、中、弱 3 挡风速控制。定时器选择分 3 种：60 min、120 min、240 min，或 30 min、60 min、120 min，或 60 min、120 min。还具有仿自然风 3 挡：强、弱、睡眠周期。另外，还具有电风扇扇头摇头和照明、遥控输入等其他功能。每项操作皆有对应的 LED 显示，按键时有声响。

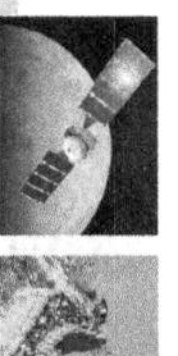

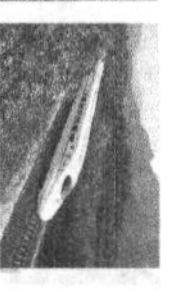

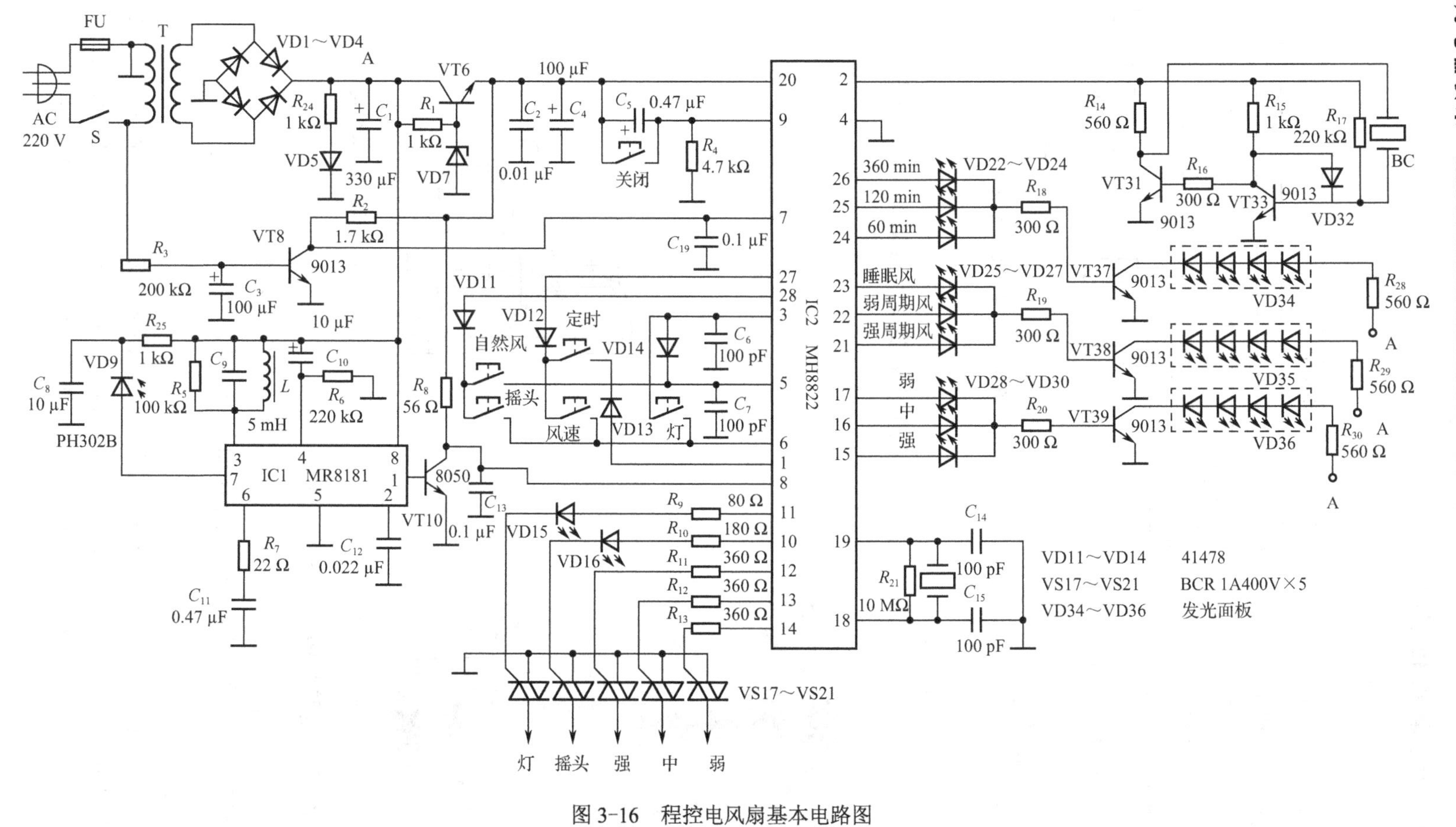

图 3-16　程控电风扇基本电路图

2）芯片 MH8822

MH8822 为 28 脚双列直插式 CMOS 集成电路，其内部是 4 位单片机及特别编制的程序，能实现各种控制功能。芯片引脚功能如图 3-17 所示。

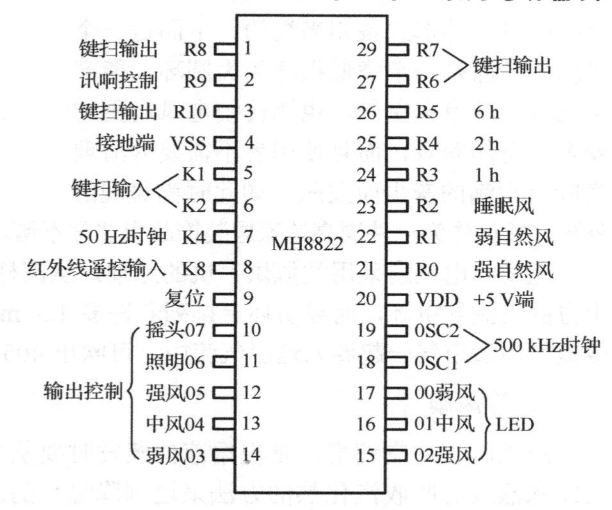

图 3-17 芯片 MH8822 引脚功能示意图

4. 电路功能分析

1）风量方式控制

（1）风速控制键：芯片 MH8822 的 12、13、14 脚为高电平，分别使相应的晶闸管触发导通，这样便可得到可供选择的 3 种风速，按强风—中风—弱风顺序循环变换，并且指示相应挡位的发光二极管（LED）发光。

（2）仿自然风控制键：从中断方式（即不仿自然风方式）起，按动一次则变换一种方式，按强周期—弱周期—睡眠周期的顺序循环变换，并且相应的 LED 发光。在强或弱周期自然风下运转时，如果按动仿自然风控制键，则变为低速运转。在睡眠周期自然风下运行时，如果按仿自然风控制键，则变为弱风速长期运行。

2）定时控制

当芯片 MH8822 的 3 脚与 5 脚间接有二极管 VD14 时，定时器选择时间为 60 min、120 min、360 min，3 脚与 5 脚间不接 VD14，定时器选择时间为 60 min、120 min、240 min；若 VD14 接至 1 脚与 5 脚，则定时器选择时间为 30 min、60 min、120 min。在电风扇运转状态下，重复按定时控制键，定时器按 60 min—120 min—360 min 循环。

3）摇头电动机控制

当芯片 MH8822 的 10 脚输出高电平时，VD16 导通，触发 VS18 导通，摇头电动机运转。

4）蜂鸣器控制

当芯片 MH8822 每接收一次有效指令，2 脚输出高电平时，晶体管 VT31、VT33 工作，经电阻 R_{16} 的正反馈作用形成振荡，使压电片 BC 发声，当 2 脚输出低电平时无效。

5）显示电路

当芯片相应端子输出高电平时，对应的发光二极管发光，显示电风扇当前的工作状态。

6）遥控控制

遥控接收电路主要由 MR8181 集成电路和红外线光敏二极管 VD9 组成，接收到的信号经放大后送入芯片 MH8822 的 8 脚，经芯片译码并执行操作。

3.4.4 新型电风扇

1. 无扇叶电风扇

图 3-18 为 JAMES DYSON 公司推出的一款无扇叶电风扇，又称为空气倍增器。这种无

扇叶电风扇外形线条相当简约，下面是一个底座，上面是一个类似指环的大圆环，能产生强有力的凉爽空气，也比传统电风扇更加安全、更加静音，而且使用者不需要为清理扇叶上积满的灰尘而发愁。如此时尚美观的外形，即使作为一件漂亮的家居装饰品也非常不错。

*无扇叶风扇送风方向和送风量更加稳定且均匀

图 3-18　DYSON 无扇叶电风扇

无扇叶电风扇采用类似烘手机的原理，从圆柱形底座吸入 27 L/s 的空气，将气流推向上方的气流导引环，而导引环上排列着许多 1.3 mm 宽的细缝可导出气流，这样的设计也有效地将周边空气一起卷入这股气流中，可吹出 405 L/s 的风量，是吸入空气的 15 倍。

2. 冷风扇

冷风扇也称空调扇，是根据液体蒸发时要从周围吸收热量的原理来降温的，也就是主要靠水蒸发时吸收汽化热的方法来达到降温目的。它实际上是一个装备了水冷装置的电风扇，其工作原理是在水箱中加入制冷剂或冰块，靠内置的水泵使水在机内不断循环从而将周围的空气冷却，使扇叶送出的风更加凉爽。冷风扇吹出的风有模拟自然风、睡眠风和正常风 3 种。它只具有冷却风的功效，只在小范围的空间起作用，并不能使室温降低，如图 3-19 为冷风扇外形图。

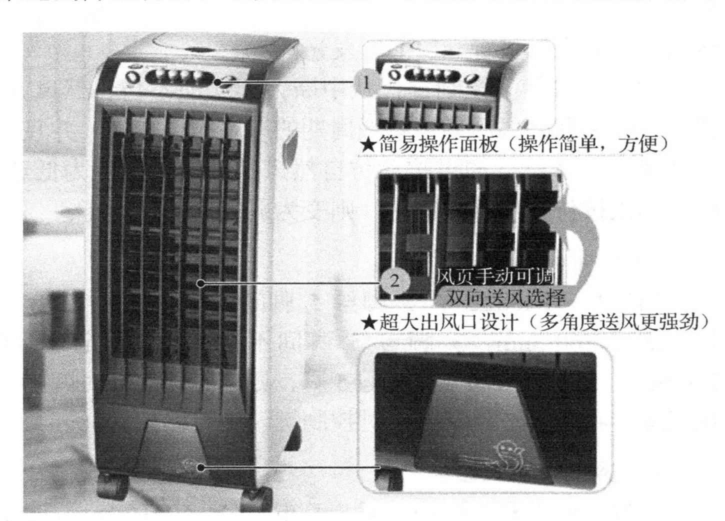

图 3-19　冷风扇

冷风扇有 3 类：有滤层冷风扇、无滤层冷风扇和负氧离子冷风扇。它们适合在我国北方地区相对温度比较低的环境中使用。

3. 暖风扇

在普通台扇扇叶后面（进风口）增添电热丝就可制成暖风扇，使风扇吹出暖风，适于冬天使用。

暖风扇温控开关置于高温挡时，有两组电热丝同时加热。温控开关置于低温挡时，只有一组电热丝加热。当开关置于冷风挡时，电热丝不通电，相当于普通风扇，所以暖风扇又称冷暖风扇。它装有自动温控装置，并由双金属片组成，若热量受阻不能送出，会自动切断电源。

这种电风扇以供热为主，风量小，不能变速，一般也无定时装置。

4. 具有微风特性的电风扇

微风特性就是使电风扇的慢速挡转速由通常的 700～850 r/min 降低为 450～500 r/min，

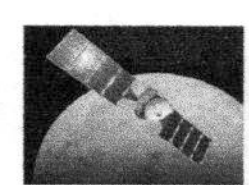

为夏夜就寝者提供舒适的酷似大自然微风。

普通的调速方法不能使电扇的慢速挡转速降得太低，因为电动机绕组电压过低时不易启动。带有微风挡的电扇，是将一只具有特殊性能的 PTC 元件串联在普通电风扇慢速挡电路中来实现电风扇的低速运转的。

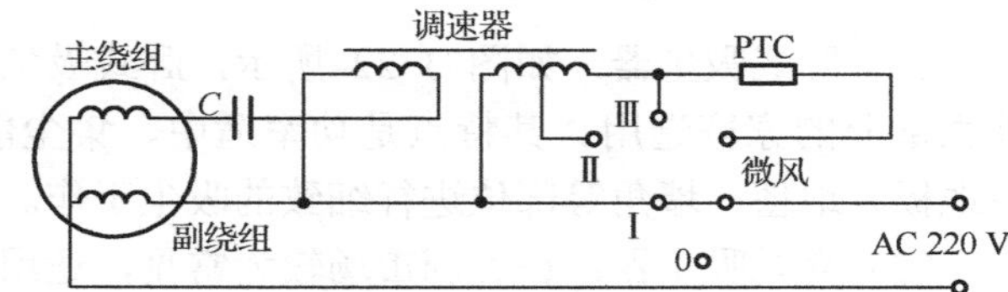

图 3-20　具有 PTC 微风挡的电路

微风挡用 PTC 元件，具有价格低廉、安装简便等优点，适宜在电风扇中使用，如图 3-20 所示。

把 PTC 元件接入电风扇慢速挡中，在启动瞬间，因 PTC 元件为冷阻状态，电阻很小，元件上电压降仅为数伏，有利于电风扇电动机的启动，当电动机正常运转 1～2 min 后，通过 PTC 元件上的电流使元件发热，温度升高，当超过设计的某一温度时，元件的阻值将急剧升高，两端的电压降急剧升为 50～60 V，电动机两端的电压降低而低速运转。

应当注意，PTC 元件本身也是耗能元件，通常功率损耗为 2～7 W，因此，安装 PTC 元件时，要紧靠底座以利散热，防止元件过热损坏。

5. 感应式制动电风扇

感应式制动电风扇装有人体感应自动速停装置，当人体一触及电风扇金属壳体或网罩，电风扇就自动迅速停转，以保证安全，当人体离开电风扇数秒以后，电扇又自动恢复运转。其原理是利用人体对地面间存在的分布电容，使振荡回路的振荡参数发生变化，以迅速切断电风扇电源，同时反馈直流电源使电扇快速制动。

3.5　其他家用电动器具

3.5.1　吸尘器

1. 吸尘器原理

如图 3-21 所示为吸尘器结构。吸尘器工作时，电动机带动叶片高速旋转，在密封的壳体内产生空气负压，吸入尘屑。

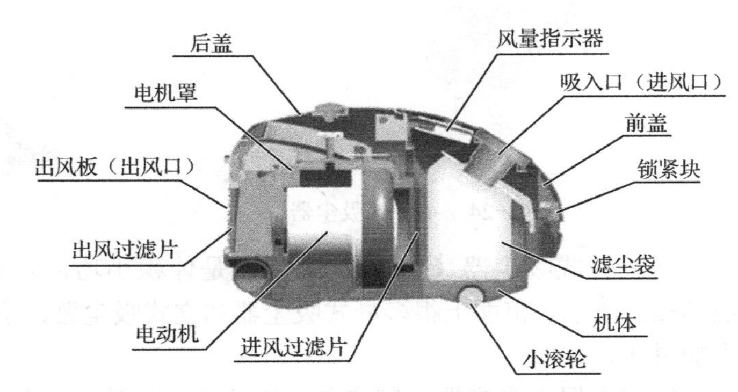

图 3-21　吸尘器结构图

吸尘器电动机高速旋转，从吸入口吸入空气，使尘箱产生一定的真空，灰尘通过地刷、接管、手柄、软管、主吸管进入尘箱中的滤尘袋，灰尘被留在滤尘袋内，过滤后的空气再经过一层过滤片进入电动机，这层过滤片是防止尘袋破裂灰尘吸入电动机的一道保护屏障，进入电动机的空气经电动机流出，由于电动机运行中电刷不断的磨损，因此流出吸尘器前又加了一道过滤。

过滤材料越细密，则空气过滤得越干净，但透气度就越差，这样影响了电动机吸入的风量，降低了吸尘器效率。但是对用户而言，舒适干净是主要的。

2. 吸尘器的分类

（1）卧式吸尘器：如图 3-22 所示，卧式吸尘器是目前市场占有率最高的家用吸尘器，被大部分的家庭选用。其特点是功率适中、集尘能力强、使用方便，配合各种吸尘头可以对地板、地毯、墙角等部位进行细致的吸尘工作。缺点是噪声普遍较大，不可以吸水。

（2）立式吸尘器：在美洲市场较为常见，适用于大面积的地毯清洁，如图 3-23 所示。

图 3-22　卧式吸尘器

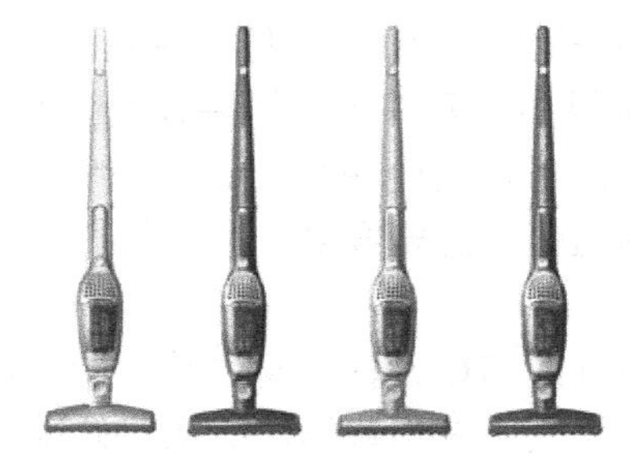

图 3-23　立式吸尘器

（3）手持式吸尘器：体型小巧，携带及使用非常方便，主要用于车内的清洁，对键盘、电器等也有良好除尘效果。缺点是功率较小，吸力不够强劲，广泛应用在汽车内部、衣物、电器表面等大型吸尘器不方便使用的地方，如图 3-24 所示。

（4）桶式吸尘器：是目前市场占有率最高的商用吸尘器，广泛应用于宾馆、酒店、写字楼等公共场所的清洁工作。其特点是容量大、功率高、吸尘能力强、干湿两用，但是体积比较庞大，不适合家用。一些质量不是很好的桶式吸尘器还存在噪声大的缺点。商用吸尘器多为保洁公司、酒店、写字楼所使用，如图 3-25 所示。

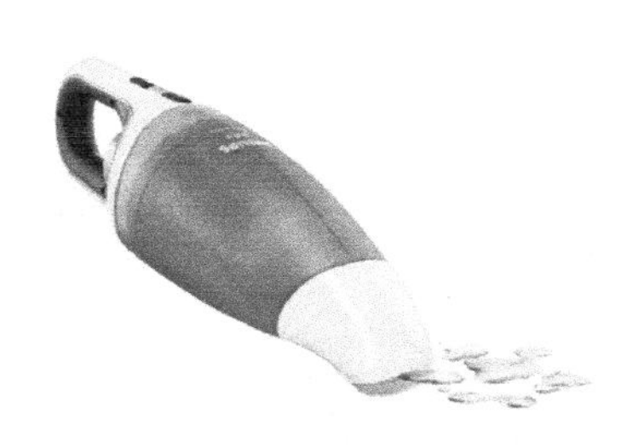

图 3-24　手持式吸尘器

图 3-25　桶式吸尘器

（5）杆式吸尘器（stick）：其特点是体积小巧，功率适中，比较适用于地面清洁，如图 3-26 所示。市面上很多杆式吸尘器和立式吸尘器、手持式吸尘器结合在一起，使用起来更加灵活、方便。

（6）机器人吸尘器：特点是外形小巧、噪声小、清洁面积大、可以自动打扫和充电，比较适用于柜下、床下等一般吸尘器难以吸尘的部位，但是机器人吸尘器的功率较低、清洁能力有限，作为一种新型吸尘器而言更像一个时髦的玩具，所以暂不推荐大家选购，如图 3-27 所示。

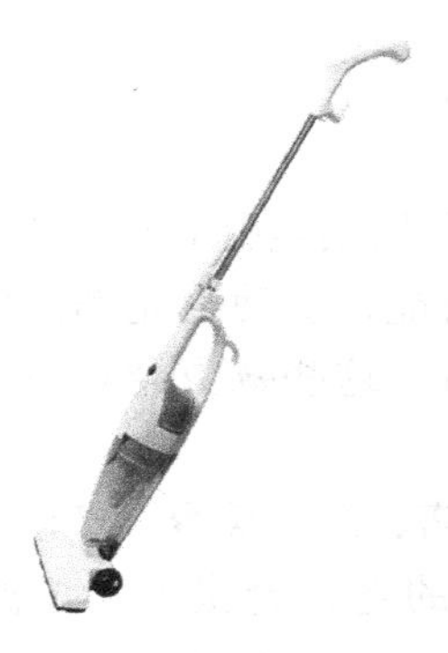

图 3-26　杆式吸尘器

图 3-27　机器人吸尘器

（7）中央吸尘系统——高端吸尘器：它是将吸尘主机放置在主要生活区之外的场所，如地下设备层、车库、清理间等，将吸尘管道嵌至墙里，在墙面只留小而美观的吸尘插口，当需要清理时只需将一根软管插入吸尘插口，此时系统自动启动主机开关，全部大小灰尘、纸屑、烟头、有害微生物，甚至客房中的烟味等不良气味，都经过严格密封的管道传送到中央收集站。任何人、任何时间都可以进行全部或局部清洁，确保了室内环境的清洁。其清洁处理能力是一般吸尘器的 5 倍，而软管长度可任意选配，该类系统在欧美国家已是必配系统，在国内已有部分高档楼盘采用了此系统。

3. 电路原理

如图 3-28 所示为 ZW90-36B 型吸尘器电路图。该吸尘器由电源整流部分、NE555N、手柄调速装置、双向晶闸管、电动机及外围元件组成。

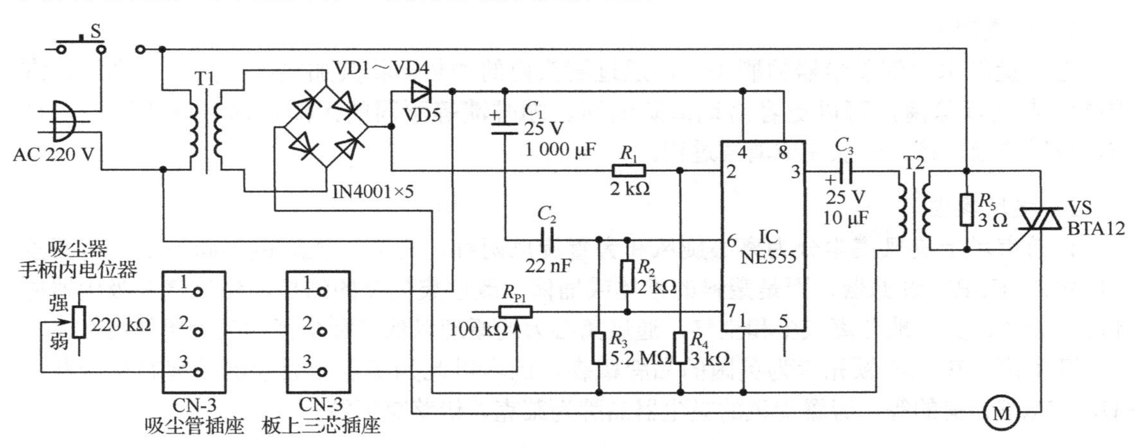

图 3-28　ZW90-36B 型吸尘器电路分析

NE555N 组成频率可调的间歇振荡器。当接通电源开关 S 时，AC 220 V 市电经变压器 T1 降压，再经整流、滤波，得到 25 V 直流电压，为 IC 提供工作电压。通过调节吸尘器手柄内电位器可调节振荡频率，NE555 放大器 IC 的 3 脚输出频率可调的正脉冲，加至耦合变压器 T2，使之输出控制脉冲来控制双向晶闸管，从而改变双向晶闸管的导通角，以实现吸尘器的无级调速。

4. 过滤方式的优缺点

1）尘袋过滤

尘袋过滤可过滤掉 99.99%尺寸小于 0.3 μm 的粒子，使用集尘袋的吸尘器随着使用时间的推移，真空度会下降，导致吸力变小，而且使用者不可能每次使用完都去更换尘袋，所以螨虫之类的微生物会在尘袋中继续滋生。在清理尘袋时，这些螨虫会对周围的环境产生二次污染。

优点：清洁方便，不需要每天清理，适合于工厂、酒店、汽车美容、清洁行业等。

缺点：时间长了，尘袋的过滤能力有所下降，布料的毛孔会张开，过滤能力严重下降，需要更换。

2）水过滤

水过滤利用水作为过滤媒质，使得灰尘和微生物在通过时，大部分被溶解锁定在水中，剩余的再通过过滤器进一步过滤，使吸尘器的尾气可能会比吸入时的空气更干净。

水过滤吸尘器的过滤效果毋庸置疑，但由于其利用水作为过滤媒质，所以对于产品本身的设计和电动机防水保护提出了更高的要求，这也是目前市场上水过滤吸尘器质量参差不齐、价格高低悬殊的重要原因。

优点：吸力更显著，排出的气体经过水的净化。

缺点：每次使用时都需要放水，用完后必须清洗干净，否则容易发霉发臭和生锈。水过滤吸尘器适合用于酒店、家庭、办公室等。

5. 吸尘器的新技术

1）蒸汽刷头

把少量的水加到吸尘器的刷头中，通过刷头内的加热器将其加热产生蒸汽，利用蒸汽的高温来进行除菌，可以更容易地清除油渍、咖啡渍等顽固的污渍，而且刷头附一块抹布，可以边吸边擦，一次完成清洁过程。

2）旋风集尘

目前市场上旋风集尘分为离心旋风和旁置旋风两种。与无尘袋旋风不同的是，里面没有白色的 HEPA 过滤器，而是塑料的锥体或桶体。改进集尘盒的结构，使空气在吸尘器内部形成旋风，更好地分离灰尘和空气，通过离心力的原理以保证吸尘器的吸力更加持久。

其中离心旋风的领先者为英国的品牌戴森，国内以此为卖点的吸尘器品牌有科沃斯、PUG-VACS、美的等。旁置旋风的吸尘器品牌为莱克、伊莱克斯等。

3）振动除螨刷头

为了满足吸尘器对于沙发、被褥、窗帘等的清洁需求，开发人员设计开发出振动刷头，利用刷头内部的塑料板每分钟高达 3 600 次的高频振动，对被褥、沙发等进行拍打，以吸出其深层的灰尘，清除细菌和螨虫等。

4）宠物刷

宠物刷用来清洁宠物毛。

3.5.2　抽油烟机

1. 抽油烟机的分类

吸油烟机以目前状况，可按结构分深型、亚深型、薄型、欧式、近距式等；就电动机及风轮的数量可分为双机及单机；以吸气的方式可分为顶吸式、侧吸式（含斜吸式）和底吸式。底吸式一般和灶台一起设计为整体灶台，价格较昂贵。从积停沥油方式，吸油烟机可分为双油路、三油路（气室沥淅油，防护罩沥淅油及风运沥淅油）；从集烟室结构分有单层（三油路）、双层内胆式（双油路），近吸式又称侧吸式等；按拆洗方式分免拆洗、易拆洗、自动拆洗等，通常认为免拆洗是第一代吸油烟机，易拆洗是第二代吸油烟机，自动清洗是第三代抽油烟机。抽油烟机的面板有冷轧钢板喷涂塑料、不锈钢、塑料和陶瓷等材质，如图 3-29 所示。

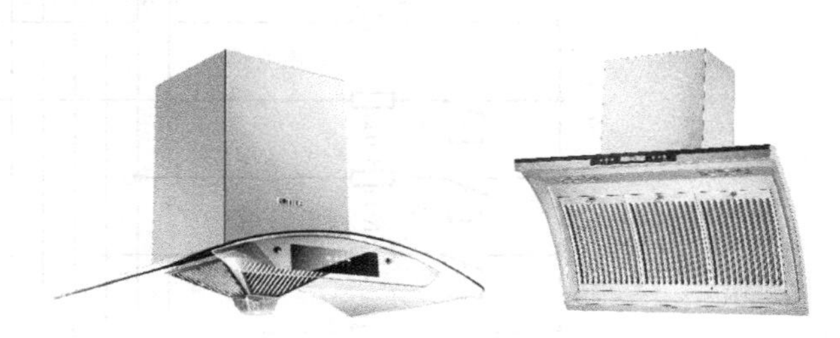

图 3-29　抽油烟机

2. 抽油烟机的工作原理

接通抽油烟机电源，驱动电动机，使得风轮做高速旋转，使炉灶上方一定的空间范围内形成负压区，将室内的油烟气体吸入抽油烟机内部，油烟气体经过油网过滤，进行第一次油烟分离，然后进入烟机风道内部，通过涡轮的旋转对油烟气体进行第二次的油烟分离，风柜中的油烟受到离心力的作用，油雾凝集成油滴，通过油路收集到油杯，净化后的烟气最后沿固定的通路排出。

如图 3-30 所示为电脑控制型抽油烟机控制电路，由 CPU（CMS-001）、数码管、4 MHz 晶体振荡器、继电器等构成。

1）电源电路

该机通上市电电压后，220 V 市电电压一路通过继电器为电动机（图中未画出）供电；另一路通过电源变压器 T1 降压，产生 9 V 左右的（与市电高低有关）交流电压，该电压经 VD1～VD4 构成的整流堆进行整流，通过 C_1 滤波产生 12 V 直流电压。该 12 V 电压一路为继电器 K1～K3 的线圈供电，另一路通过三端稳压器 7805 稳压产生 5 V 直流电压，为 CPU 和蜂鸣器供电。

2）CPU 工作条件及操作

该机的电源电路输出的 5 V 电压经电容 C_3、C_4 滤波后，加到 CPU（CMS-001）的供电端 12 脚，为它供电。CPU 得电后，11 脚外的复位电路为 11 脚提供复位信号，使 CPU 内的存储器、寄存器等电路复位后开始工作。同时，CPU 内部的振荡器与 13、14 脚外接的晶振通过振荡产生 4 MHz 的时钟信号。该信号经分频后协调各部位的工作，并作为 CPU 输出各种控制信号的基准脉冲源。

3）按键及显示

按键 S1～S6 是操作键，按压按键时，单片机 CSM-001 的 1～6 脚输入控制信号，被

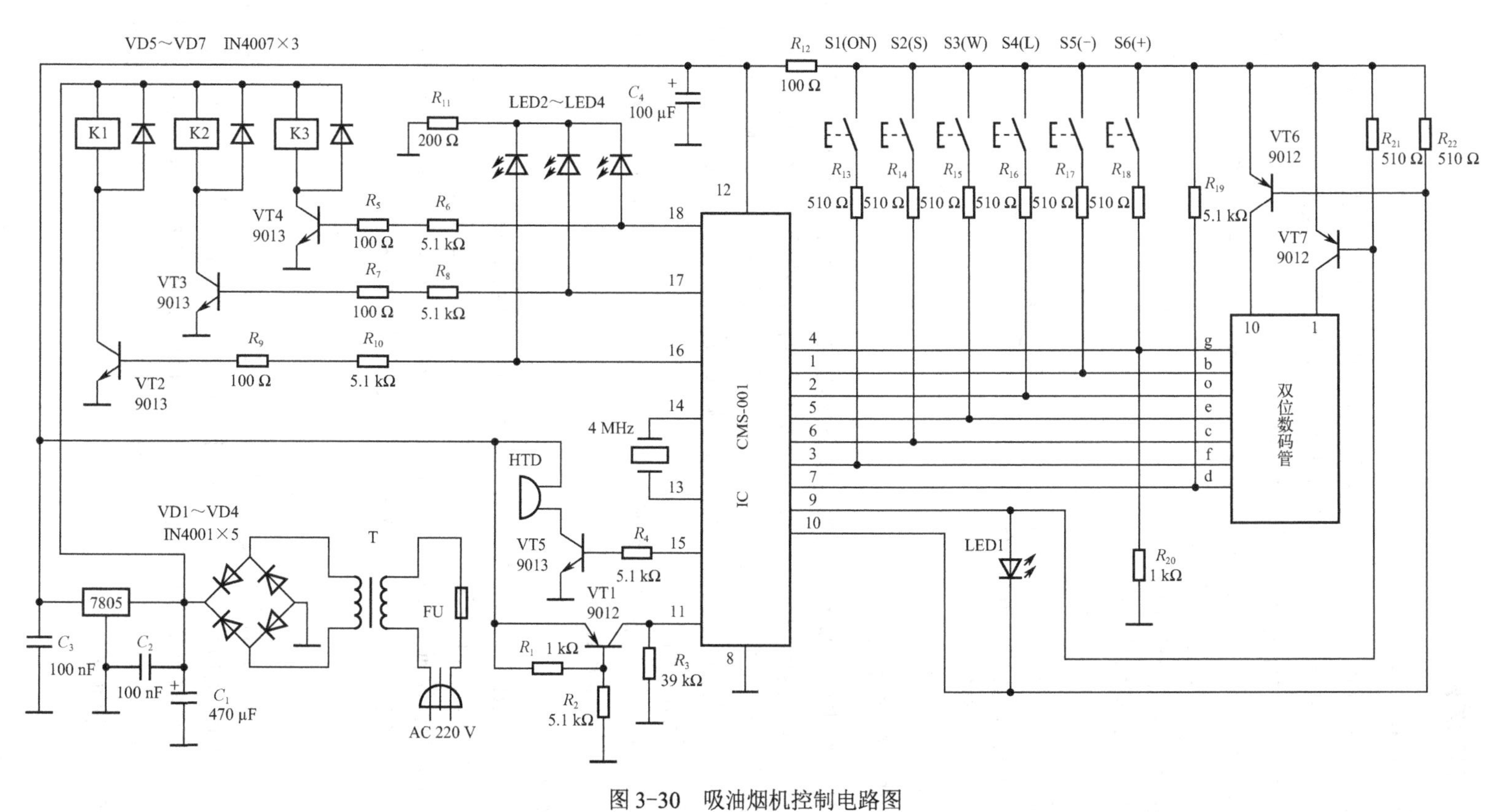

图 3-30 吸油烟机控制电路图

CSM-001 识别后，进行用户需要的控制。其中，S1 是开关机键，按 S1 后，被 CMS-001 识别后，由 9、10 脚输出控制信号使指示灯 LED1 发光，表明 CMS-001 处于时间预置状态，再通过 S5、S6 键设置时间，CMS-001 接收到该信息后，通过 1～7 脚输出笔段驱动信号，通过 9、10 脚输出个位、十位选通信号，使 VT6、VT7 导通，为数码管供电，从而使数码管显示出设置的时间。

4）蜂鸣器控制

单片机 CSM-001 的 15 脚是蜂鸣器驱动信号输出端。每次进行操作时，它的 15 脚输出蜂鸣器驱动信号。该信号通过 R_4 限流，再经 VT5 倒相放大，驱动蜂鸣器 HTD 鸣叫，提醒用户抽油烟机已收到操作信号，并且此次控制有效。

5）照明灯控制

该机照明灯控制电路由单片机 CMS-001、照明灯（图中未画出）、操作键 S4、继电器 K3 及其驱动电路构成。

按键 S4 是照明灯操作键，CMS-001 的 18 脚是双稳态输出端口，按一次 S4 键，CMS-001 的 18 脚输出高电平，使照明灯指示灯 LED4 发光，电路通过 R_6、R_5 限流使激励管 VT4 导通，为继电器 K3 的线圈提供导通电流，使 K3 内的触点吸合，为照明灯供电，使其发光。

照明灯发光期间，按 S4 后，CMS-001 的 18 脚电位变为低电平，使 LED4 熄灭，同时使 K3 内的触点释放，照明灯熄灭。

二极管 VD7 是泄放二极管，它的作用是在 VT4 截止瞬间，将 K3 的线圈产生的尖峰电压泄放到 12 V 电源，以免 VT4 过电压损坏。

6）电动机的风速调整

电动机风速控制电路由单片机 CMS-001，电动机（采用的是电容运行电动机，图中未画出），操作键，继电器 K1、K2 及其驱动电路构成。

按键 S2、S3 是电动机风速操作键，S2、S3 键具有互锁功能。按 S2 使 CMS-001 的 16 脚输出高电平控制信号，17 脚输出低电平控制信号。17 脚为低电平时，VT3 截止，继电器 K2 不能为电动机的低速端子供电。而 16 脚输出的高电平控制电压不仅使 LED2 发光，表明电动机工作在高速运转状态，而且通过 R_9、R_{10} 限流，使 VT2 导通，为继电器 K1 的线圈提供导通电流，使它内部的触点吸合，为电动机的高速端子供电，电动机在运行电容的配合下高速运转。按 S3 使 CMS-001 的 16 脚输出低电平控制信号，17 脚输出高电平控制信号。16 脚为低电平控制信号时，不仅 LED2 熄灭，而且使 VT2 截止，继电器 K1 不能为电动机的高速端子供电。而 17 脚输出的高电平控制电压不仅使 LED3 发光，表明电动机工作在低速运转状态，而且使继电器 K2 的触点吸合，为电动机的低速端子供电，电动机在运行电容的配合下低速运转。

二极管 VD5、VD6 是泄放二极管，它的作用是在 VT2、VT3 截止瞬间，将 K1、K2 的线圈产生的尖峰电压泄放到 12 V 电源，以免 VT2、VT3 过电压损坏。

3. 抽油烟机的使用和保养

对于抽油烟机的使用和保养，应注意以下几个问题：

（1）抽油烟机在以下条件下使用：

① 温度：-15～+40 ℃。

② 相对湿度：不大于+90%（25 ℃）。

③ 海拔高度：不超过 1 000 m。

（2）抽油烟机电源插座必须使用有可靠地线的专用插座。

（3）按照说明书安装好抽油烟机，一般安装高度不应低于 650 mm，尽可能安装在炉灶的正上方。

（4）应在烹饪前开启抽油烟机 1～2 min，以获得较好的清除油烟的效果。

（5）更换灯泡、清洗抽油烟机前，都应拔掉插头、切断电源。

（6）更换灯泡时，灯泡功率不能超过灯座或说明书上标示的最大值，否则，会使连接灯座的电线和灯座的温升过高，加速电线绝缘层的老化，造成触电的潜在危险，甚至导致火灾。

（7）按说明书的要求经常清洗风轮、通风道内腔及机体内外表面的油污和积垢，清洗时请用中性洗涤剂和软布，以免损坏外壳表面或涂层。

（8）油杯中的污油，积存至八分满时，将之倒弃，以免溢出。

（9）烹饪结束后，继续开机 1～2 min，以便彻底排净残余油烟。

4. 抽油烟机拆洗

抽油烟机是人们用来解决厨房油烟困扰的电器，然而长时间使用，抽油烟机的表面和内腔会充满油污，影响其正常排烟效果，只有正确地拆洗才能正常使用。一般不带有过滤网罩的抽油烟机清洗过程如下：

（1）切断抽油烟机的电源，以确保人身安全。

（2）抽油烟机的外壳表面和网罩，一般按说明书规定的周期进行清洗，采用软布沾有少量的放有中性洗涤剂的温水进行擦洗，再用干的软布擦干。

（3）轮和蜗壳内腔的拆洗：

① 拧开网罩盖板和网罩的螺钉，取下盖板和网罩。

② 拧开风轮的紧固螺钉，取出风轮。

③ 将取出的零件放在有中性洗涤剂的温水中浸泡，用软布洗净后擦干。

④ 用沾有少量放有中性洗涤剂的温水的软布，擦洗蜗壳内腔里的污垢，用软布洗净后擦干。

⑤ 依拆卸的相反顺序将以上各部件装好。

⑥ 安装好以后，检查器具的油路是否顺畅，蜗壳上的密封圈是否能密封。

⑦ 请按说明书规定的周期清洗风轮、蜗壳、通油嘴和排油管。

（4）清洗叶轮和蜗壳需要注意的事项：

① 清洗时，电动机和电气部分不能进水。

② 清洁时，不能用力拉扯内部连接线，否则会使连接点松脱，造成触电危险。

③ 禁止用乙醇、香蕉水、汽油等易燃溶剂清洗抽油烟机，以防火灾事故的发生。

④ 清洗时，应戴上橡胶手套，以防金属件的锐边伤人。

⑤ 拆下的零件要轻拿轻放，以免变形，清洗叶轮时应特别小心，不可触碰或挪动叶片的配重块，否则，会造成整机振动、噪声增大。

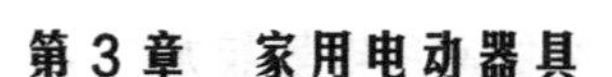

对于那些带有过滤网罩的抽油烟机，由于油烟进入器具内部以前已经过过滤，所以其内部的结构不需要进行清洗，只需要按说明书规定的周期清洗器具外壳和过滤网罩就可以。

（5）过滤网罩的清洗：

① 拧开固定网罩的螺钉。

② 将取下的过滤网罩放在放有中性洗涤剂的温水中浸泡 5～10 min。

③ 用软的塑料刷子把过滤网孔隙中的污垢清洗干净，再用干抹布擦干。

④ 按拆下前的样子装好过滤网罩。

⑤ 安装好后，检查器具的油路是否顺畅和蜗壳上的密封圈是否能密封。

⑥ 请按说明书规定的周期清洗过滤网罩。

抽油烟机的内部电气连接和气流密封部位不宜经常拆洗。密封圈经常拆洗容易导致老化变形，油污容易进入器具电气连接部位，影响其安全性能，降低抽油烟机的使用寿命。

思考与练习 3

一、填空题

1．家用电动工具是将电能转换为________，其核心工作部件为________。

2．家用电风扇的调速方法有________、________和________3 种。

3．电风扇变电压调速通常有________调速、定子绕组调速、________调速和________调速等。

4．变频调速技术的基本原理是，根据电动机转速与工作电源________输入成正比的关系，通过改变电动机工作电源________达到改变电动机转速的目的。

二、选择题

1．吸尘器工作的主要原理是（　　）。

A．风机产生负压吸尘　　B．风机吹风除尘
C．风机粉碎垃圾除尘　　D．风机带动毛刷除尘

2．抽油烟机的主要动力部件是由（　　）提供的。

A．油网过滤器　　B．烟道　　C．集油杯　　D．风机

3．可以实现无级调速的电风扇调速控制电路是（　　）。

A．电抗器调速电路　　B．抽头调速电路
C．电子无级调速电路　　D．电容调速电路

4．程控电风扇可以用遥控器调节摇头装置，它用的调速机构是（　　）。

A．手动式摇头机构　　B．微型同步电动机电路
C．离合闸摇头机构　　D．推拉式摇头机构

三、判断题

（　　）1．模拟自然风风扇可以模拟自然风条件。

（　　）2．无扇叶电风扇的一大优点就是没有扇叶，且送风量更加稳定均匀。

（　　）3．冷风扇可以很好地降低房间温度，它轻巧，方便，比空调器方便多了。

（　　）4．电风扇调速方法中，电容调速成本最低、最可靠，应用也最广泛。

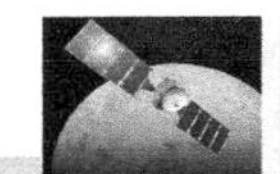

（　　）5．吸尘器产生负压是利用压缩机吸气实现的。

四、分析作图题

1．请分析如图 3-31 所示的电子无级调速电路的工作原理。

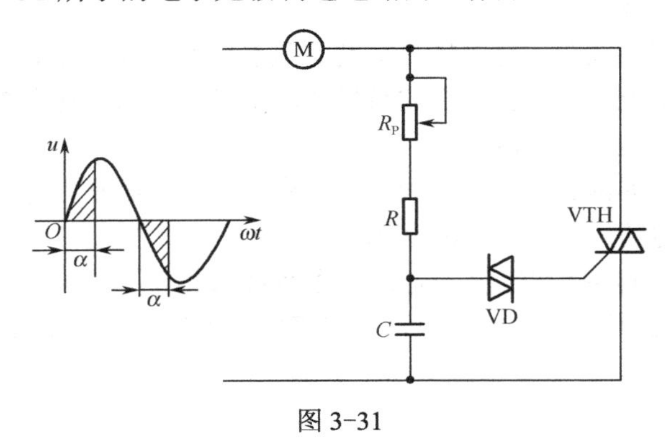

图 3-31

2．补充画图 3-16 所示程控电风扇基本电路图中的主电路回路。

3．补充画图 3-30 所示抽油烟机控制电路图中的主电路回路。

第4章

家用清洁器具

家用清洁器具主要包括洗衣机、吸尘器、抽油烟机、空气净化器、洗碗机等。它直接将人们从繁重的家务劳动中解放出来，给人们的生活带来极大的便利。本章主要学习洗衣机（图 4-1）的工作原理及应用。

图 4-1　洗衣机

4.1　洗衣机的洗涤原理与选购

4.1.1　污垢的种类、性质及去污原理

要了解洗衣机的洗涤原理，应先了解污垢的种类、性质及去污原理。

1. 污垢的种类和性质

（1）固体污垢：如灰尘、纤维、石灰、泥土和金属氧化物等，是不溶于水和油的固体微粒，大多带负电，飘浮到衣物上，与衣物上带正电的纤维以分子引力或化学力结合。

（2）水溶性污垢：这类污垢大多来自人体分泌物和食物，可溶于水，或与水混合形成胶状物附在织物上，如糖、淀粉、有机酸、蛋白质、无机盐等。但如果这类污垢附在织物上时间过长，会氧化变质，或受到微生物作用而变成霉点，也很难去除。

（3）油溶性污垢：如动物油、植物油、矿物油、胆固醇和脂肪酸等，大多是油溶性的液体或半固体，表面张力较低，对衣物的黏附比较牢固。

（4）色斑污垢：也称污渍或顽垢，如血渍、茶渍、果汁、饮料渍、调料（酱油、辣酱）渍等。特殊的污斑要在去渍台上采用特殊除渍剂进行处理后，再用常规方法洗涤。

2. 污垢的附着

污垢和织物之间存在的结合力，可分为以下几种。

（1）机械附着：主要是指固体污垢随着空气的流动而散落在织物纤维或纤维之间，或污垢与织物直接摩擦，机械地附在织物纤维的细小孔道中。这种污垢用搅动、振荡或搓擦等机械的方法就可以除去，但颗粒小于 0.1 μm 的微粒就难以除去。

（2）分子间相互引力（静电吸附）：根据万有引力定律，分子间的相互引力是造成污垢附着织物的主要因素，污垢颗粒带有不同电荷时，黏附就更强烈。

（3）化学结合与化学吸附：真正与织物起化学作用的污垢是不多的，果汁、墨汁、血污垢、铁锈等都能与织物形成稳定的“色斑”，这些色斑需要用特殊的化学方法才能除去，大多情况下属于化学吸附。

可以看出，污垢黏附织物是受各种结合力支配的，关键是吸引力。

要使污垢与织物有效地分离，应从消除、降低两者之间的引力，破裂其结合键入手。

3. 去污原理

传统洗涤的方法是依靠水和洗涤剂，外加棒打或手搓等外力的作用，来削弱污垢与衣物之间的附着力，然后用水漂洗，使污垢脱离衣物，达到洗净的目的。衣物的污垢是在水、洗涤液和机械力三者共同的作用下排除的。

洗涤剂的基本组成可描述为：洗涤剂=表面活性剂+洗涤助剂，其中起主要作用的成分为表面活性剂。

表面活性剂是一种具有特殊结构与性质的有机化合物，它们能明显地改变两相间的界面张力或液体（一般为水）的表面张力，具有乳化、润湿、起泡、增溶、杀菌、柔软、抗静电、消泡和洗涤等性能。

表面活性剂分子中含有两种不同性质的基团，一端是长链非极性基团，溶于油而不溶于水（疏水基）；一端是水溶性基团（亲水基）。由于这种独特的分子结构，其具有一部分可溶于水，而另一部分易从水中逃离的双重性质。

4.1.2 洗衣机的洗涤原理与性能指标

1. 洗涤过程

洗涤过程通常可分为两个阶段：一是在洗涤剂的作用下，污垢与衣物脱离；二是脱离的污垢被分散，悬浮于介质中。

洗涤过程是一个可逆过程，分散、悬浮于介质中的污垢，也有可能从介质中重新沉积到被洗衣物上。

2. 洗涤分类

按洗涤介质的不同，洗涤可分为水洗和干洗。以水为介质的称为水洗，水洗是通过洗涤剂的渗透、湿润、皂化、乳化、溶解、悬浮、胶溶，加上洗衣机运转时，织物在机器中运动所产生的机械摩擦力，把污垢从织物上除去的。以有机溶剂（如四氯乙烯）为介质的称为干洗。

3. 洗衣机的洗衣过程

洗衣机洗涤衣物是利用机械力代替人工揉搓或棒打，来达到洗涤目的的。机械力越强，洗涤效果越好，洗净度越高，只是磨损率也越大。

洗衣机洗衣原理：洗衣机是由电动机正反转来带动波轮或洗衣桶转动，使洗衣桶内的水和衣物上下来回翻滚，并形成涡流，经排渗、冲刷、摩擦和翻滚等作用，加速污垢的分散、乳化和增溶作用来洗涤衣物的。

洗衣机洗涤衣物一般要进行预浸洗、洗涤、漂洗、排水、脱水和干燥等过程。

（1）预浸洗是将衣物在洗涤前先浸入水中，使衣物、污垢湿润，纤维膨胀，再加入洗涤剂，开动洗衣机 2～3 min，使衣服和洗涤剂充分搅匀，再进行浸泡，以易于洗涤。一般浸泡时间可为 15 min 左右。如果使用漂白剂预浸，必须先将衣物充分浸湿，再加入稀释的漂白剂，切忌直接将漂白剂倾倒到衣物上，防止局部漂白而损伤衣服。洗衣粉一般含有少量漂白剂，因此不允许直接放到衣物上进行浸泡。

（2）洗涤是指加水和洗涤液，正式对衣物进行洗涤。它是洗衣过程中的主要步骤，目的是使所有污垢完全脱离衣物，悬浮在洗涤液中。洗涤要根据不同的衣物，采用不同的方法，精细而较高档的衣物宜用轻柔洗，一般衣物宜用标准洗，较脏的粗衣物可以强洗。洗涤后排除洗涤液并脱水，尽量减少衣服中残留的洗涤液。洗涤过程可重复进行 1～2 次。

（3）漂洗是用水漂去经洗涤并脱水后衣物中残留的洗涤液和污垢。漂洗往往重复进行，以漂清为目的。漂洗的方法有蓄水漂洗、溢流漂洗、喷淋漂洗和顶淋漂洗等多种，对不同的衣物会收到不同的效果。

（4）排水是排出洗衣机中的洗涤水。

（5）脱水是使洗涤桶高速运转，采用离心脱水法，尽量脱去衣物中的水分。它常用在洗涤和漂洗过程后面。

（6）干燥是把衣物分散到空间去晾晒。滚筒式洗衣机有干燥功能，可在洗衣机内干燥衣物。现代城市生活，使洗衣机的干燥功能越来越重要，因此，越来越多的洗衣机具有干衣功能。

4. 洗涤三要素

洗涤三要素为机械力、洗涤液（洗涤剂的水溶液）和液温。洗衣机运动部件产生的机械力和洗涤液的作用使污垢与衣物纤维脱离。加热洗涤液，可增强去污效果。织物不同，适宜液温也不同。

5. 洗衣机洗涤性能的主要指标

洗衣机洗涤性能（即洗净衣物的能力）的主要指标是洗净率（或洗净比）和织物磨损率。洗净率是洗衣机在额定洗涤状态下，利用光电反射率计（或白度仪），测定洗涤前后人

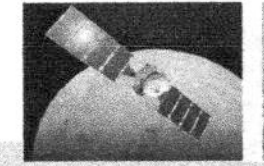

工污染布及其原布的反射率。

织物磨损率是指洗衣机在标准使用情况下，衣物洗涤后的磨损程度。

4.1.3 洗衣机的分类

1. 按自动化程度分类

洗衣机按自动化程度分类，可分为普通型洗衣机、半自动洗衣机和全自动洗衣机。

（1）普通型洗衣机：指洗涤、漂洗、脱水各功能的转换都需要人工操作的洗衣机，它装有定时器，可根据衣物的脏污程度预定洗涤、漂洗和脱水的时间，预定时间到，自动停机。普通洗衣机在洗涤脱水过程中，仅起着省力的作用，进水、排水，以及将衣物从洗涤桶取出并放入脱水桶，均需人工完成。目前市场上已经很难见到这种洗衣机。

（2）半自动洗衣机：指洗涤、漂洗、脱水各功能中，至少有一个功能的转换需用手工操作而不能自动进行的洗衣机。其洗衣过程一般由洗衣和脱水两部分组成，在洗衣桶中可以按预定时间自动完成进水、洗涤、漂洗直到排水功能，但脱水时，则需要人工把衣物从洗衣桶中取出并放入脱水桶中进行脱水。传统的双桶洗衣机一般是半自动洗衣机。

（3）全自动洗衣机：指洗涤、漂洗、脱水各功能的转换都不需要手工操作，完全是自动进行的洗衣机。在选定的工作程序内，整个洗衣过程是通过程控器发出各种指令，控制各个执行机构的动作而自行完成的。这种洗衣机具有省时省力等优点，但结构复杂。现在的套筒（单桶）洗衣机、滚筒洗衣机，一般是全自动洗衣机。

2. 按洗涤方式分类

洗衣机按洗涤方式分类，可分为波轮洗衣机、滚筒洗衣机和搅拌洗衣机，如图 4-2 所示。

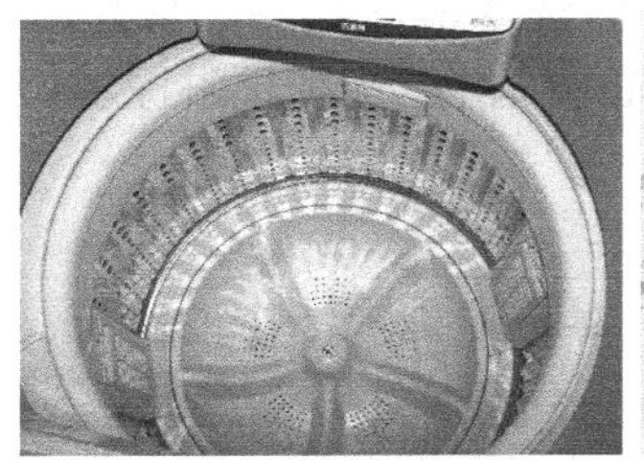

（a）波轮洗衣机

（b）滚筒洗衣机

（c）搅拌洗衣机

图 4-2　按洗涤方式分类的洗衣机

1）波轮洗衣机

洗衣特点：微电脑控制洗衣及甩干功能，省时省力。

缺点：耗电、耗水，衣物易缠绕，清洁性不佳。

适合洗涤衣物：除需要特别洗涤之外的所有衣物。

波轮式洗衣机流行于日本、中国、东南亚等地。

2）滚筒洗衣机

洗衣特点：微电脑控制所有功能，衣物无缠绕，最不会损坏衣物的方式。

缺点：耗时，洗涤时间是普通型的几倍，而且一旦关上门，洗衣过程中无法打开，洁净力不强。

适合洗涤衣物：羊毛、羊绒及丝绸、纯毛类织物。

滚筒式洗衣机流行于欧洲、南美洲等主要穿毛、棉为主的地区，这些几乎 100%的家庭使用的都是滚筒洗衣机。滚筒式洗衣机近年也渐渐在中国流行，并有超过波轮洗衣机的趋势。

3）搅拌洗衣机

洗衣特点：衣物洁净力最强，省洗衣粉。

缺点：喜欢缠绕，相比前两种方式损坏性加大，噪声最大。

适合洗涤衣物：除需要特别洗涤之外的所有衣物。

搅拌式洗衣机在北美洲普遍使用。

4）3 种洗衣机的比较

（1）洗净度。三者相差无几。搅拌式洗净均匀性好，滚筒式磨损率小。波轮式洗净比大于 0.70，滚筒式大于 0.70，搅拌式大于 0.75；波轮式磨损率小于 0.15%，滚筒式小于 0.10%，搅拌式小于 0.15%。

（2）耗电、耗水量。滚筒式耗电量最大，耗水量最小，约为 70 L；搅拌式与波轮式耗电量相差无几，它们的耗水量远大于滚筒式，约为 150 L。

（3）价格。同档次洗衣机中，全自动滚筒式最贵，搅拌式居中，波轮式较便宜。

4.1.4 洗衣机的型号

洗衣机根据我国国家标准《家用和类似用途电动洗衣机》（GB/T 4288—2018）规定，家用电动洗衣机的型号由 6 部分组成。

第 1 部分为类别代号：洗衣机代号为汉语拼音字母 X，脱水机代号为 T。

第 2 部分为自动化程度代号：P 表示普通型，B 表示半自动型，Q 表示全自动型。

第 3 部分为洗涤方式代号：B 表示波轮式，G 表示滚筒式，J 表示搅拌式。

第 4 部分为规格代号：它表示洗衣机额定洗涤（或脱水）容量的大小。额定洗涤（或脱水）容量是指衣物洗涤前干燥状态下所称得的质量，以 kg 为单位，标准的规格分别为 1.0、1.5、2.0、2.5、3.0、4.0、5.0 共 7 个级别，但目前市场上已经有 6.0、7.0、8.0 等规格，以方便家庭洗涤需求。洗衣机型号中的数字是以规格乘以 10 表示，即去掉小数点，如 2.0 的规格代号表示 20。

第 5 部分为工厂设计产品的序号。

第 6 部分为结构形式代号，S 表示双桶，单桶则不标。

在脱水机型号中，略去第 2、3、6 部分。

例：XQB40-33 型，意思是洗涤容量 4 kg 的波轮式全自动洗衣机，厂家设计序号为 33 型；XPB55-3S 型，意思是洗涤容量 5.5 kg 的波轮式普通型双桶洗衣机，也就是常见的双缸机，厂家设计序号为 3 型；XQG50-2 型，意思是洗涤容量 5 kg 的滚筒式全自动洗衣机，厂家设计序号为 2 型；T20-3 型，意思是脱水容量 2 kg 的脱水机，厂家设计序号为 3 型。

一些新技术的应用，在型号命名上也出现了一些新变化。以海尔为例，XQS75-BJ1128 型，X 是洗衣机的洗字的拼音首字母；Q 是全自动的全字的拼音首字母；S 是双动力的意思，这个是海尔的专利技术“双动力”，普通洗衣机这个字母一般是 B，也就是波轮的意

思，代表波轮洗衣机；75 的意思是 7.5 kg，代表洗衣机的容量；B 就是变频的意思，代表这个洗衣机使用的是变频直驱电动机；J 是净级的意思，是海尔的一个系列产品。

型号命名中也有例外，如在国内十分知名的某外资品牌洗衣机，所有机型均是按照其品牌自己的习惯来编排的，不过机身附带的铭牌或者是能效等级标志上，均有常规型号作为对照。

4.1.5 洗衣机的选购

1. 按洗净度和磨损率选型

滚筒洗衣机模拟手搓，洗净度均匀、磨损率低，衣服不易缠绕；波轮洗衣机洗净度比滚筒洗衣机高 10%，自然其磨损率也比滚筒洗衣机高 10%。

2. 按耗电量和耗水量选型

滚筒洗衣机洗涤功率一般在 200 W 左右，如果水温升到 60 ℃，一般洗一次衣服都要 100 min 以上，耗电量在 1.5 kW • h。相比之下，波轮洗衣机的功率一般在 400 W 左右，洗一次衣服最多只需要 40 min。在用水量上，滚筒洗衣机为波轮洗衣机的 40%～50%。

3. 按经济和实用选型

一般说来，滚筒洗衣机比波轮洗衣机价格高，全自动滚筒洗衣机的市场价在 2 500 元以上，全自动波轮洗衣机的市场价在 1 000～2 000 元。最近市场上一些电脑智能仿生型、网络数字遥控型、消毒杀菌健康型等新技术类型洗衣机，一般售价都在 3 000 元以上，消费者应根据经济条件和实用性选购。

4. 按噪声和故障率选型

一般噪声小的洗衣机，都采用直流永磁无刷电动机直接驱动，去除了传统洗衣机因机械转动所带来的噪声，有效地防止了噪声的产生，而且比采用交流电动机节电 50%。一般说来，噪声越低、无故障运行时间越长，洗衣机的质量就越好。

5. 按习惯和条件选型

选购哪一种洗衣机要考虑自己的生活习惯和家庭条件。首先确定常洗涤的衣物和洗衣机的价位，如毛料、丝绸衣物较多，建议选购滚筒洗衣机；如以洗涤棉布衣服为主，则建议选择波轮洗衣机。

6. 考虑占地面积和容量

一般来说，顶开式的滚筒洗衣机占地面积最小，约为 0.24 m^2，其他滚筒洗衣机与波轮洗衣机占地面积相仿。波轮洗衣机的容量为 2～8 kg，滚筒洗衣机为 3～8 kg。顶开式滚筒洗衣机由于结构复杂、维修不方便，市场上已经很少见到。

7. 选 3C 认证名牌产品

选购洗衣机时，首先要认准产品是否已通过 3C 认证，获得认证的产品机体或包装上应有 3C 认证字样。选购时应检查是否有国家颁发的生产许可证、厂名、厂址、出厂年月日、产品合格证、检验人员的号码，以及图纸说明书、售后信誉卡、维修站地址和电话。

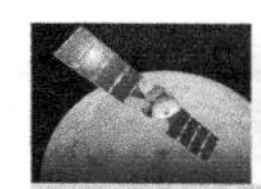

8. 外观壳体工艺检查

观察整台机体的油漆是否光洁亮泽；门窗玻璃是否透明清晰；功能选择开关和各个旋钮是否灵活；门封橡胶条是否有弹性，如弹性不足，可能会造成水从门缝中渗漏。

9. 选择售后服务好的产品

洗衣机专业厂家生产的并被市场公认的名牌产品，一般保修 3 年和终身维修，本地应有维修服务部网点，可做到免费安装、上门维修服务。零配件失效后，到厂家能即时更换，并能做到产品免费升级。所以，消费者应该选择售后服务完善的产品。

小常识：（1）使用洗衣机前应先仔细阅读产品说明书。使用时洗衣机应放在平坦结实的地面上，且距离墙和其他物品必须保持 5 cm 以上。

（2）洗涤物应按材质、颜色、脏污程度分类、分批洗涤。

（3）洗衣前，要先清除衣袋内的杂物，防止铁钉、硬币、发卡等硬物进入洗衣桶；有泥沙的衣物应清除泥沙后再放入洗衣桶；毛线等要放在纱袋内洗涤。

4.2　双桶洗衣机

双桶洗衣机的结构由洗涤系统，脱水系统，进水、排水系统和控制系统 4 部分组成。

4.2.1　双桶洗衣机的洗涤系统

洗涤系统主要由洗衣桶、波轮、波轮轴组件和传动机构组成，如图 4-3 所示。

1. 洗衣桶

洗衣桶是用来装洗涤液和衣物并实现洗涤的工作容器（它应具有强度高，耐冲击、耐腐蚀、耐热等特性）。

洗衣桶形状直接影响洗衣机的洗涤性能，有平底方形、圆形、方圆形、平斜底长方形等。

洗衣桶的材料有搪瓷、铝板、塑料、不锈钢、镀锌铁板等，但一般使用塑料的较多，因为它成形容易、生产率高、质量小、成本低、耐腐蚀，但耐热、耐冷性能较差。

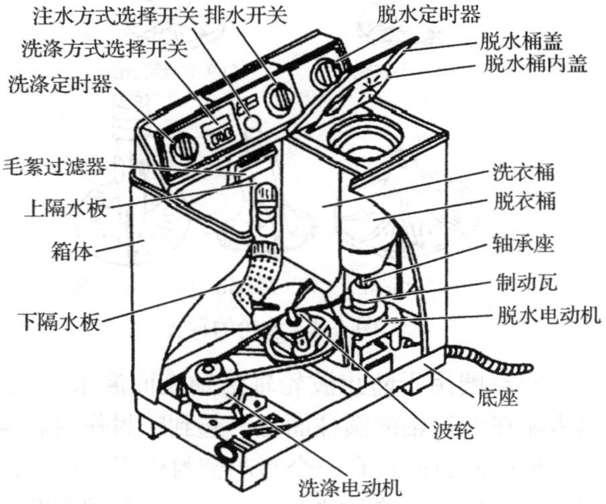

图 4-3　普通双桶波轮式洗衣机的结构

2. 波轮

波轮是洗衣机的洗涤工作件，它是一个菊花形圆盘，一般用塑料注塑成形或不锈钢冲压成形，表面有 3～6 条突起的筋，做成对称形，电动机通过传动带传动，把动力传到波轮

轴推动洗涤液和衣物运动。如图 4-4 所示为 5 种不同造型的波轮。

波轮的大小、形状对洗涤效果影响大。波轮直径过大，衣物在洗衣桶内只旋转而不上浮，扭绞现象严重，衣物不易洗净，磨损也大；波轮直径过小，波轮对水的吸排作用减弱，水流速度减小，衣物洗不干净。

因此，对波轮的要求如下：一是产生足够大的衣物分散度，保证衣物在洗涤过程中不结团；二是能够产生足够大的衣物迁移率，保证衣物在洗涤过程中是不断移位的，而不是停留在涡旋中心点；另外，还要求能够达到足够大的衣物洗净度，同时能够减小对衣物造成的损伤。

一般波轮直径取 190 mm 左右最合适，具体大小必须根据洗衣桶大小及洗涤容量设计。

目前洗衣机中常采用大波轮、高波轮、凹形波轮或棒式波轮等新水流波轮，它们的共同特点是直径大、转速低（180 r/min）、正反转过渡时间短。因而，用它们洗衣时衣物缠绕率小，洗涤均匀度好，磨损率也小，缺点是洗净度较差。

3. 波轮轴组件

波轮轴组件是支撑波轮、传递动力并完成洗涤工作的重要部件。常见的波轮轴组件有滚珠轴承式和含油轴承式两种。滚珠轴承式由波轮轴、轴套、上滚珠轴承、下滚珠轴承、轴承隔套、轴承盖和密封圈构成。含油轴承式由波轮轴、轴套、上含油轴承、下含油轴承和密封圈等构成，如图 4-5 所示。

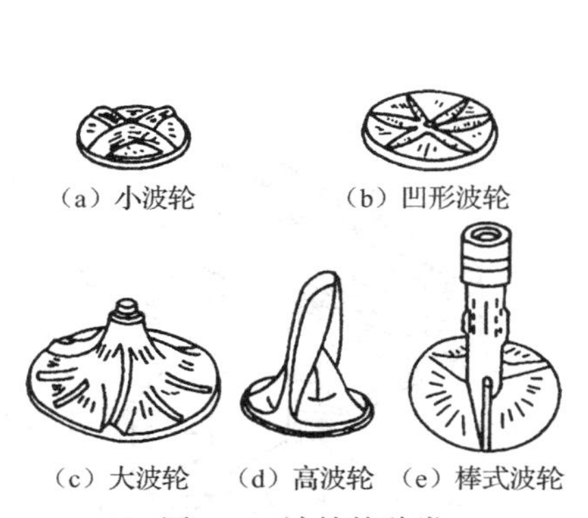

图 4-4　波轮的种类

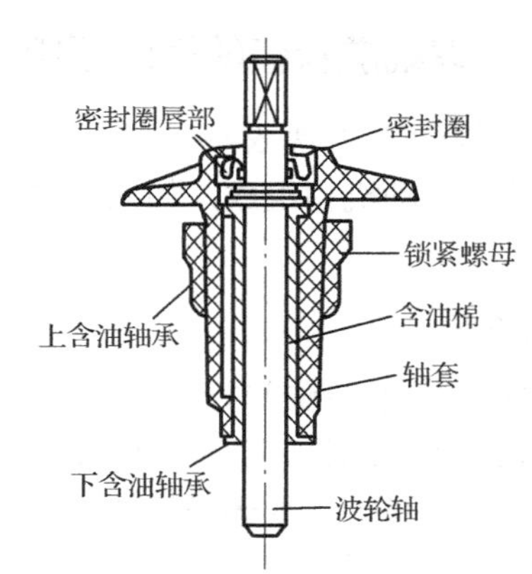

图 4-5　波轮轴组件

密封圈用于防止波轮轴沿轴表面漏水，又称为油封。它靠弹簧的弹力使密封圈的内圈紧紧贴在波轮轴的圆柱面上，起到密封作用。常见的密封圈有单唇、双唇和单双唇 3 种。

单唇密封圈只有一个唇起密封作用，保持润滑油的能力较差，使用寿命短，一般在密封圈的上面加装上盖和油毛毡。双唇密封圈有两个唇起密封作用，两唇之间能较好地保持润滑油，密封作用较好，使用寿命较长；单双唇密封圈有 3 个唇起密封作用，密封效果更好。

密封圈内装有一个弹簧，它是由一根一头尖的小弹簧对接起来的，它使密封圈紧抱波轮轴，以增强密封作用。

4. 传动机构

双桶洗衣机的传动机构由大带轮、小带轮和 V 带组成。大带轮的直径是小带轮的 2～3

倍。大带轮安装在波轮轴的下端，小带轮安装在电动机轴上端，通过传动带传动把电动机的动力传递给波轮。电动机的转速为 1 450 r/min，经带轮减速到 1/3～1/2，即 400～700 r/min，这是小波轮洗衣机的波轮转速。

4.2.2　双桶洗衣机的脱水系统

脱水系统是湿衣物脱去水分的部件。它主要由脱水外桶、脱水内桶、脱水轴组件、联轴器、制动机构和盖开关等组成，如图 4-6 所示。

（1）脱水外桶是收集衣物脱水时排出的水用的。这些水可由底部的排水管排出机外。脱水外桶的结构呈圆桶形，与洗衣桶一起构成洗涤-脱水连体桶，由注塑机一次注塑成形。

（2）脱水内桶是桶壁上布满小圆孔的圆形桶，大多使用 ABS 工程塑料注塑而成，也有的使用陶瓷桶或金属桶。脱水内桶的轴与脱水电动机的轴是用联轴器连在一起的。脱水时，它与电动机轴以同样的速度旋转，利用惯性使衣物脱去水分。

（3）脱水轴组件主要由脱水轴、波形橡胶套、密封圈、含油轴承和连接支架等构成。

（4）联轴器用来连接脱水轴与电动机轴。它往往与制动盘连成一体。

（5）盖开关仅是一对触点，安装在脱水桶上部控制面板内，它是利用它的断开与闭合来控制脱水桶盖的启闭的。

（6）制动机构由制动盘（联轴器）、底盘、制动瓦、制动臂、拉簧、钢丝、钢丝套支架、钢丝套、制动压板、制动挂板、制动拉杆和制动挂钩挡板等组成，如图 4-7 所示。

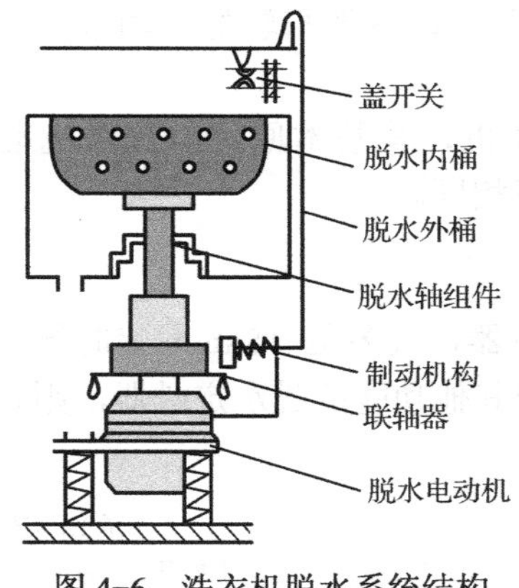

图 4-6　洗衣机脱水系统结构

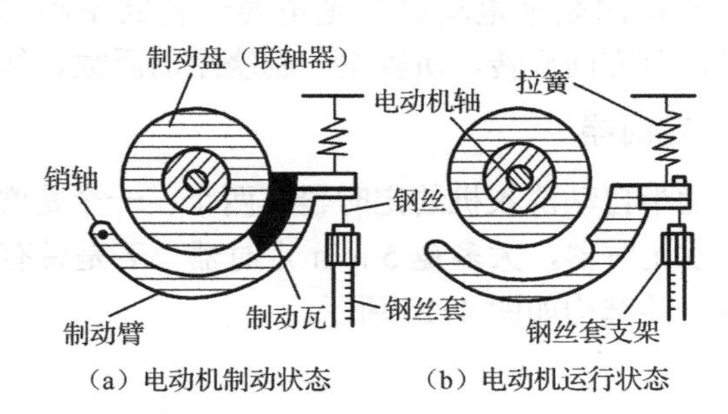

图 4-7　制动机构的截面图

4.2.3　双桶洗衣机的进水、排水系统

双桶洗衣机的进水系统因洗衣机型号不同而不同，简单的仅由一个进水口和分水器组成，复杂的使用进水阀，进水阀在后面全自动波轮洗衣机中介绍。

排水系统的结构如图 4-8 所示，它由排水旋钮、拉带、弹簧、密封套和四通排水管组成。

排水阀阀体内部的结构：橡胶密封套内装有一只压缩弹簧，橡胶密封套依靠弹簧弹力的作用紧贴阀体底部。关闭阀门，洗衣桶内蓄水洗涤。需排水时，由于拉带下端与密封套底部连接，旋动排水旋钮，向上提起拉带，橡胶密封套克服弹簧弹力向上收缩，阀门被打开，洗衣桶排水。排水结束，放下拉带，橡胶密封套又在弹簧的弹力作用下关闭阀门。来自脱水桶和溢水管的水可直接排出，不受排水阀控制。

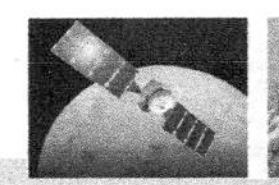

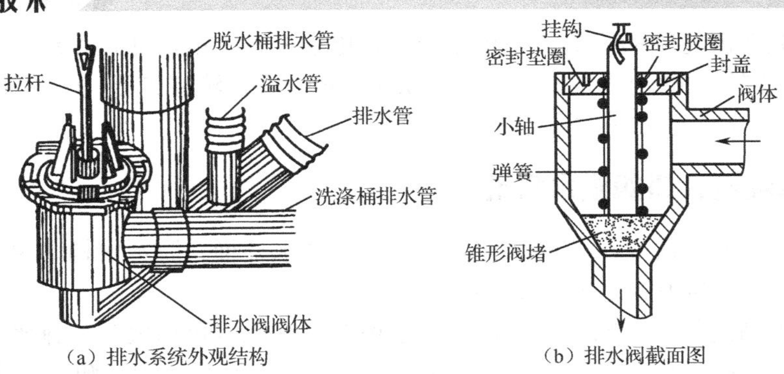

（a）排水系统外观结构　（b）排水阀截面图

图 4-8　排水系统的结构

4.2.4　双桶洗衣机的控制系统

双桶洗衣机的控制系统主要由电动机、定时器、选择开关和蜂鸣器组成。

1. 电动机

双桶洗衣机上使用的电动机有两种：洗涤电动机和脱水电动机。

洗涤电动机要求启动性能好，过载能力强，正、反转交替运转，并且要求无论正转还是反转期间，其输出功率、额定转速、启动转矩和最大转矩等都相同。因此，洗涤电动机定子绕组的主绕组和副绕组的线径、匝数、节距和绕组分布等都相同。目前使用最多的是电容运转式单相交流异步电动机。这种电动机运行性能和启动性能都较好，功率因数大，过载能力强。其工作原理如图 4-9 所示。

洗衣机的脱水电动机也是电容运转式单相异步电动机，其基本原理与洗涤电动机相同。只需单方向旋转，所以主、副绕组的匝数、线径都不相同。

2. 定时器

双桶半自动洗衣机的定时器有两个：一个是洗涤定时器，大多是 15 min 定时器；另一个是脱水定时器，大多是 5 min 定时器。若是带有喷淋或其他功能的脱水定时器，则定时功能增多。其结构如图 4-10 所示。

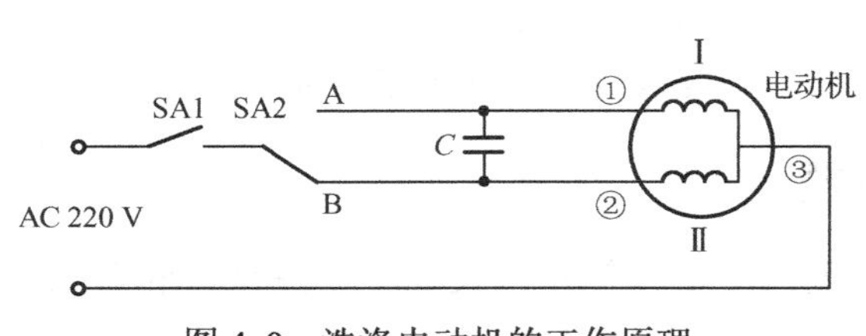

图 4-9　洗涤电动机的工作原理

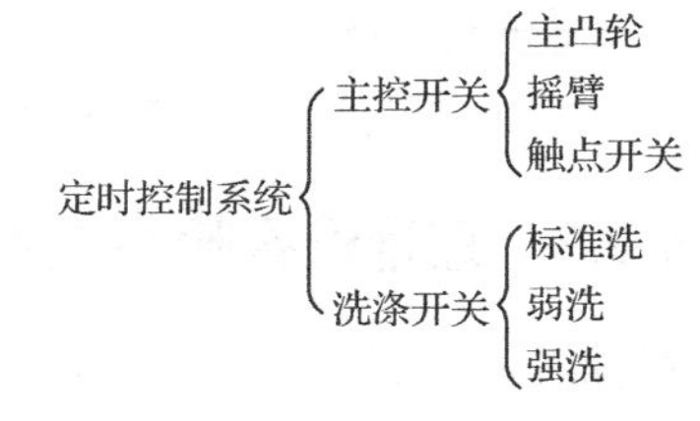

图 4-10　定时控制系统的结构

1）机械式定时器

机械式定时器由走时系统和电气系统两部分组成。

走时系统的工作原理与普通定时器相似。

2）电动式定时器

电动式定时器由同步电动机、齿轮减速装置、电气控制装置组成。

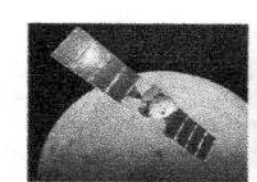

3）电子定时器

洗衣机电子定时器电路如图 4-11 所示。IC1、VT1、K1 等组成电子定时开关，控制洗衣机的洗涤定时时间。由 IC1（1/2 双 D 触发器 CD4013）、电阻 R_4 和电容 C_3 组成单稳态电路，决定了单稳态时间，也就是定时时间。本例电路定时为 40 min。

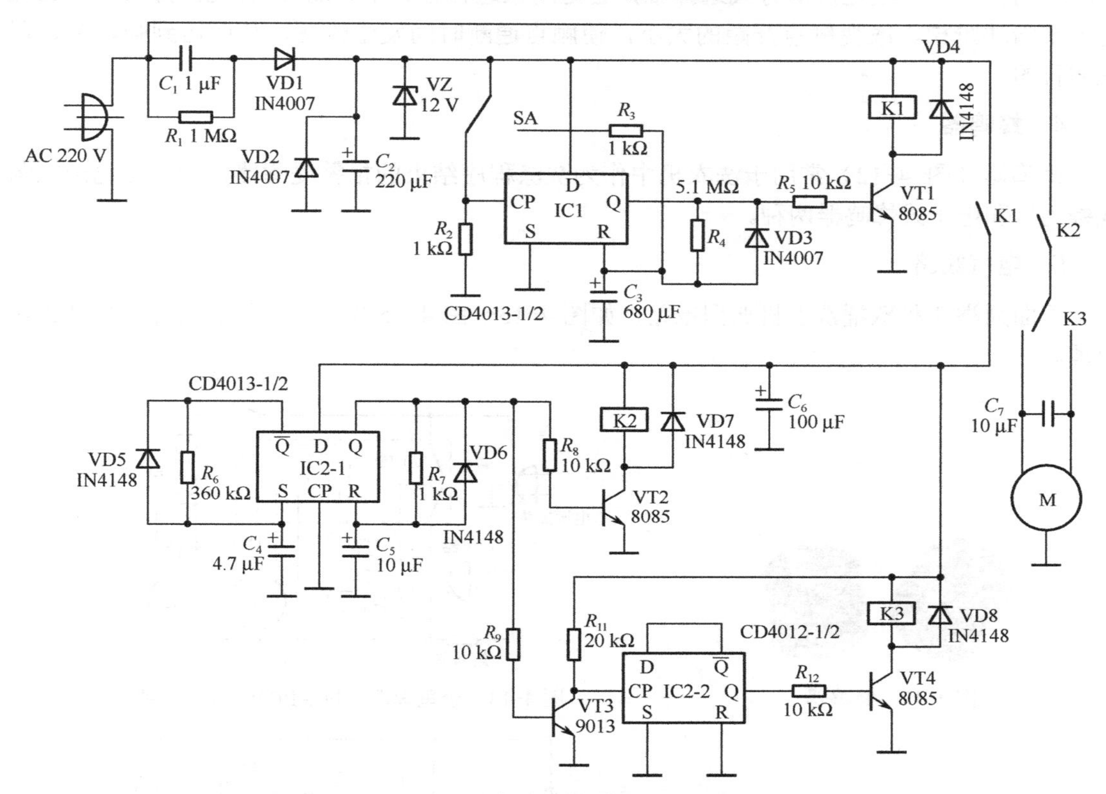

图 4-11　洗衣机电子定时器电路原理图

开关 SA 由原洗衣机的定时开关改造而成，当刀位投向 1 端时，定时开始，此时 IC1 的 Q 端为高电平，VT1 导通，K1 吸合，触点 K1 闭合，给电动机控制电路供电，电动机转动。在定时时间内，可随时将 SA 拨向 2 端，使电路复位，停止定时。

IC2-1 及其外围电路组成波形不对称的无稳态电路，与 VT2、K2 等组成电动机旋转控制电路。IC2-1 的 Q 端为高电平时，VT2 导通，K2 吸合，触点 K2 闭合，电动机转动；IC2-1 的 Q 端为低电平时 K2 断开，电动机停转。当 IC2-2 的 Q 端为低电平时，VT3 截止，集电极为高电平，给 IC2-2 的 CP 端输入一个高电平信号；IC2-2 的 Q 端为高电平时，VT4 导通，K3 吸合，K3 的动臂投向另一边，使电动机换向。当 K2 再次闭合后，电动机就会以相反的方向转动。

IC2-1 的 Q 端的高电平时间约为 7s，低电平时间约为 1.5s，给电动机一个充分停转的时间，防止电动机突然换向，造成机件及开关触点的损害，该设计方式也有利于节约用电。

如果是微电动机带动的定时器，IC1 等组成的定时器可不装，而只装 IC2 等组成的电动机控制和换向电路，此时 K1 由定时器上的开关代替。

3. 选择开关

洗衣机上的选择开关是用来选择洗涤方式的。常用的有双轴式、琴键式和触摸式。电动式定时器上的选择开关采用双轴式结构，其中一个轴是定时轴，它转过的角度α是决定定时时间的；另一个轴是洗涤方式选择轴，它是用来选择强、中、弱 3 种洗涤方式的。它通过调节滑块阶梯、改变触点开距的大小，使触点通断时间发生改变，从而达到强、中、弱洗的目的。

4. 蜂鸣器

蜂鸣器（图 4-12）常用于洗衣机中作为洗涤程序结束的报警提醒器，一般有电磁振荡式蜂鸣器和电子式蜂鸣器两种。

5. 电气线路

下面列举 3 种双桶洗衣机典型电路，如图 4-13～图 4-15 所示，请读者自行分析其工作原理。

图 4-12　蜂鸣器

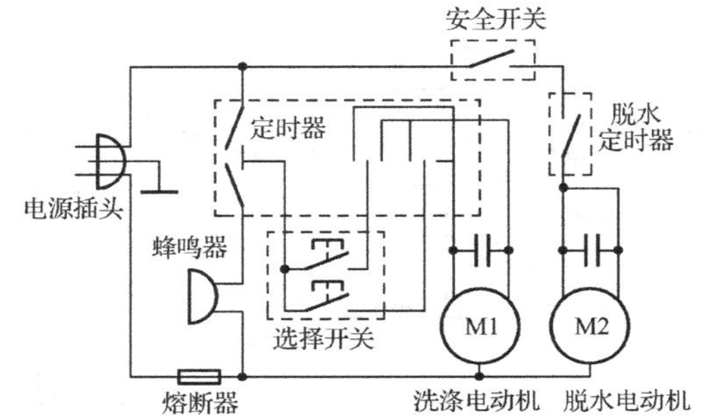

图 4-13　金鱼牌洗衣机 XPB20-3S 型电路

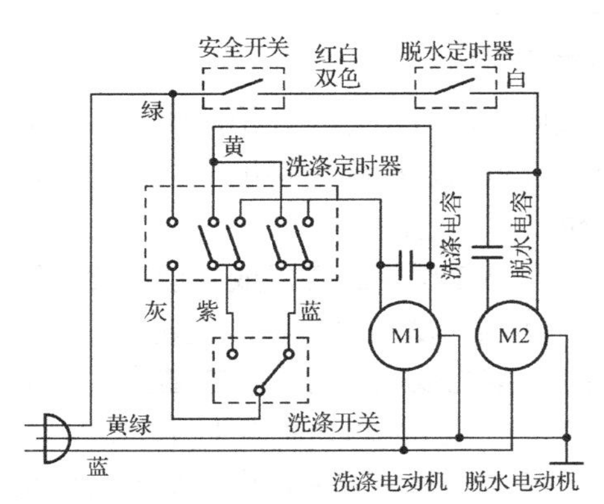

图 4-14　小鸭牌洗衣机 XPB68-2001S 型电路

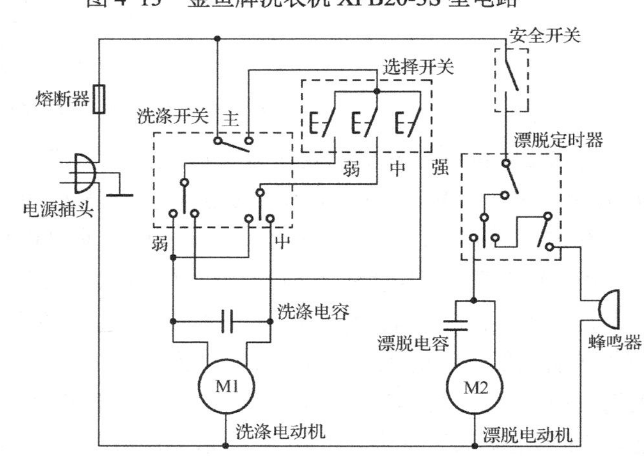

图 4-15　XPB20-2S 喷淋洗衣机电路

4.3 全自动波轮洗衣机

波轮洗衣机是由日本人发明的，是典型的日式机器。波轮洗衣机操作方便，即使老年人也能轻松使用；洗涤过程中可以随时添加衣物；比滚筒洗衣机更省电、省时，适用于冷

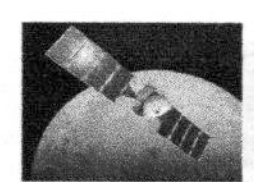

水洗涤，洗衣迅速、占地空间小，所以一直也为中国广大消费者喜爱。

波轮洗衣机由电动机带动波轮转动，衣物随水不断上下翻滚，达到洗净目的。全自动波轮洗衣机采用套筒结构，即离心脱水桶套装在盛水桶内，由一台电动机带动，通过离合器的控制，使波轮与离心桶分动或联动，来实现洗涤或脱水。

4.3.1　全自动波轮洗衣机的分类及结构

1. 分类

全自动波轮洗衣机按控制方式不同可分为机电式和微电脑式两类。

机电式全自动波轮洗衣机由机电程控器控制触点的开关来完成洗涤、漂洗和脱水全过程。

微电脑式全自动波轮洗衣机由微电脑式程控器输出控制信号来实现对洗涤、漂洗和脱水全过程的自动控制。

2. 结构

机电式和微电脑式全自动波轮洗衣机的主要区别在于电气控制部分，其总体结构基本相同。如图 4-16 所示，全自动波轮洗衣机主要由桶体结构系统、传动系统、电气控制系统、进水排水系统、箱体与支撑系统等组成。

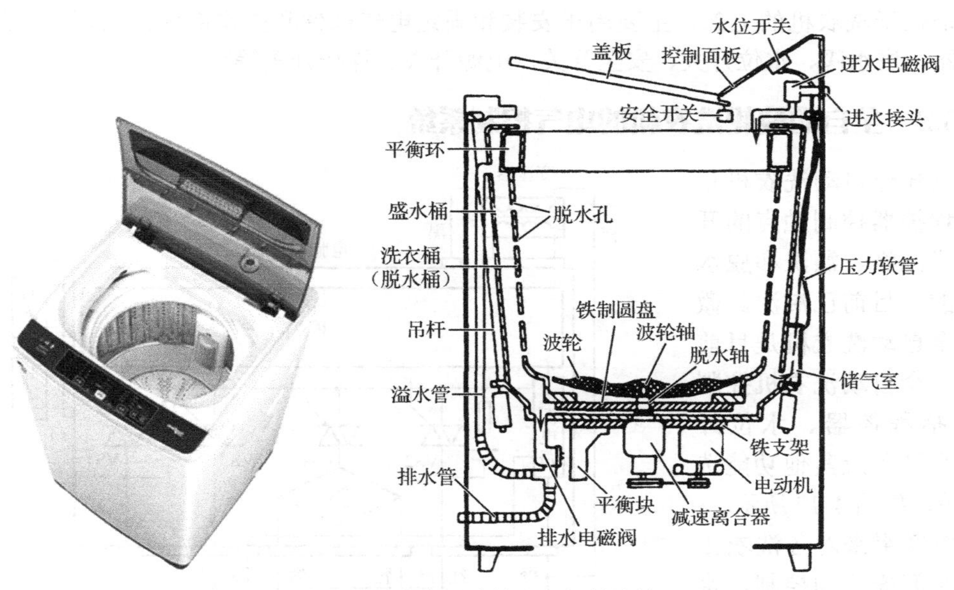

图 4-16　全自动波轮洗衣机的结构

1）洗涤脱水系统

洗涤脱水系统主要包括盛水桶、洗涤脱水桶、波轮、回水过滤系统、平衡块等部件。

2）传动系统

全自动洗衣机的传动系统由电动机、离合器、V 带和电容组成。

3）进水排水系统

全自动洗衣机的进水排水系统主要由进水电磁阀、排水电磁阀和水位开关等组成。

4）安全开关

安全开关一般为防振型安全开关，它比普通洗衣机脱水桶的盖开关多了一种功能：当洗衣桶出现异常振动时，能自动切断电源。安全开关串联于脱水电路中，脱水时打开洗衣机盖，微动开关断开，电源断开而使电动机断电，同时由于电磁铁也断电，使离合器转换为洗涤状态，制动装置制动而使脱水桶迅速停转。当洗衣桶异常振动时，撞击到调节螺钉，并带动杠杆使微动开关断开，电源断开，洗衣桶停转。

5）箱体与支撑系统

外箱体是洗衣机的外壳，主要对箱体内部零部件起保护及支撑、紧固的作用。箱体正前方右下角装有调整脚，保证洗衣机安放平稳。箱体内壁贴有泡沫塑料衬垫，用以保护箱体。箱体上部的四角处装有吊板，用于安装吊杆，电容通过固定夹固定在箱体的后侧内壁上，电源线、排水口盖、后盖板等也固定在箱体上。

全自动洗衣机脱水时，由于洗涤物的分布不均匀是不可避免的，高速离心脱水将使内外桶产生剧烈的振动和晃动，为此，常采用将外桶吊挂在机箱壳上的一种弹性支承结构来振震，即采用 4 根柔性吊杆将外桶吊挂在机箱的 4 个角上。

6）面框

面框位于洗衣机的上部，主要用于安装和固定电气部件和操作部件。面框内一般安装有控制器、进水阀、水位开关、安全开关、电源开关、操作开关等部件。

4.3.2 全自动波轮洗衣机的电气控制系统

机电式全自动洗衣机是由机电程控器控制触点的开关来完成洗涤、漂洗和脱水全过程的，目前已淘汰。微电脑式全自动洗衣机是目前的主流。全自动洗衣机控制系统包括程控器、水位开关、安全开关及其他功能选择开关等，如图 4-17 所示。

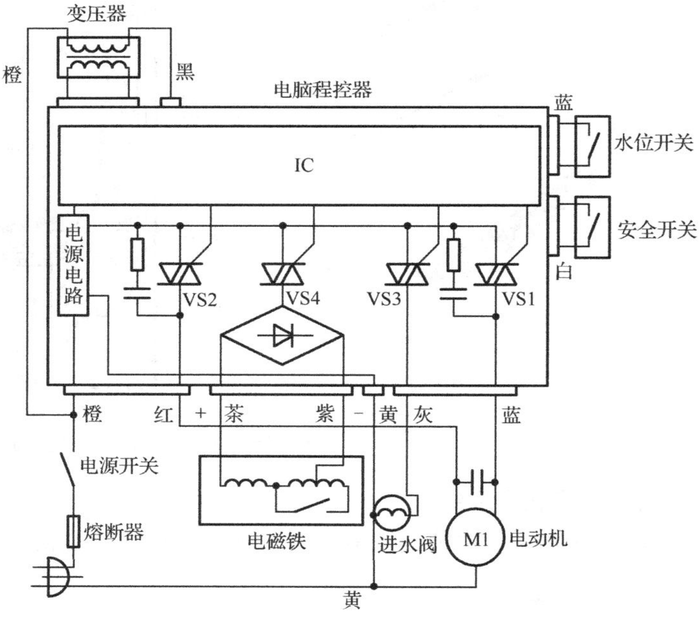

图 4-17　全自动控制洗衣机原理图

程控器用来对各洗衣工序进行时间安排和控制，水位开关和安全开关对洗衣机进行工序条件控制，即只有在条件具备时，才能进入下一道运转工序，可防止洗衣机发生误动作。

全自动洗衣机的程控器有两大类：机电式程控器和微电脑式程控器。程控器是全自动洗衣机的控制中枢，它接收指令、发出指令，控制着洗衣机的整个工作过程。

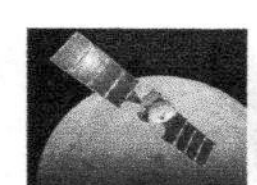

1. 机电式程控器全自动洗衣原理

机电式程控器以低速同步微电动机为动力源，驱动齿轮减速机构和凸轮动作，控制各路开关的开启和闭合，从而完成进水、洗涤、排水等程序。如图 4-18 所示为机电式程控器电路原理图，目前已基本淘汰，有兴趣的读者可自行分析其原理。

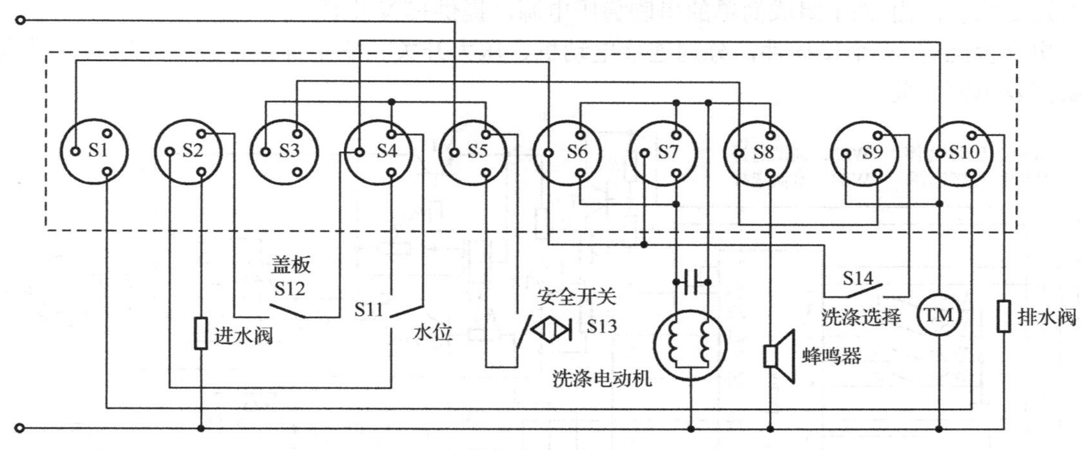

图 4-18　机电式程控器电路原理图

2. 微电脑控制全自动洗衣原理

微电脑控制全自动洗衣机电路主要包括电源电路、复位电路、时钟振荡电路、按钮输入电路、压力开关检测、盖开关检测、驱动电路、显示电路、欠电压保护电路等组成。如图 4-19 所示为 XQB30-8 微电脑式全自动洗衣机电路原理框图，以 DJ2001 单片机为电路的核心。

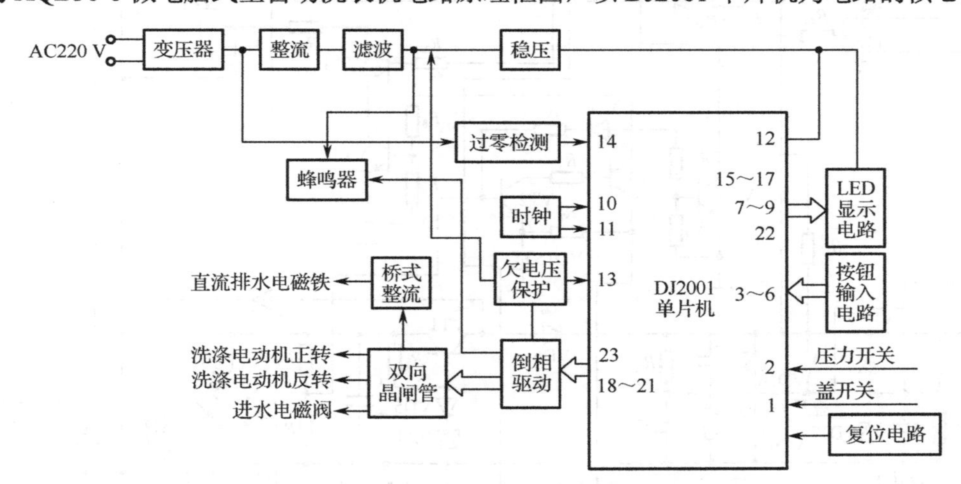

图 4-19　XQB30-8 微电脑式全自动洗衣机电路原理框图

XQB30-8 微电脑式全自动洗衣机的具体电路如图 4-20 所示。

DJ2001 的 12 脚为+5 V 电源，24 脚为地；10 脚和 11 脚为振荡端子，外接 500 kHz 晶体振荡器；3 脚、4 脚、5 脚、6 脚接开关 WS1、WS2、WS3、WS4，分别作为启动/暂停按钮、程序选择按钮、周期选择按钮、水流选择按钮；7 脚和 22 脚接水流选择显示二极管 LED1～LED2；8 和 9 脚接周期选择显示二极管 LED3～LED4；15 脚、16 脚、17 脚接程序

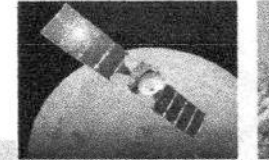

选择指示发光二极管 LED5～LED7；1 脚和 2 脚分别监测压力开关和安全开关的工作状态；13 脚监测电源电压，以对芯片进行电压保护；18 脚、19 脚、20 脚、21 脚输出控制信号，通过 VT10～VT13 驱动晶闸管 VS1～VS4，以实现对电动机、排水电磁阀、进水电磁阀的控制。VT6 将 50 Hz 交流负半周变换为方波脉冲，送至单片机的 14 脚作为同步信号，使晶闸管过零触发。由 VT1 组成简单的串联稳压电源，提供+5 V 电压。

电脑板上有 6 个接插件，分别连接电动机、压力开关、安全开关、进水电磁阀、排水电磁阀及电源开关。

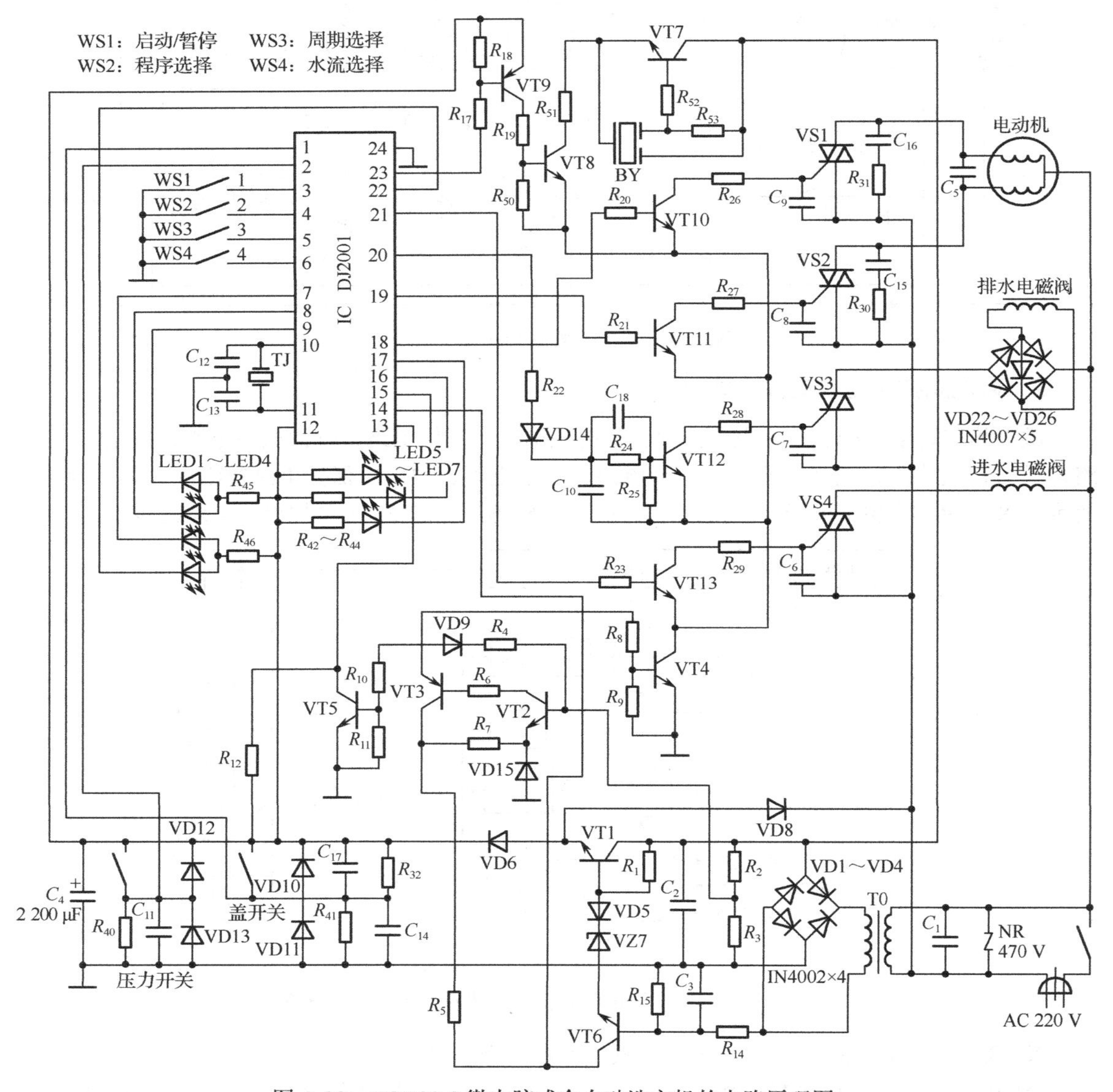

图 4-20 XQB30-8 微电脑式全自动洗衣机的电路原理图

典型电路 3 小天鹅 XQB40-868FC（G）型程控电脑洗衣机电路分析

下面分析一款小天鹅公司生产的全自动洗衣机的电路，其电路原理如图 4-21 所示。

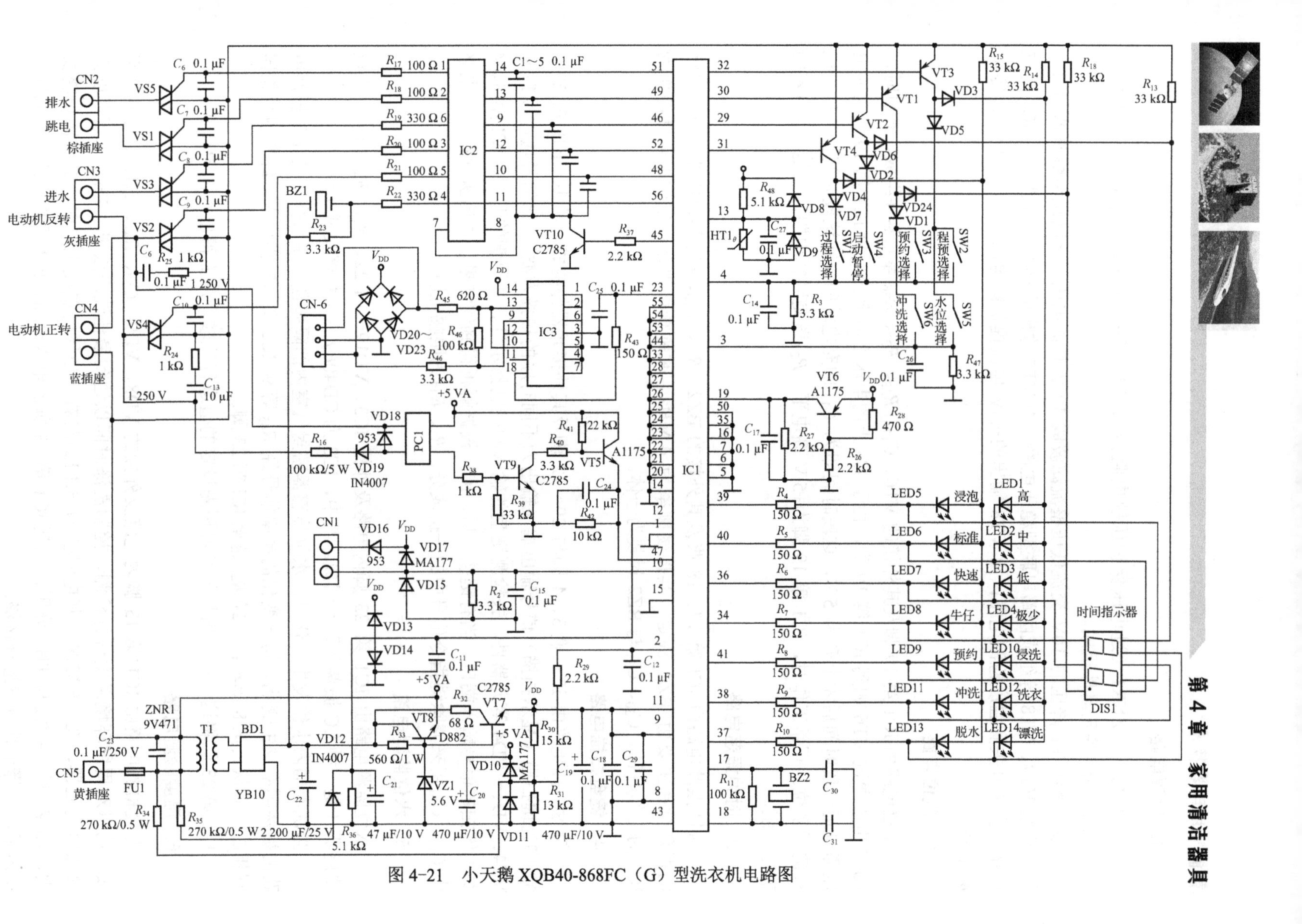

图 4-21　小天鹅 XQB40-868FC（G）型洗衣机电路图

1. 电源电路

电源电路由 ZNR1（过电压保护压敏电阻器）、T1、C_{22}、VD12、C_{21}、VZ1、VT7、VT8、R_{33}、R_{32}等元器件组成。

该电路将 T1 降压的 10V 交流低压整流滤波成 12 V 直流电压，一路送至蜂鸣器 BZl；另一路经 VT7、VT8 等组成两路串联型稳压电路。由 VT7 输出的+5 V 电压提供给 IC1 复位电路、安全开关和温度检测电路；由 VT8 输出的+5 V 电压提供给电动机控制电路、过零检测电路。

2. 复位电路

复位电路由 IC1 第 19 脚及其外接的 VT6、C_{17}、R_{28}、R_{27}、R_{26}等元器件组成。开机时，+5 V 电压通过 VT6 加到 IC1 第 19 脚，由于C_{17}上的电压不能突变，故 IC1 第 19 脚上的电压需延迟一段时间后才上升为 5 V，这段时间即为 C_{17} 的充电时间。在这段时间里，IC1 进行清零复位。正常工作时，IC1 第 19 脚为+5 V 高电平。R_{27}既是限幅电阻，又是 C_{17}电容的放电电阻。

3. 时钟振荡电路

时钟振荡电路由 ICl 第 17、18 脚及其外接的 BZ2、R_{11}、C_{30}、C_{31}等元器件组成。电路的振荡频率主要由 BZ2 决定，其振荡频率为 4 MHz。时钟振荡电路产生的振荡脉冲作为 IC1 的工作时钟。C_{30}、C_{31}与 BZ2 封装为一体。

4. 键盘扫描电路

键盘扫描电路由 IC1 第 3、4 脚与 29～32 脚及其外接元器件构成。其中，IC1 第 29～32 脚为键扫描（显示扫描）信号输出端（输出为不同时序的扫描方波）。该信号通过 VT1～VT4、VD1～VD4 等元器件，去检测键盘的输入和控制指示灯、数码管的开启；ICl 第 3、4 脚为键扫描信号输入端口。当有键按下后，IC1 根据解析得到的结果，发出执行指令。电路中 C_{14}、C_{26}用来滤除键指令信号中的干扰成分；R_3、R_{47}为限幅电阻。

5. 水位监测电路

水位监测电路由 IC1 第 23 脚内电路及外接 IC3、VD19～VD22、R_{43}～R_{46}、C_{25}、水位传感器（是一种 LC 振荡回路）组成。其中，IC3 为 CD4069 六反相器集成电路。

当洗衣桶内水位发生变化时，水位传感器密封气室内的隔膜便产生形变，使 LC 振荡电路的振荡频率发生变化。这一变化的频率信号经 R_{45}等从 IC3 第 13 脚输入，经其内反相器倒相放大后从其第 8 脚输出，经 R_{43}送至 ICl 第 23 脚。

IC1 第 23 脚将这一频率信号与其内预先设定的值进行比较，从而得出水位的高低。

6. 温度检测电路

温度检测电路由 IC1 第 13 脚内电路及外接的 VD8、VD9、C_{27}、R_{48}、TH1 等元器件组成，用以对周围环境温度进行检测，控制洗涤时间以达到最佳洗涤效果。TH1 为正温度系数热敏电阻器，在 25 ℃时，其电阻值为 5.1 kΩ左右。当环境温度上升时，其电阻值将变大，+5 V 电压经 R_{48}与 TH1 分压，加到 IC1 第 13 脚的电压升高，IC1 根据检测得到的模拟量信息，选择最佳方案进行洗涤。

在这部分电路中，VD8、VD9 为限幅保护二极管，C_{27} 为滤波电容。

7. 衣物量检测电路

洗衣机内衣物量是在开机运行时，通过检测电动机在多次正、反转运行断电后，惯性维持运转时间内，其电动机绕组产生的反电动势衰减时间的长短来精确测知的。

当电动机接通电源运转时切断电源后，电动机在惯性作用下将继续运转一段时间才会停。而洗衣桶内衣物量将直接影响电动机惯性运行时间的长短。当电动机断电后再进行惯性运行时，其绕组上会感应出反电动势。因此，洗衣桶内衣物量不仅影响电动机惯性运转时间的长短，也直接影响电动机反电动势衰减时间的长短。而通过单片机对该反电动势的检测，就可知道衣物量。

其检测过程：当上述的反电动势经光耦合器 PC1 形成衰减脉冲送至由 R_{38}～R_{41}、VT9、VT5 组成的整形放大电路处理后，再由 R_{42} 限幅、C_{24} 滤波后送至 IC1 第 47 脚。IC1 对该脉冲的个数进行计数，根据测得的信息便可知洗衣桶内的衣物量。

8. 安全开关检测电路

安全开关检测电路由 IC1 第 10 脚内电路及外接的 VD15、VD16、VD13、R_2、C_{15} 等元器件组成。该电路主要用来检测盖的开和关，以及是否撞桶等。

当盖开关接通（触点闭合）时，VD16 正偏导通，+5 V 电压经 R_2 限流、VD13 钳位、R_2 限幅、C_{15} 滤波后，进入 IC1 第 10 脚。IC1 检测到这一高电平信号后，便判断盖处于关闭状态。

该洗衣机安全开关设在桶外部一传动杠杆上，当洗衣机盖打开时，安全开关触点断开。在脱水过程中，若打开盖，电动机将立即停止运转，程序也将暂停。将盖重新关好，电动机才能重新启动。

另外，在洗涤过程中，若衣物偏向一方，则在脱水过程中内桶摆动，当安全开关瞬间受撞击出现开、闭动作时，IC1 检测到这一信号后，就停止脱水，并进水调整桶内衣物的位置。

9. 负载驱动电路

驱动电路由 IC1 第 45、46、48、49、51、52 脚内电路，及外接的 IC2 等器件组成。其中，IC2 为 PPA67C 大功率驱动集成电路。VS1～VS5 为双向晶闸管，VS5 用于控制排水电磁阀，VS1 控制自动断电式开关，VS3 控制进水电磁阀，VS2 控制电动机正转，VS4 控制电动机反转。控制信号由 IC1 根据用户输入指令，经解析后从 IC1 第 46、48、49、51、52 脚输出，控制 IC2 输出双向晶闸管触发信号，从而使相应的双向晶闸管导通，其相关的负载接通电源工作。

10. 蜂鸣器报警电路

蜂鸣器报警电路由 IC1 第 56 脚内电路及外接的 IC2、BZ1 蜂鸣器等组成。IC1 内设频率 2.4 kHz 信号产生电路，由第 56 脚输出，经 IC2 第 11 脚内的驱动管放大，从 4 脚输出，驱动蜂鸣器 BZ1 发声。当有键按下时，蜂鸣器发出 50 ms 的报警声；当程序运行结束后，蜂鸣器以 0.5 s 断续报警 6 次；当洗衣机出现故障或有不安全因素时，蜂鸣器长鸣 11 s。

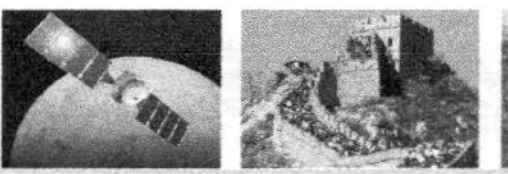

11. 显示电路

显示电路分为功能显示和时间显示两部分。功能显示由发光二极管 LED1～LED14 及限流电阻 R_4～R_{10} 等组成；时间显示由数码管 DIS1 等组成，并受 IC1 相关引脚输出信号的控制。其第 34、36～41 脚输出发光二极管的低电位信号和数码管的段信号。

12. 过零检测电路

过零检测电路的作用是使 IC1 的控制输出与电网同步，从而实现双向晶闸管的过零触发。过零检测电路由 IC1 第 2 脚内电路及其外接的 C_{12}、R_{29}～R_{31}、R_{34}、VD10 等组成。检测信号由 R_{34} 从 T1 一次侧取得，经 VD10 二极管钳位，R_{30}、R_{31} 限幅，R_{29} 限流，C_{12} 旁路后，加到 ICl 第 2 脚，IC1 对该信号进行检测，并在交变电压过零时产生驱动信号输出。

13. 过电压和欠电压保护电路

过电压和欠电压保护电路由 IC1 第 12 脚及 R_{35}、VD12、R_{36}、VD14、C_{23} 等组成。采样电压由 R_{35} 从 T1 一次侧引出。该电压经 VD12 半波整流、C_{23} 滤波，在 R_{36} 两端产生随电网电压变化的直流电压，该电压再经 VD14 钳位、C_{23} 滤波加至 IC1 第 12 脚，IC1 将检测到的电压信号与其内的基准信号进行比较，就可得知电网电压的高低。当电网过电压时，IC1 发出报警信号，并自动关机；当电网欠电压时，IC1 将关闭一切输出，并作出相应的显示。

典型电路 4　海尔 XQB45-A 型全自动洗衣机微电脑控制电路分析

海尔 XQB45-A 型全自动洗衣机，采用 28 脚双列直插式 DIP 塑封 CPU（MN15828）进行控制，其电路如图 4-22 所示。

1. 电源电路

接通市电后，按压电源开关，电磁开关 DK 得电使电源开关自锁，220 V 市电经电源变压器 T1 降压，整流全桥 D8 整流，C_2 滤波后获得约 12 V 直流电压：一路作为蜂鸣器的工作电源；另一路经 VT1、VT2、VZ1 等构成的 5 V 稳压器稳压后，输出 5V-1 作为控制电路工作电源；输出的 5V-2 送往 CPU 28 脚作为 CPU 工作电源和复位电路控制电源。

2. 复位电路

CPU 7 脚为复位端，在刚通电时，5V-2 电压通过 R_6 对 C_6 充电，由于电容两端电压不能突变，故 VT12 不能马上导通，CPU 7 脚为低电平；当 C_6 两端电压大于 0.7 V 后，VT12 导通，7 脚升为高电平 3.8 V，复位完毕。

3. 保护电路

50 Hz 市电还经 R_2 降压，VD1、VD2、R_3、R_4 限幅，R_5 限流后，作为时基信号送入 CPU 2 脚，以保证 CPU 输出的控制脉冲与电网交流电压同相，以消除干扰，实现对双向晶闸管的过零触发。另外，图中的过电压吸收器 ZNR 和电容 C_1 用于市电瞬时过电压保护，如果持续过电压，ZNR 会击穿，从而过电流，熔断器熔断，使洗衣机得以保护。

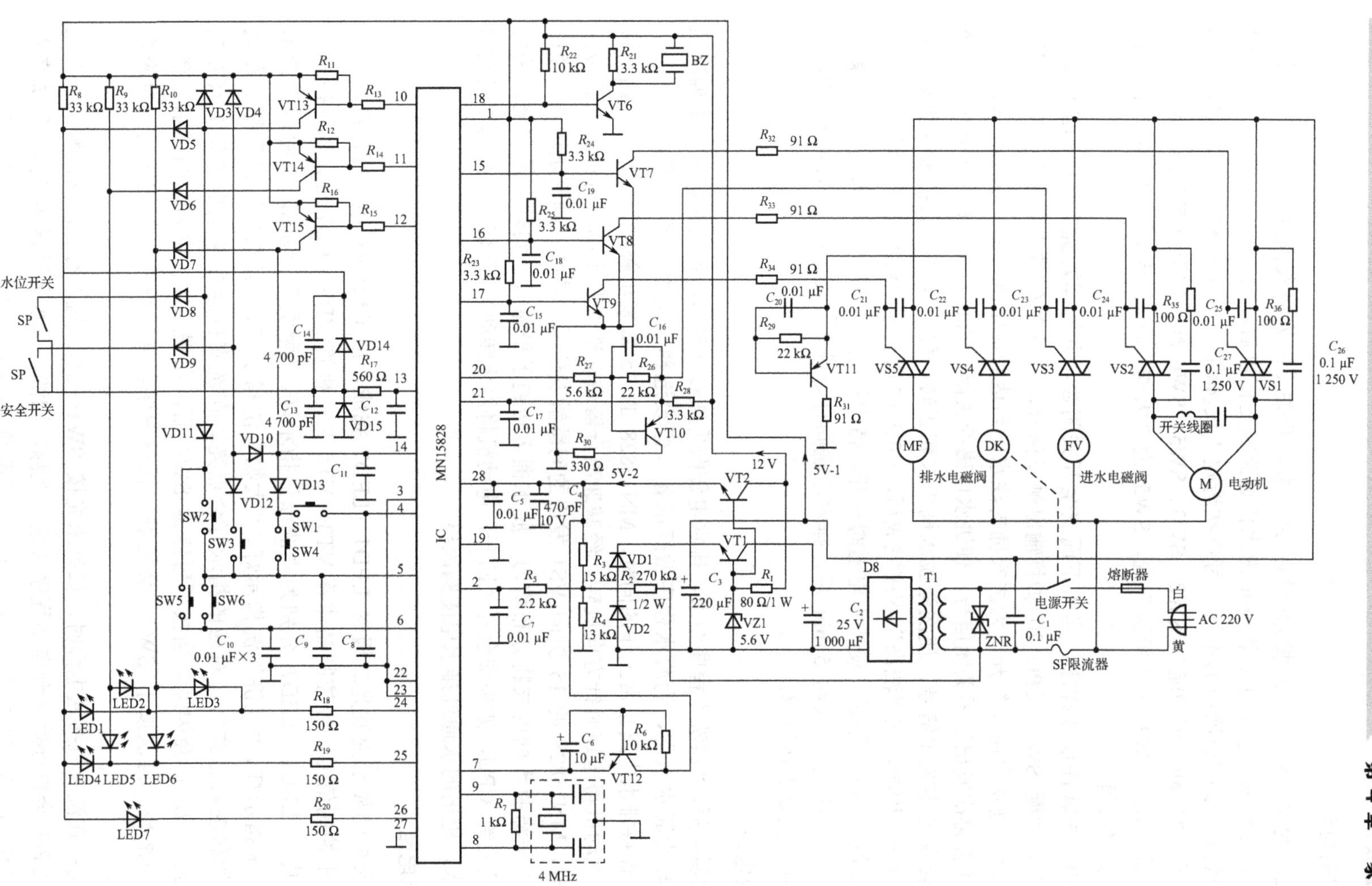

除 VT1、VT2 外，所有 PNP 型晶体管型号均为 S9012，所有 NPN 型晶体管型号均为 S9013；VD1～VD15 型号为 IN4148

图 4-22　海尔 XQB45-A 型全自动洗衣机电路图

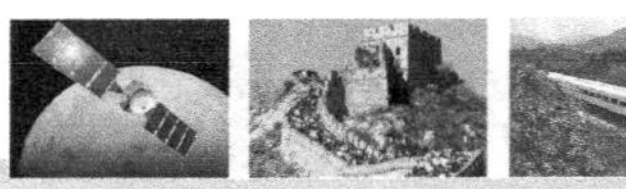

4. 键扫描电路

MN15828 的 4、5、6、13 脚为键扫描读入端。开关 SF 为洗衣机盖开关，SP 为水位（压力）开关，在洗衣机盖合上、洗衣桶内水位达到额定值以后，它们均会自动闭合。SW1 为功能选择按键（依按压次数的不同，可依次选定“仅洗涤”“仅洗涤和漂洗”“仅漂洗和脱水”“仅脱水”“自动”等功能）。SW2、SW3、SW5、SW6 均为洗涤方式选择按键，其中 SW2 为“标准”洗，SW3 为“经济”洗，SW5 为“大物”洗，SW6 为“轻柔”洗；而 SW4 为启动/暂停按键。

按照 CPU 内软件设计程序，当盖下面安全开关闭合，并选择好洗衣程序和洗涤方式后，若再按下启动键 SW4，CPU 20 脚将输出触发信号，经 VT10 放大后触发双向晶闸管 VS3 导通，此时进水电磁阀打开，为洗衣桶内注水。当达到额定水位后，水位开关闭合，此时 CPU 20 脚再次发出过零关闭信号，使进水电磁阀关闭，同时 CPU 16、15 脚依次交替发出正、反转及过零关闭信号，使洗涤脱水桶内波轮正转、停、反转对衣物进行洗涤。如果选择了“漂洗”程序，在“洗涤”程序完成后，CPU 17 脚会输出触发电平，经 VT9 放大后触发双向晶闸管 VS5 导通，使排水电磁阀打开。待水排完后，排水电磁阀关闭，重新注水，对衣物进行“漂洗”，大约 5 min 后，排水电磁阀打开排水，然后排水电磁阀关闭，进水电磁阀打开，重复上述过程。

5. 漂脱电路

经 3 次循环后，“漂洗”程序结束，排水电磁阀再次打开排水，同时将洗涤脱水桶减速离合器组件转为脱水状态，为脱水程序做好准备（假设选择了脱水程序）。在水排完后，MN15828 在保持排水电路正常工作的同时，MN15828 的 15 脚发出触发信号，双向晶闸管 VS1 导通，电动机得电逆时针方向旋转，经减速离合器带动洗涤脱水桶顺时针方向旋转。在脱水开始时，MN15828 的 15 脚向 VS1 发出的间歇触发信号，使脱水桶间歇运转。经过一段时间，当洗涤脱水桶内衣物分布均匀，脱水桶运转趋于平稳时（实际上是安全开关再未送出抖动信号给 CPU，如果安全开关断开，电动机将停止转动），再切换至高速挡对衣物进行正式脱水，甩出的水通过排水电磁阀流出。

6. 显示电路

该型洗衣机的显示由发光二极管 LED1～LED7 完成，由 CPU 的 10、11、12、24、25、26 脚发出控制信号，经控制晶体管 VT3～VT5 及二极管 VD3～VD7 对其进行控制。按照设定，其中 LED1～LED7 分别为“洗涤”指示灯、“漂洗”指示灯、“脱水”指示灯、“标准”洗指示灯、“经济”洗指示灯、“大物”洗指示灯、“轻柔”洗指示灯。在选中某洗衣功能和洗衣方式后，对应的指示灯会点亮。在洗衣机运行某项程序和洗衣方式的时候，相应的指示灯会闪烁。当按下暂停键 SW4 后，在程序运行中闪烁的指示灯会停止闪烁，变为常亮。再次按下 SW4，会接着运行该程序。某项程序运行完毕后，对应指示灯会熄灭。

顺便说明：在洗衣机接通电源时，如果未先按 SW1～SW3 键进行程序功能和洗涤方式的选择，则 CPU 会自行默认全自动程序（包括洗涤、漂洗、脱水全过程和“标准”洗涤方式，此时 LED1～LED4 自动点亮。每进行一次按键操作，CPU 的 18 脚均会有一短暂脉冲

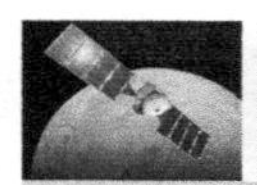

输出，使蜂鸣器发出一“嘀”的声响。在洗衣程序全部结束后，CPU 的 18 脚会发出连续脉冲使蜂鸣器连续发出“嘀、嘀”声，持续时间约 30 s，以提醒操作者可以取衣晾晒。

7. 关断电路

在洗衣程序全部结束后，如果用户没有切断交流电源，10 min 后 CPU 的 21 脚会发出指令，使控制双向晶闸管 VS4 关断，电磁开关线圈 DK 产生的磁力消失，使电源开关失去自锁，升起至“关”的位置，切断洗衣机电源。

4.4 滚筒洗衣机

4.4.1 滚筒洗衣机的分类

滚筒洗衣机发源于欧洲，它是模仿棒槌击打衣物原理设计的，利用电动机使滚筒旋转，衣物在滚筒中被举升盘不断地提升摔下，再提升再摔下，做重复运动，加上洗衣粉和水的共同作用使衣物洗涤干净。

滚筒洗衣机按自动化程度分类，可分为普通型、半自动型和全自动型 3 种。目前欧洲各国和我国生产的滚筒洗衣机大多为全自动型。

滚筒洗衣机按洗衣桶的安装方式不同，可分为立式滚筒洗衣机和卧式滚筒洗衣机两种。立式滚筒洗衣机由于需增加限位装置，结构较复杂，造价高，现在很少生产。目前国内外常见的是卧式滚筒洗衣机。

滚筒洗衣机按洗涤水温不同可以分为冷水洗衣机、热水洗衣机。

滚筒洗衣机按有无烘干功能可分为无烘干功能洗衣机、带烘干功能洗衣机。

4.4.2 滚筒洗衣机的工作原理

滚筒洗衣机的工作原理分洗涤机理和洗涤过程两部分介绍。

1. 滚筒洗衣机的洗涤机理

滚筒洗衣机的结构和洗涤机理与波轮洗衣机截然不同。滚筒洗衣机采用内、外筒结构，桶体呈圆柱形。卧式滚筒洗衣机沿轴向卧式水平安装。衣物放在多孔的内筒中，外筒用于盛装洗衣液。

内筒在电动机带动下在外筒中转动，筒内衣物在离心力的作用下，随着内筒 50～100 r/min 的速度不断被托起放下，衣物被撞击、抛掷、挤压、揉搓，达到洗净的目的。

为了克服滚筒洗衣机洗净率低的缺点，经常采用热水洗涤。

2. 全自动滚筒洗衣机的洗涤过程

全自动滚筒洗衣机有进水、加热、预洗、投放洗涤剂、洗涤、排水、漂洗、脱水和停机等程序，整个洗涤过程都自动进行，无须人工看管。

4.4.3 滚筒洗衣机的结构

滚筒洗衣机主要由 6 部分组成，包括洗涤系统，传动系统，支承系统，进水、排水系统，电气控制系统，加热干衣系统等，其结构如图 4-23 所示。

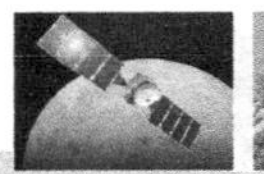

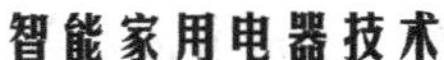

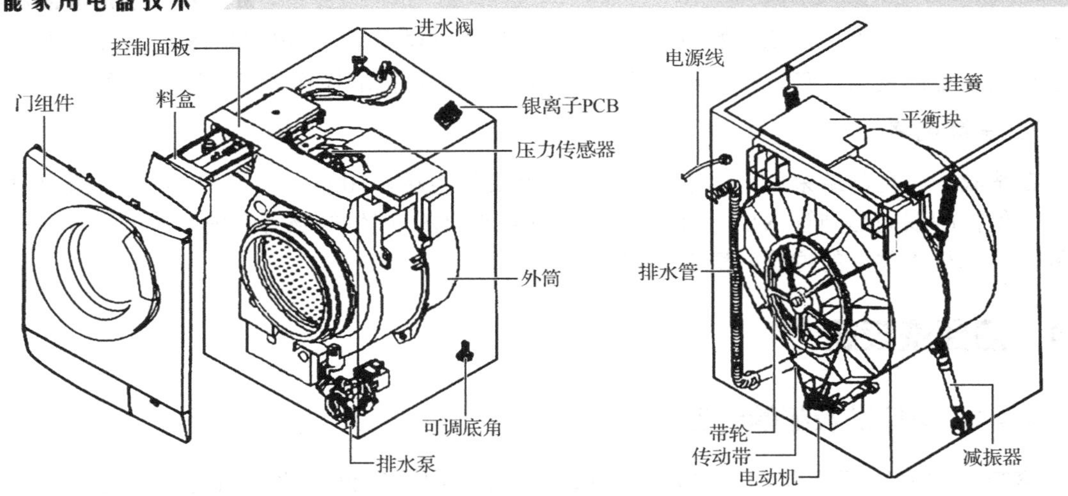

图 4-23　滚筒洗衣机的外形结构

滚筒洗衣机的电气控制系统由电源开关、程控器、水位开关、温度控制器、门微动开关及信号元件组成，它与全自动微电脑控制波轮洗衣机电路大同小异。如图 4-24 所示为海尔 XQG50-B9866 洗衣机电路原理图，请读者自行分析。

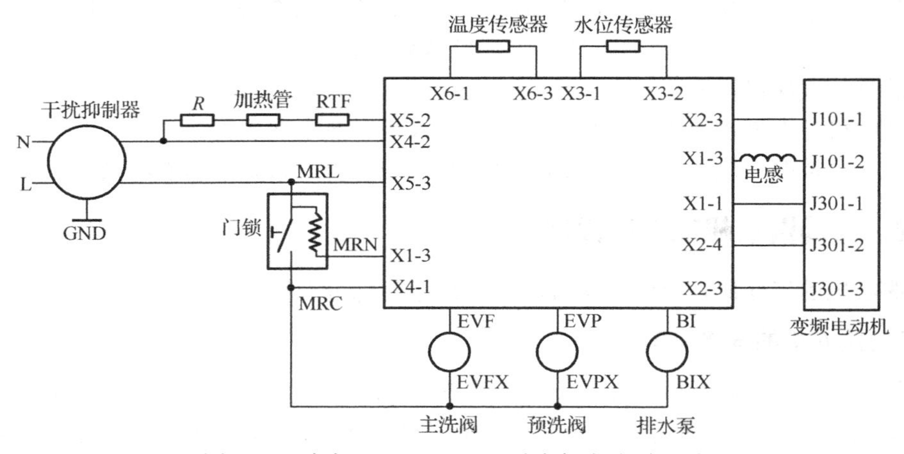

图 4-24　海尔 XQG50-B9866 洗衣机电路原理图

典型电路 5　小鸭 XQG50-801 型滚筒洗衣机电路分析

如图 4-25 所示为小鸭 XQG50-801 型滚筒洗衣机的电路。图中 DNK 为电脑板。

1. 供电电路

当接通电源后，电脑板上的接线端 16 脚、17 脚得电，电脑板上的直流电源向单片机供电，单片机启动工作，同时指示灯亮，此时可以接收操作命令，用户可按压电脑板上的按键来选择程序。选择程序后，10 s 内不再有按键被按动，则洗衣机自行启动。

程序启动后，自电脑板 14 脚输出电流，经电动门锁内的 PTC 陶瓷发热元件与电源形成回路，PTC 元件发热，P1 内的双金属片受热上翘，使电动门锁触点 3L-2C 接通，同时，双金属片上翘还使与之相连的塑料销上移，插入机门的方孔内，将机门锁住，微动开关 WK

闭合。如果在程序启动后 8 s 内门没关好，微动开关 WK 没闭合，1 脚、2 脚得不到电压信号，则电脑板发出蜂鸣声。

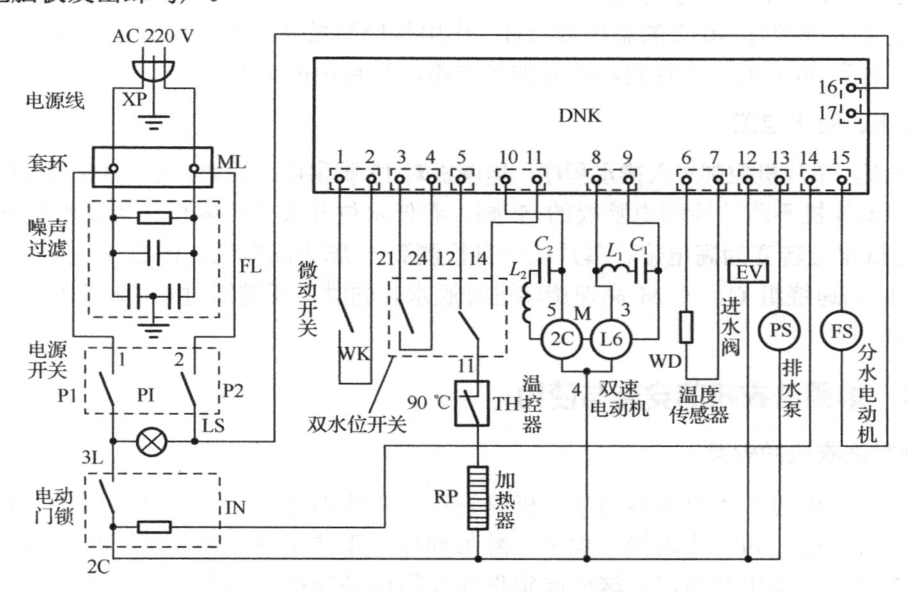

图 4-25　小鸭 XQG50-801 型滚筒洗衣机电路图

2. 供水电路

选定洗涤程序启动后，单片机根据水位开关连接端的电位来判断水位是否到位，再决定是否给进水阀连接端供电。水位开关为双水位开关，内有两组触点，分别用以控制高水位和低水位。水位选择可用 1/2 节能键来实现，不按下节能键为高水位，按下节能键为低水位。如果节能键没有按下，则单片机检测 4 脚的电位，以此判断高水位开关触点 21-24 是否接通。若 4 脚为高电平，则判定 21-24 未接通，视为无水或水位未达到，则给 12 脚输出电压，启动进水阀进水。在进水过程中，单片机仍不断检测 4 脚，一旦检测到 4 脚为低电位，则判定水位开关触点 21-24 接通，即切断给 12 脚的电压，从而切断供水电路。

如果节能键被按下，单片机通过检测电脑板 11 脚的电位高低，来判断低水位开关触点 11-14 是否接通，进而决定是否对进水阀输出电压。

分水阀电动机 FS 用于在预洗程序中，决定向洗衣粉盒的哪一格进水。

3. 洗涤、加热电路

单片机一旦检测到水位开关触点接通的信号，即开始洗涤运转。单片机控制 8 脚和 9 脚，使它们交替地接通和断开，控制双速电动机 M 的低速绕组 L（即洗涤电动机）的通断，控制电动机按设定的周期正、反转。

在洗涤运转的同时，如果选择了加热温度，单片机控制对电脑板 11 脚供电，这时低水位开关触点 11-14 已接通，构成加热电路 11 脚-L1（14-11）-TH-RP-电源，接通加热管 RP。

在执行加热程序时，单片机检测 6 脚和 7 脚的热敏电阻式温度传感器 WD，即检测水温的高低。随着水温的升高，当检测到的 6 脚和 7 脚间的电阻值，与单片机内储存的对应温

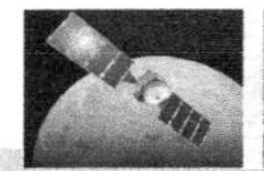

度的电阻值相等时，就停止对 11 脚供电，加热停止。在加热过程中，单片机不计时，加热结束后，才开始进入计时的洗涤运转。

加热电路中串接有 90 ℃的温控器 TH，作用是控制最高加热温度。若因故障导致水温失控，温度达到 90 ℃时，它便自动断开加热电路，起到保护作用。

4. 排水、脱水电路

洗涤结束，单片机控制进入排水程序，电脑板对 13 脚供电，接通排水泵 PS 进行排水。

排水时单片机不断地检测电脑板的 5 脚，看低水位开关是否复位。当低水位开关复位后，5 脚由低电位转变为高电位。单片机一旦检测到 5 脚为高电位，便给 10 脚供电，接通电动机 M 的高速绕组 C，使 M 高速旋转进行脱水。同时，还继续对 13 脚供电，使排水泵 PS 继续排水。

4.4.4 滚筒洗衣机的安装与使用

1. 滚筒洗衣机的安装

滚筒式洗衣机的主体由金属构成，机体较重，主体部件大都采用悬吊与支承装置，与箱体呈吊装式连接。为防止运输过程中，悬吊部件与箱体发生碰撞，出厂时，都采用稳固件把悬吊部分与箱体相对固定。这些固定件在使用前必须拆除，否则内筒不会转动，无法使用。

因此，新买滚筒洗衣机的用户，必须重视它的安装操作，具体步骤如下：

（1）拆除稳固件。

（2）安放与调整平稳。

（3）进水管的安装：进水管接头、滑圈、进水管、过滤器。

（4）排水管的放置：排水泵。

（5）电源的连接。

2. 滚筒洗衣机的使用

（1）使用者必须明确门微动开关的作用。一旦门未关严或门微动开关位置偏移等，洗衣机就不能正常工作。在洗衣过程中，机门打不开，必须先关闭电源，过 2 min 后，方可将门打开。

（2）使用者必须熟悉加热装置的作用。该类洗衣机需加热 15～30 min，有的只有当机内洗涤液温度达到 40 ℃以上时，才能进行正常的洗涤程序。

（3）中间程序的使用。滚筒全自动洗衣机的控制程序是按预洗、洗涤、漂洗和脱水的顺序编排的。除此之外，还对 6 次进水、6 次排水、2 次脱水和加热条件进行控制。这些功能的先后顺序是不可改变的，但是在各个功能的使用上是可以自由选择的。

（4）使用者需了解指示灯的使用。指示灯在按下电源开关即亮，洗涤结束后不熄灭，只有再次按动电源开关，让按键弹出复位后，指示灯才熄灭。

（5）排水管的放置。要注意排水口应离开地面 60～100 cm。

（6）洗涤物投入量一般应在洗衣机标称容量以下，密度大的织物可略多一些，密度小的织物应少一些。原则上应考虑洗涤物润湿后，能在内筒里随筒滚动而自动托起和下

落为宜。

（7）洗涤剂容器的使用。滚筒洗衣机有专门的洗涤盒，其内常分为 A、B、C、D4 格，用来分别安放预洗涤剂、正常洗涤剂、软化剂和漂白粉等。应按说明书的要求放置，便于自动洗衣。

（8）洗涤剂放入的用量。滚筒洗衣机的洗涤剂宜选用高效低泡洗涤剂。泡沫太多，会起一些副作用。洗涤剂的用量应视织物的数量和污染程度确定。

（9）滚筒洗衣机的使用程序应为放入衣物——关好机门——选择程序——选择水温——选择是否干衣——投入洗涤剂——按下电源开关开始自动洗衣。

（10）滚筒洗衣机的保养。滚筒洗衣机每次洗衣完毕，都必须把洗涤剂盒取出，清洗干净。每洗衣 10 次左右，应清理一次过滤器。

4.5　模糊控制洗衣机

模糊控制洗衣机是一种智能型的洗衣机，和传统的洗衣机相比，它是一种全新的家用电器。传统的全自动洗衣机有两种，一种是机械控制式，一种是单片机控制式。无论采用哪种方式，它们都需要进行人为的洗涤程序选择、衣质和衣量选择，然后才能投入工作。从本质上讲，这种洗衣机还称不上是全自动的，最多只能称为半自动的。

模糊控制洗衣机和传统的洗衣机有很大的区别，它能自动识别衣质、衣量，自动识别脏污程度，自动决定水量，自动投入恰当的洗涤剂，从而全部自动地完成整个洗涤过程。由于洗涤程序是通过模糊推理而决定的，有着极高的洗涤效能，因而不但大大提高了洗衣机的自动化程度，还大大提高了洗衣质量。

1. 决定洗涤效果的主要因素

在洗衣服的时候，通常决定洗涤效果的主要因素为衣服种类、水温、洗涤剂、和机械力。

衣服种类：主要有棉纤维和化纤之分，化纤的衣服要比棉纤维的衣服好洗。

水温：水温越高，洗涤效果越好。

洗涤剂：主要由各种酶决定洗涤效果。

机械力：也就是洗衣机通过水流来模拟揉、搓等各种人的动作。

2. 模糊控制洗衣机的传感器

模糊控制洗衣机中有检测各种状态的传感器，主要有负载量传感器、水位传感器、水温传感器、布质传感器、洗涤剂传感器，如图 4-26 所示。

负载量传感器 → 衣物的量
水位传感器 → 水位
水温传感器 → 水温
布质传感器 → 洗涤物质
洗涤剂传感器 → 洗涤剂
推理规则
洗涤时间
水流大小

图 4-26　模糊控制洗衣机的传感器

负载量传感器：主要用于检测洗涤衣服的多少。

水位传感器：用来确定水位和衣服吸水能力。

水温传感器：用来测定洗涤液的温度。

布质传感器：用来测定所洗衣物属于棉纤类还是化纤类。

洗涤剂传感器：主要测定洗涤剂的种类。

根据从各种传感器中得到的信号进行模糊控制，以确定洗涤方法。

首先将从各种传感器中得到的数据按照数值的不同分成各种不同的档次，如水温分高、中、低，衣服分少、一般、多等档次，数据所分的档次越多，洗涤的精度越好，但会增加推理规则。

然后把这些不同的档次数据作为输入量送入模糊控制推理器中，根据推理规则来决定洗涤时间和水流强度。

模糊控制推理器一般是一个智能芯片，具有储存和计算能力，推理规则就储存在这个芯片中。

3. 模糊控制洗衣机的推理规则

怎样确定推理规则呢？实际上，推理规则就是把人洗衣服的模糊经验数字化。

例如，如果负载小，洗涤化纤衣服，且水温高，人们就会用小的力量，洗涤短时间。将很多类似的经验规则化，就形成了推理规则。在使用推理规则的时候，根据不同的输入组合，采用不同的规则就可以。

（1）洗涤剂浓度推理规则：如果浑浊度高，则洗涤剂投入量大；如果浑浊度偏高，则洗涤剂投入量偏大；如果浑浊度低，则洗涤剂投入量小。

（2）洗衣推理规则：如果布量少，布质以化纤偏多，而且水温高，则水流定为特弱，洗涤时间定为特短；如果布量多，布质以棉布偏多，而且水温低，则水流定为特弱，洗涤时间定为特长。

4. 模糊控制洗衣机的控制原理

模糊控制洗衣机具有自动识别衣质、衣量，自动识别脏污程度，自动决定水量，自动投入恰当的洗涤剂等功能，从而全部自动地完成整个洗涤过程。由于洗涤程序是通过模糊推理决定的，故有着极高的洗涤效能，从而大大提高洗衣机的自动化程度，并提高了洗衣的质量。

用单片机 MC6805R3 控制的模糊控制洗衣机，可以说是真正的全自动洗衣机。在整个控制过程中，单片机 MC6805R3 和模糊控制软件起了决定性的作用。用 MC6805R3 控制的模糊控制洗衣机的电路原理如图 4-27 所示。这个系统包括电源电路、洗衣机状态检测电路、显示电路和输出控制电路。

1）电源电路

电源电路由变压器 TF、桥式整流器、滤波电容和集成稳压电路 7805 组成。电源电路中还有二极管 VD1，用于隔离滤波电容与桥式整流器，使之进行过零检测。7805 输出的±5V 电压和交流电源的一端相接，以组成双向晶闸管的直接触发电路。

2）洗衣机状态检侧电路

状态检测电路一共有 7 个。它们分别是内筒平衡检测电路、衣质与衣量检侧电路、过零检测电路、电源电压检测电路、温度检测电路、水位检测电路和浑浊度检测电路。

（1）内筒平衡电路：由平衡开关 S 和 R_{35} 电阻组成，它用于检测内筒运行时的状态是否平衡稳定。

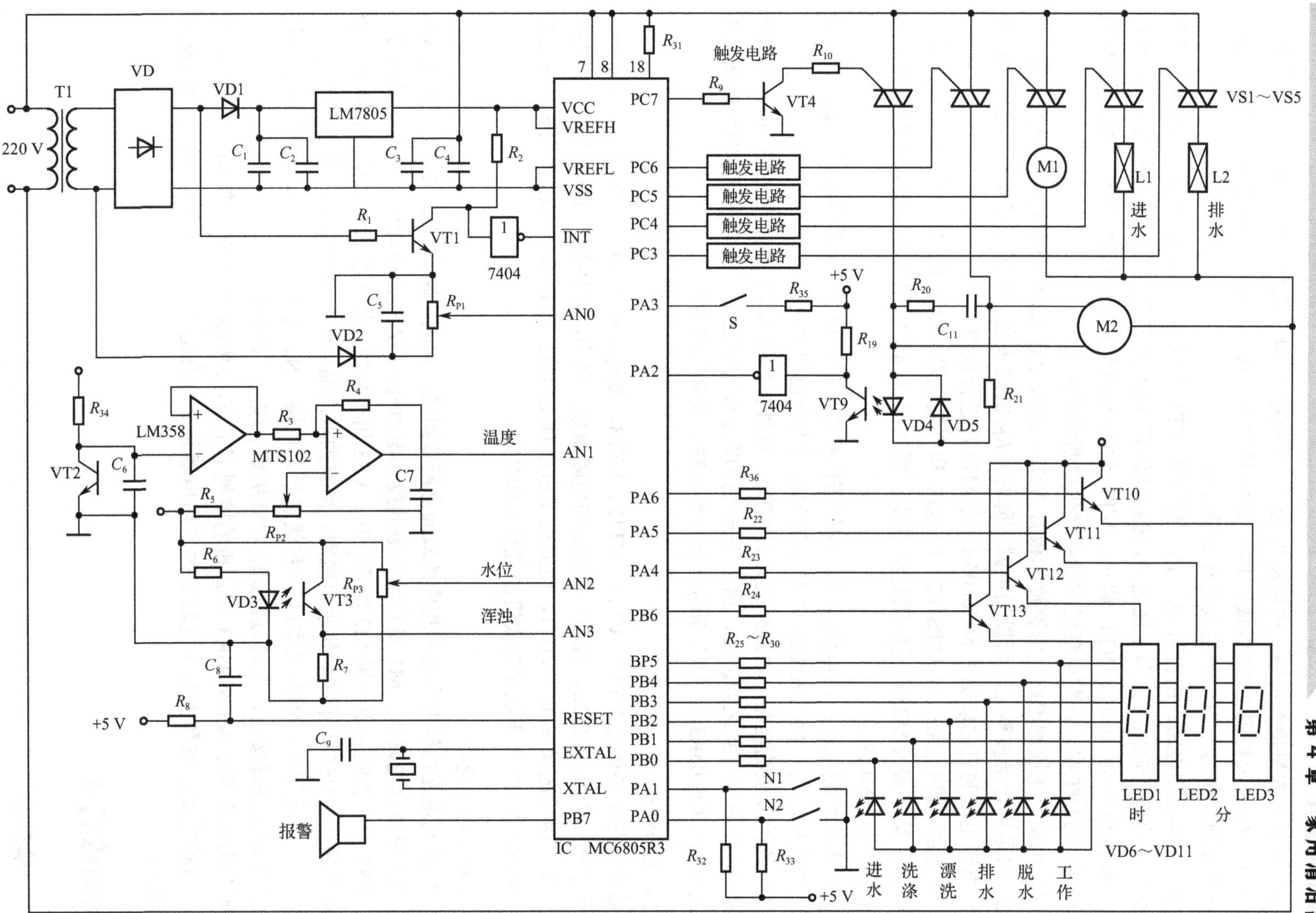

图4-27 用MC6805R3控制的模糊洗衣机电路原理图

（2）衣质与衣量检测电路：由电动机 M2，二极管 VD4、VD5，电阻 R_{21}，光敏晶体管 VT9，电阻 R_{19} 和反相器 7404 组成。其中 VD4 是发光二极管，它和 VT9 组成光电耦合管，用于隔离交直流信号，以及产生衣质和衣量信号。

（3）过零检测电路：由电阻 R_1、R_2、晶体管 VT1 和反相器 7404 组成。当桥式整流器产生全波整流信号输出时，马上通过 R_1 送到晶体管 VT1 的基极，当整流信号为正时，VT1 导通；整流信号为 0 时，VT1 截止；VT1 输出的信号再由 7404 反相，送到单片机 MC6805R3 的 $\overline{\text{INT}}$ 端，只要电源过零就会产生中断请求信号。

（4）电源电压检测电路：由整流二极管 VD2、滤波电容 C_5 和调整电位器 R_{P1} 组成。由于 VD2 只是进行半波整流，所以当电源下降时，R_{P1} 的抽头也会较灵敏地反映出电源下降的情况。电源电压的变化情况由 MC6805R3 的 AN0 端进行检测。

（5）温度检测电路：由 MTS102、LM358 和有关电阻、电容组成。其中 MTS102 是水温检测器。第一级 LM358 用作阻抗隔离器，第二级 LM358 用作放大器，检测结果送入 MC6805R3 的 AN1 端。

（6）水位检测电路：由电位器 R_{P3} 和相应的机械部件组成。当水位变化时，R_{P3} 的中心抽头产生位移，送入 MC6805R3 的 AN0 端的信号大小也产生变化。

（7）浑浊度检测电路：由红外发光管 VD3、红外接收管 VT3 和有关电阻组成。被检测的水从 VD3 和 VT3 之间流过，由于不同浑浊度的水从中流过，使红外信号的强弱变化不同，故送到 MC6805R3 的 AN3 端的信号大小反映了衣服的脏污程度。

3）显示电路

显示电路由晶体管 VT10、VT11、VT12、VT13，发光二极管 VD6～VD11，7 段发光二极管显示器 LED1、LED2、LED3 和相应的电阻组成。其中，晶体管 VT10～VT13 作为扫描开关管，用于选择 VD6～VD11、LED1、LED2 或 LED3；而 LED1～LED3 用于显示定时时间；VD6～V117 用于显示洗衣机的现行工作状态。

4）输出控制电路

输出控制电路由触发电路和相应的双向晶闸管组成，控制电路共有 5 路。L1 是进水电磁阀，L2 是排水电磁阀，M1 是自动洗涤剂投入电动机，M2 是主电动机。其中双向晶闸管 VS1、VS2 用于控制主电动机 M2 的正反转；VS3 用于控制洗涤剂投入电动机；VS4 用于控制进水电磁阀；VS5 用于控制排水电磁阀。所有的双向晶闸管都采用第Ⅱ、Ⅲ象限触发。

除了上述电路外，还有工作启/停和状态设定电路。N1 是洗衣机全自动工作的启/停按钮；N2 是功能选择按钮，它可以设定洗衣机从某个程序开始工作。

所有的电路都在 MC6805R3 单片机的控制下工作。MC6805R3 有较多 I/O 的端口，对洗衣机这种需要检测和控制功能较多的家用电器是十分合适的，它可以使系统的逻辑结构十分简洁。

思考与练习 4

一、填空题

1．洗涤衣服的三要素包括________、________和________。

2．洗衣机的结构包括________系统、________系统、________系统和________系统。

二、选择题

1．相同洗涤时间及洗涤强度条件下，洗净度最高的是（　　）。

A．波轮式洗衣机　　　　B．滚筒式洗衣机

C．搅拌式洗衣机　　　　D．一样的

2．相同洗涤时间及洗涤强度条件下，对衣服损耗最小的是（　　）。

A．波轮式洗衣机　　　　B．滚筒式洗衣机

C．搅拌式洗衣机　　　　D．一样的

3．相同衣服量及洗涤强度条件下，耗水量最小的是（　　）。

A．波轮式洗衣机　　　　B．滚筒式洗衣机

C．搅拌式洗衣机　　　　D．一样的

三、判断题

（　　）1．洗衣机洗涤衣物是利用机械力代替人工揉搓或棒打来达到洗涤目的的。

（　　）2．洗衣机运转的机械力越强，洗涤效果越好，洗净度越高，电动机转速应尽可能大。

（　　）3．洗衣机洗净度越高，对衣服的磨损也可能越大，应找到一个相对平衡点。

（　　）4．加热洗涤剂可以增强去污效果，所以很多洗衣机有加热洗涤的功能。

（　　）5．洗涤剂对洗衣机去污效果影响不大，主要还是看洗衣机性能。

（　　）6．洗衣机洗涤电动机要求无论正转反转，其输出功率、额定转速、启动转矩和最大转矩等都相同。

（　　）7．全自动洗衣机可以自动识别衣质、衣量、肮脏程度，自动决定水量、洗涤剂投放量，全部自动完成整个洗涤过程。

四、简答题

1．研究洗衣机清洁原理时，必须了解污垢的种类和性质。污垢有哪些种类呢？

2．污垢的附着方式有哪几类？

五、分析作图题

1．补画图 4-21 所示小天鹅 XQB40-868FC（G）洗衣机电路图中的主回路电路。

2．某家电公司拟推出一款带自动烘干功能的波轮洗衣机。请设计烘干电路部分的原理图。

第5章 家用制冷器具

在人工制冷开始发展以前，人类已经知道利用天然冰雪在简易的设备中保持低温条件，即利用天然冷源。目前，获得低温（制冷）的方法很多，总体上可以分为两大类，即物理方法和化学方法。在电冰箱和空调器中，多采用物理方法。

物理方法制冷是应用物质的物理变化来实现的，如利用冰融化吸热的方法制冷，利用干冰（固态二氧化碳）升华吸热的方法制冷，利用易蒸发的液体蒸发吸热的方法制冷，利用半导体温差电效应（即佩尔捷效应）的方法制冷等。

常用的制冷设备有电冰箱、空调器、冷柜、保鲜柜、冻库等。目前，家用制冷器具主要是电冰箱和空调器，如图 5-1 所示。

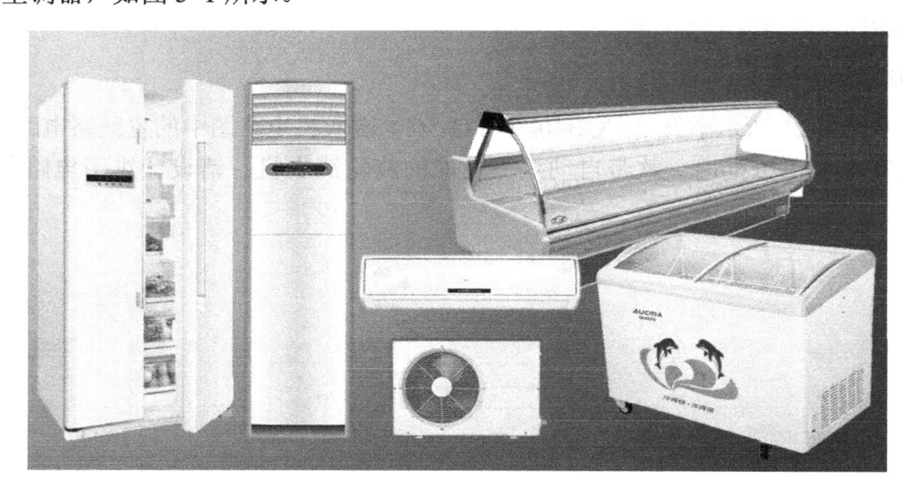

图 5-1　家用制冷器具

5.1　制冷技术基础与发展

5.1.1　制冷基本概念

1. 压强

在制冷技术中，值得注意的是，制冷系统中所说的“压力”，实际上是指压强。例如，常用于制冷计算和测量中的绝对压力、相对压力及真空度等都是指压强，并有：

绝对压力=相对压力+大气压力

工程中取：

$$p_{绝}=p_{表}+1.01\times10^5\ \text{Pa}$$

充注制冷剂时，测出的低压侧与高压侧的压力都是表压力，它的绝对压力应加上大气压力，即 1.01×10^5 Pa。

2. 真空度

真空度是指压强远小于 1.01×10^5 Pa 的气态空间，是表示真空程度的物理量。

世界上没有绝对的真空，真空度越高，表示压强越低。

真空度有低真空与高真空之分，一般压强高于 0.133 Pa 的空间为低真空，压强低于 0.133 Pa 的气态空间称为高真空。

制冷器具的制冷系统在充注制冷剂前，要求抽真空，以排除循环系统中的空气。真空度要求在 1.064 Pa 以下。

3. 蒸发温度与冷凝温度

制冷器具的制冷系统是一个密闭的循环系统，它的蒸发和冷凝都是在饱和状态下进行的。所以，制冷技术中的蒸发温度 T_0，就是制冷剂在蒸发器中达到饱和压力下的沸点温度，即饱和温度。这时的饱和压力称为蒸发压力 P_0。

在制冷器具的冷凝器中具有一定的压力，在这个压力下，制冷剂达到饱和温度时就会冷凝放热，人们称这时的饱和温度为冷凝温度 T_k，称这时的饱和压力为冷凝压力 P_k。

蒸发温度与蒸发压力、冷凝温度与冷凝压力存在着一一对应的关系。

温度升高超出某一数值时，即使再增大压力，也不能使气体液化，这一温度称为临界温度，它是制冷剂状态变化的极限温度。

在临界温度下使气体液化的最低压力称为临界压力，它是制冷剂状态变化的极限压力。

在制冷器具的制冷系统中，制冷剂的蒸发与冷凝，都是在低于临界温度和临界压力下进行的。

4. 过冷与过热

在制冷系统中常说的过冷，是针对冷凝器中的制冷剂而言的。过冷是指在一定的压力下，制冷剂液体被冷却而压力保持不变，温度下降，导致制冷液的温度低于该饱和压力下的饱和温度。此时制冷液的温度称为过冷温度。过冷温度与饱和温度的差值，称为过冷度。

制冷系统中的过热，是针对压缩机吸入前或排出后的制冷蒸汽而言的。当压力一定，制冷剂蒸汽的温度高于该压力下的饱和温度的现象称为过热。过热状态下的蒸汽称为过热蒸汽，它的温度称为过热温度，过热温度与饱和温度的差值称为过热度。

电冰箱中，毛细管从回气管中间穿过，成套管形式，目的是进行有效的热交换。来自冷凝器的制冷液的热量传递给被压缩机吸入的蒸汽，从而使送到蒸发器的制冷剂有更大的过冷度，使吸入压缩机的蒸汽有更高的过热度，有利于制冷循环，如图 5-2 所示。

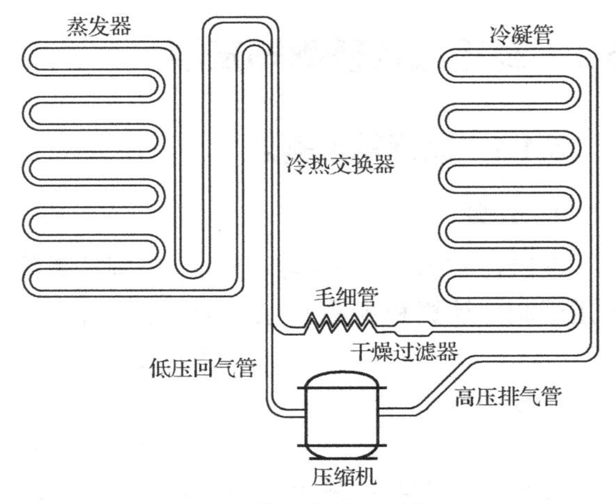

图 5-2　电冰箱制冷循环系统示意图

5.1.2　制冷剂的种类与性质

制冷器具制冷的关键物质是制冷剂。

历史上对制冷剂的选择已经经历过 5 个阶段。最早，人们选用水（H_2O）作制冷剂；到 1874 年则选用 NH_3 和 SO_2 作制冷剂；到 1878 年又选用氯甲烷（$CHCl_3$）作制冷剂；在 1881 年人们又改用二氧化碳（CO_2）作制冷剂；

自 1930 年以来，世界上几乎所有的电冰箱都采用氟利昂 R12 作为制冷剂，氟利昂 R11 作为发泡剂（用于制作电冰箱壳体夹层中的硬质塑料保温层）。

目前，世界各国正在寻找和试用 CFC 替代物质，如 R600a、R134a、R410A 等。迄今为止，还没有找到在经济性能和能效上超过 CFC 的电冰箱制冷、发泡替代物质。在这种情况下，学习电冰箱对制冷剂的要求，研究制冷剂的现状就显得十分重要。

目前使用的制冷剂已有近百种，并且在不断地增加，它们一般都用 R 作代号，各种制冷剂以 R 后的阿拉伯数字区分。如氟利昂 12（CCl_2F_2）用 R12 表示，氟利昂 22（$CHClF_2$）用 R22 表示等。

1. 电冰箱对制冷剂的要求

制冷器具选用制冷剂，一般要满足如下要求。

（1）物理性质方面：

① 密度和黏度要小，以求在低温下流动性能好。

② 泄漏性要小。

③ 要求有一定的吸水能力，以便系统中残留少许水分时，不会产生“冰堵”。

④ 要求价格便宜，容易获得。

（2）热力学方面：

① 要求蒸发压力略高于大气压力，防止空气进入低压侧。在此蒸发压力下，要求蒸发温度低于-18 ℃，满足冷冻室温度的要求。

② 凝固温度要低，便于获得较低的温度。临界温度要高，便于制冷剂汽化或液化。冷凝温度要低，便于用常温的水或空气冷却。

③ 冷凝温度对应的冷凝压力要适中，减少对冷凝器密封性能和结构强度的要求。

④ 导热系数和放热系数要大，以提高蒸发器和冷凝器的传热效率，减少传热面积。

⑤ 汽化热要大，比容 V 要小，以提高制冷效率。

（3）化学性质方面：

① 要求无毒、无刺激性气味，不燃烧、不爆炸，使用安全。

② 要求化学性质稳定，在一定温度下不起化学变化，对金属腐蚀作用小，与润滑油不起化学反应。

2. 制冷剂的种类

制冷剂按化学成分不同，可分为 4 类：

（1）无机化合物制冷剂。

（2）氟利昂。

（3）碳水化合物制冷剂。

（4）共沸溶液：两种制冷剂的混合物。

制冷剂按冷凝压力 P_k 和蒸发温度 T_0 不同，可分为 3 类：

（1）低压高温制冷剂：冷凝压力 $p_k \leqslant 0.2 \sim 0.3$ MPa（绝对），$T_0>0$ ℃。如 R11（$CFCl_3$），其 $T_0=23.7$ ℃。这类制冷剂适用于空调系统的离心式制冷压缩机中。

（2）中压中温制冷剂：冷凝压力 P_k 为 0.2～2 MPa（绝对），-70 ℃$<T_0<0$ ℃。如 R717、R12、R22 等，这类制冷剂一般用于普通单级压缩和双级压缩的活塞式制冷压缩机中。

（3）高压低温制冷剂：冷凝压力 P_k 在 2～4 MPa（绝对），$T_0 \leqslant -70$ ℃。如 R13（CF_3Cl）、R14（CF_4）、二氧化碳、乙烷、乙烯等，这类制冷剂适用于复迭式制冷装置的低温部分，或-70 ℃以下的低温装置中。

3. 常用制冷剂的性质

自 1930 年以来，家用电冰箱等制冷机常用的制冷剂是氟利昂 R12、R22 和氨 R717。

氟利昂的共同性质是无色透明、无味、不燃烧、不爆炸且毒性较小。只有其体积分数在 80%以上，并且在缺氧的情况下，才对人有窒息危险。

（1）氟利昂 R12：R12 为烷烃的卤代物，学名二氟二氯甲烷。它是我国中小型制冷装置中使用较为广泛的中压中温制冷剂。

R12 的标准蒸发温度为-29.8 ℃，冷凝压力一般为 0.78～0.98 MPa，凝固温度为-155 ℃。

R12 是一种无色、透明、没有气味，几乎无毒性、不燃烧、不爆炸，很安全的制冷剂。但与明火接触或温度达 400 ℃以上时，会分解出对人体有害的气体。

R12 能与任意比例的润滑油互溶且能溶解各种有机物，但其吸水性极弱。因此，在小型氟利昂制冷装置中不设分油器，而装设干燥器。同时规定 R12 中含水量不得大于 0.0025%。

（2）氟利昂 R22：R22 也是烷烃的卤代物，学名二氟一氯甲烷，标准蒸发温度约为-41 ℃，凝固温度约为-160 ℃，冷凝压力同氨相似。

R22 的许多性质与 R12 相似，但化学稳定性不如 R12，毒性也比 R12 稍大。

R22 的单位容积制冷量比 R12 大得多，接近于氨。当要求-70～-40 ℃的低温时，利用 R22 比 R12 适宜，故目前 R22 被广泛应用于-60～-40 ℃的双级压缩或空调制冷系统中。

（3）氟利昂 R11：R11 用于发泡剂，也是 CFC 物质。

（4）氨 R717：氨是目前使用最为广泛的一种中压中温制冷剂。氨的凝固温度为-77.7 ℃，标准蒸发温度为-33.3 ℃，在常温下冷凝压力一般为 1.1～1.3 MPa，即使当夏季冷却水温高达 30 ℃时，也不可能超过 1.5 MPa。

氨有很好的吸水性，即使在低温下水也不会从氨液中析出而冻结，故系统内不会发生“冰塞”现象。

氨对钢铁没有腐蚀作用，但氨液中含有水分后，对铜及铜合金有腐蚀作用，且使蒸发温度稍许提高。因此，氨制冷装置中不能使用铜及铜合金材料，并规定氨中含水量不应超过 0.2%。

氨的密度和黏度小，放热系数高，价格低廉，易于获得。但是，氨有较强的毒性和可燃性。若以容积计，当空气中氨的含量达到 0.5%～0.6%时，人在其中停留半个小时即可中毒，达到 11%～13%时即可点燃，达到 16%时遇明火就会爆炸。因此，氨制冷机房必须注意通风排气，并需经常排除系统中的空气及其他不凝性气体。

4. 制冷剂的发展方向

科学家估计一个氯原子可以破坏数万个臭氧分子。

由于氟里昂在大气中的平均寿命达数百年，所以排放的大部分仍滞留在大气层中，其中大部分停留在对流层，小部分升入平流层。

在对流层的氟里昂分子很稳定，几乎不发生化学反应。但是，当它们上升到平流层后，会在强烈紫外线的作用下被分解，含氯的氟里昂分子会离解出氯原子，然后同臭氧发生连锁反应（氯原子与臭氧分子反应，生成氧气分子和一氧化氯基；一氧化氯基不稳定，很快又变回氯原子，氯原子又与臭氧反应生成氧气和一氧化氯基……），不断破坏臭氧分子。

$$Cl+O_3 \longrightarrow O_2+ClO$$

$$ClO+O \longrightarrow O_2+Cl$$

CFC 替代方案：根据《蒙特利尔协议》的规定，全球将在 2030 年全面禁止“氟利昂”的使用，寻找“氟利昂”替代工质，已成为制冷行业最迫切的任务。中国 2007 年已停止了 R12 制冷剂的生产，以及在新制冷空调设备上的初装。

到目前为止，尚未找到一种纯工质可以作为氟利昂 R22 系统的直接充注或替代物，来简单地替换氟利昂 R22。采用混合工质，则可利用其各组分的优势互补来得到整体热物性、制冷性能和理化性能等主要制冷剂特性指标均接近于氟利昂 R22 的制冷剂。

目前，国际呼声最高的氟利昂 R22 混合工质替代物有 R401A 和 R407C 两种。对于家用空调器，欧洲国家倾向于选用 R407C，而美国和日本倾向于选用 R401A。我国目前使用的替代工质，主要有 R290、R134a、R600a、R410A 等。

R410A 是由 50%R32（二氟甲烷）和 50%R125（五氟乙烷）组成的混合物，其优点在于可以根据具体的使用要求，对各种性质，如易燃性、容量、排气温度和效能加以考虑，量

身合成一种制冷剂。R410A 外观无色，不浑浊，易挥发，沸点-51.6 ℃，凝固点-155 ℃。其主要特点如下：

（1）不破坏臭氧层。其分子式中不含氯元素，故其臭氧层破坏潜能值为 0。全球变暖系数值较大，为 1730。

（2）毒性极低。其容许浓度和 R22 一样，都是‰。

（3）不可燃。其在空气中的可燃性为 0。

（4）化学和热稳定性高。

（5）水分溶解性与 R22 几乎相同。

（6）是混合制冷剂，由两种制冷剂组成。

（7）不与矿物油或烷基苯相溶。

5. 氟制冷剂与水和金属的关系

目前家用制冷设备中使用的制冷剂，仍然主要是 R12 和 R22。R12 主要用于电冰箱，R22 主要用于空调器，它们的主要化学及物理特性相近。前面已经介绍制冷剂 R12 和 R22 很难溶解于水，反过来，它们对水的溶解性也很小，几乎不溶解，制冷系统只要残留少量水分，就会饱和，使水呈游离状态，产生“冰堵”现象。

制冷剂 R12 和 R22 对水的溶解度与温度有关，温度越高，溶解度越大，并且气态 R12 和 R22 的溶解度大于液态 R12 和 R22 的溶解度。

当制冷系统中含有过量的水分时，将会发生下述化学反应：

$$CF_2Cl_2 + 2H_2O \rightleftharpoons 2HF + 2HCl + CO_2\uparrow$$

这个反应虽然是可逆的，但生成的盐酸是三大强酸之一，氢氟酸腐蚀性很大，很容易与其他金属部件起化学反应，由于生成物减少，使上述反应继续进行。盐酸和氢氟酸与金属部件（如铁）起化学反应，生成黑锈和红锈。

黑锈和红锈的存在使制冷系统杂质含量增加，容易使干燥过滤器和毛细管发生“脏堵”。

盐酸、氢氟酸容易腐蚀铝蒸发器，使蒸发器出现漏孔，制冷剂 R12 泄漏。

盐酸和氢氟酸还能腐蚀电动机绕组绝缘，使电动机绕组出现短路或匝间短路故障，从而烧坏电动机。

有些使用铜部件的封闭式压缩机还要防止镀铜现象。镀铜反应可使一些铜部件上缺少铜原子而造成缺陷，也可使阀片等部件上沉积铜原子而造成运动部件出现间隙，气密性降低，压缩机使用寿命缩短。

6. 润滑油

润滑油是制冷压缩机中不可缺少的一种材料，它的作用是润滑运动部件，减少磨损，降低能量消耗，分散由交变应力造成的金属疲劳，防止磨损烧坏部件。

制冷压缩机中选用润滑油一般要考虑下列几方面的要求：

（1）要求润滑油的黏度适中，低温下流动性能好，要根据压缩机的负荷及转速来选择润滑油。

（2）要求润滑油的凝固点低，以便在低温状态下，流动性能好，在蒸发器内不易沉积，避免磨损。

（3）要求润滑油的闪点高，适合在 130～150 ℃高温环境下工作，而不致出现炭化现象。

（4）要求有良好的化学稳定性和抗氧化性能，以便在全封闭状态下与制冷剂经常接触，使用 10～15 年以上，长期不换油。

（5）要求有良好的电气绝缘性能，要求不会损坏电动机定子绕组的绝缘。

（6）要求不含水和酸性杂质。

5.1.3 制冷原理及技术发展

1. 压缩式制冷的基本原理

目前使用的电冰箱和空调器大部分是压缩式的。

压缩式制冷循环系统主要由压缩机、冷凝器、干燥过滤器、毛细管、蒸发器等部件组成，如图 5-3 所示。

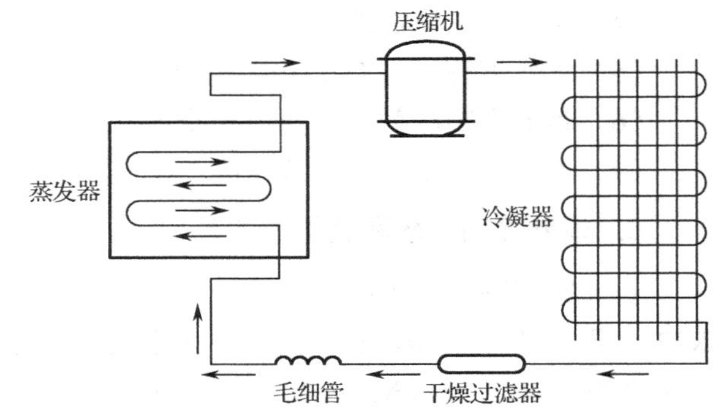

图 5-3 制冷循环系统示意图

制冷原理：低沸点的液态制冷剂汽化时吸热，蒸汽冷凝时放热。

系统里封入一定量的制冷剂（冷媒），制冷剂在汽化过程中吸收热量，降低其周围物质的温度。为得到持续的低温，需要不断地蒸发制冷剂，也就要不断地补充制冷剂。利用压缩机抽吸已吸热成为蒸汽状态的制冷剂，经压缩机做功压缩成高温高压的气体，再送入冷凝器中，在冷凝器中散热液化，使制冷剂由气态转变为液态，并重新进行新的循环。

整个制冷循环可以简述为蒸发→压缩→冷凝→节流 4 个过程，每个过程中的作用元件及其作用、制冷剂状态变化见表 5-1。

表 5-1 制冷循环系统各过程制冷剂状态变化

循环过程		蒸 发	压 缩	冷 凝	节 流
作用元件		蒸发器	压缩机	冷凝器	毛细管
作用		利用制冷剂蒸发吸热，产生冷作用	提高制冷剂气体压力，造成液化条件	将制冷剂冷凝，放出热量，进行液化	降低制冷剂液体压力和温度
制冷剂	状态	液态→气态	气态	气态→液态	液态
	压力	低压	低压→高压	高压	高压→低压
	温度	低温	低温→高温	高温→常温	常温→低温

2. 制冷循环的主要部件

1）制冷压缩机

制冷压缩机的功能是压缩制冷剂蒸汽，迫使制冷剂在制冷系统中冷凝、膨胀、蒸发和压缩，周期性地不断循环，起到压缩和输送制冷剂的作用，并迫使制冷剂获得压

缩功。

（1）压缩机的分类：压缩机按其与电动机的密封结构可分为开启式、半开启式和全封闭式压缩机 3 种。

全封闭式压缩机按照压缩气体的方式，可分为如图 5-4 所示的种类。

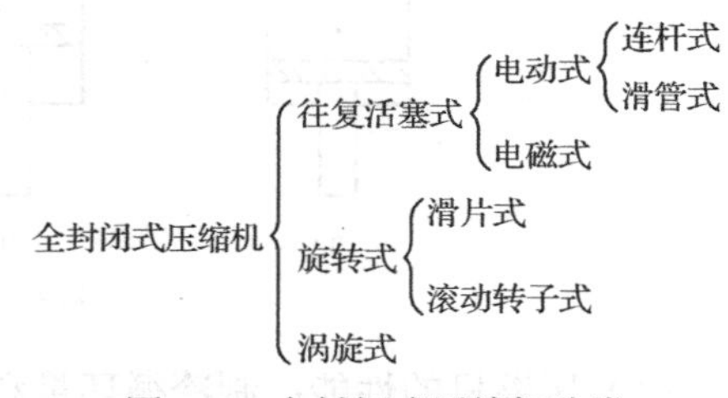

图 5-4　全封闭式压缩机分类

（2）往复活塞式压缩机：往复活塞式压缩机是用活塞在气缸中做往复直线运动，压缩气体来进行工作的压缩机。它主要用于电冰箱和空调器。空调器除了往复活塞式压缩机外，常用的压缩机还有旋转式压缩机和涡旋式压缩机，具体在空调器部分阐述。

往复活塞式压缩机的结构如图 5-5 所示，其活塞结构如图 5-6 所示。

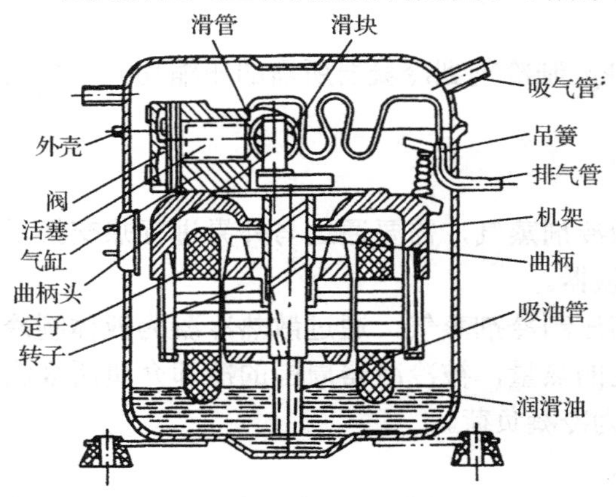

图 5-5　往复活塞式压缩机的结构

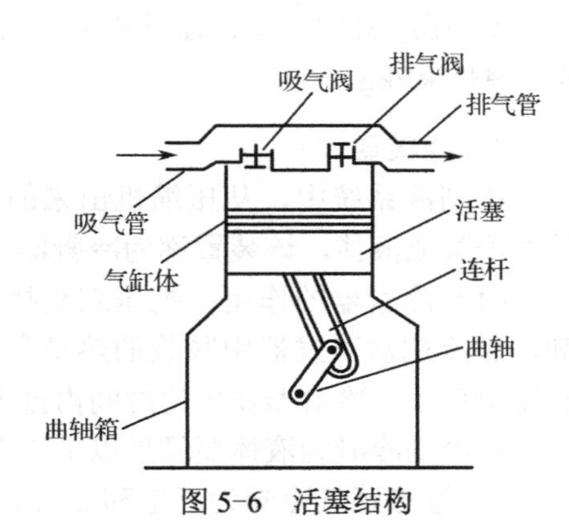

图 5-6　活塞结构

往复活塞式压缩机的工作原理：活塞在气缸中不断往复运动，对制冷剂气体进行吸入和压缩。其工作过程如图 5-7 所示。

图 5-7（a）表示气缸内的容积达到最大值。活塞按箭头指示的方向运行到最低点，将要返回开始压缩气缸内的气体，吸气阀关闭。

图 5-7（b）表示气缸内的气体被压缩，气体压力升高，排气阀被打开而排出气体。

图 5-7（c）表示活塞运行到上止点，排气完成后将要返回。随后由于气缸容积开始扩大，气体压力降低使排气阀关闭。

图 5-7（d）表示气缸内的容积继续扩大，压力继续降低使吸气阀被打开。然后活塞回到图 5-7（d）的位置，完成一个完整的压缩过程，达到了使气体从吸气阀进入气缸，在气缸内被压缩，通过排气阀排出的目的。

（3）制冷剂在压缩机中的状态变化：压缩机的作用是把处在低压 p_0 下的制冷剂蒸气压缩到高压 p_k 中，在这个压缩过程中，制冷剂的体积缩小，温度升高，一般呈过热蒸气状态。

绝热压缩中，压缩机做的功全变成热量，使低温低压的制冷剂蒸气压缩成为高温高压的制冷剂蒸气。

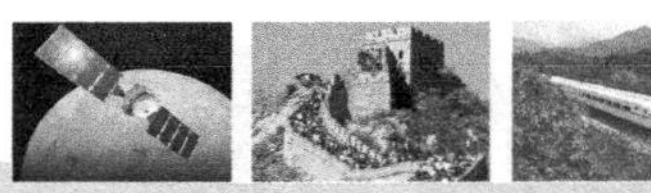

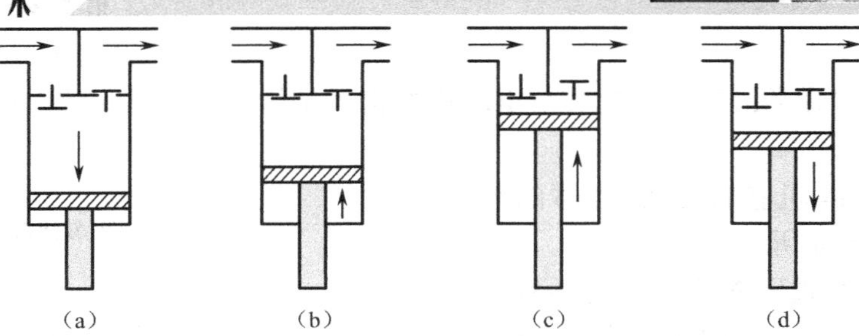

图 5-7　活塞工作过程示意图

（4）压缩机的性能：制冷循环量和压缩机的功率是压缩机的两个主要性能参数。

① 制冷循环量：在制冷系统中，单位时间内制冷剂循环的量称为制冷剂循环量，常用字母 G 表示，单位为 kg/h。

对于全封闭式压缩机的制冷系统来说，它等于毛细管在单位时间内供给蒸发器的制冷剂量，或等于压缩机吸入的制冷剂量。

② 压缩机的功率：压缩机从蒸发器运送 1 kg 制冷剂到冷凝器所需的压缩功，符号为 W，单位 kJ/kg。

2）冷凝器

在制冷系统中，从压缩机出来的高温高压制冷剂蒸气，需要通过与外界进行热交换，从而冷凝成液体，该装置称为冷凝器，也称热交换器。

（1）冷凝器的作用：把压缩机排出的高温高压制冷剂蒸气，通过散热冷凝为液体制冷剂。制冷剂从蒸发器中吸收的热量和压缩机产生的热量，被冷凝器周围的冷却介质所吸收而排出系统。冷凝器在单位时间内排出的热量称为冷凝负荷。

制冷剂冷凝为液体要经过以下 3 个放热过程。

① 过热蒸气冷却为干饱和蒸气。由压缩机排出的高压高温过热蒸气经过放热，变为冷凝温度 T_k、冷凝压力 p_k 的干饱和蒸气。这个过程较快，占用管道很短。

② 干饱和蒸气冷却为饱和液体。在保持 p_k 不变的条件下，干饱和蒸气在冷凝管中流动、放热，逐渐凝结为饱和液体，成为气、液两相混合的湿蒸气。这个过程占用冷凝管道较长，放热量较大。

③ 饱和液体冷却为过冷液体。饱和液继续放热，液体温度将下降而低于 T_k，压力仍为 p_k，成为过冷液体。这个过程在冷凝器的末端，放热量虽少，但过冷液体的过冷度对制冷量有很大影响。

（2）冷凝器结构：

① 百叶窗式冷凝器。把冷凝器蛇形管道嵌在冲压成百叶窗形状的铁制薄板上，靠空气的自然流动散发热量，如图 5-8（a）所示。薄板的厚度为 0.5～0.6 mm，冷凝管直径为 5～6 mm。

② 钢丝式冷凝器。在冷凝器蛇形盘管平面两侧点焊上数十条钢丝，钢丝直径约 1.5 mm，钢丝间距 5～7 mm，如图 5-8（b）所示。

③ 内藏式冷凝器。将冷凝管贴附在薄钢板的内侧，薄钢板的外侧作为箱体的表面或侧壁，由此向外散热，如图 5-8（c）所示。这种冷凝器散热效果较差，但箱体美观。

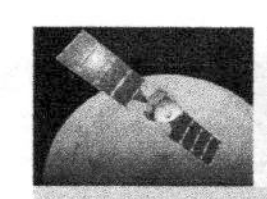

④ 翅片盘管式冷凝器。该冷凝器外表面积大、体积小，必须采取强制对流冷却方式，如图 5-8（d）所示。大型冷柜及家用空调器，大多采用这种冷却方式。

前 3 种属于自然冷却，第 4 种为强制风冷。

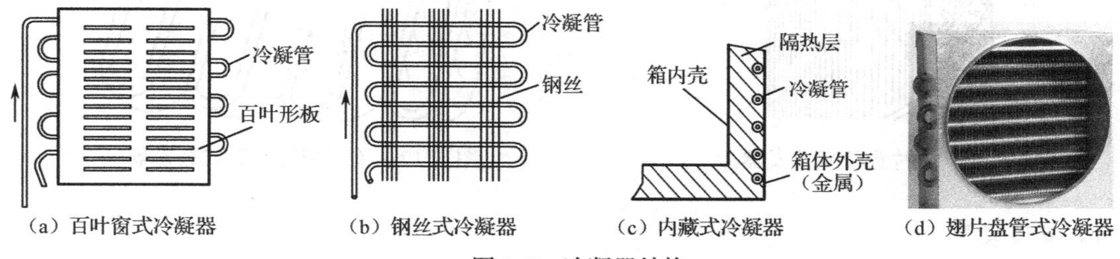

图 5-8　冷凝器结构

3）蒸发器

蒸发器是液态制冷剂蒸发汽化，吸收汽化潜热的设备，是制冷系统制取冷量的装置。它也是制冷系统的主要部件之一。

蒸发器内制冷剂的蒸发温度越低，被冷却物的温度也越低。在电冰箱中一般制冷剂的蒸发温度调整在-26～-20 ℃，空调器中调整在 5～8 ℃。

蒸发器一般可分为盘管式蒸发器、铝板吹胀式蒸发器、翅片盘管式蒸发器和单脊翅片盘管式蒸发器 4 类。

（1）盘管式蒸发器：如图 5-9 所示，在铝合金薄板制成的壳体外层，盘绕上ϕ8～12 mm 的铝管或纯铜管。将圆管轧平，紧贴壳体外表面，目的是增加接触面积，提高传热性能。它工艺简单，不易损坏，泄漏性小，用于直冷式家用电冰箱的冷冻室。

（2）铝板吹胀式蒸发器：如图 5-10 所示，它由两薄板模合而成，其间吹胀形成管道，特点是传热性好，容易制作。该蒸发器多用于直冷式家用电冰箱的冷冻室。

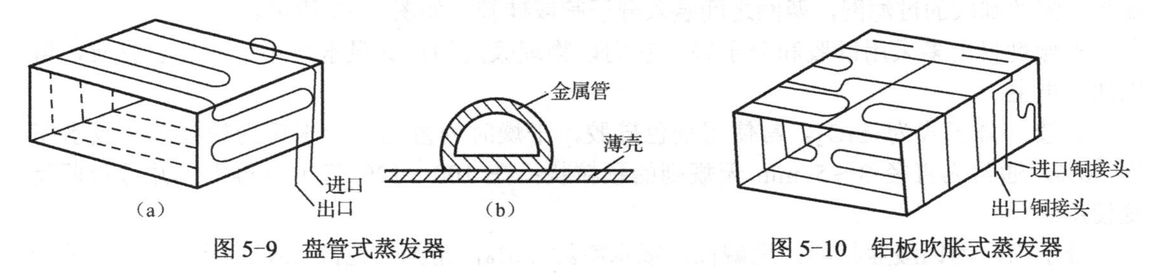

图 5-9　盘管式蒸发器　　图 5-10　铝板吹胀式蒸发器

（3）翅片盘管式蒸发器：如图 5-11 所示，0.15 mm 左右的薄铝片（翅片）多层，每层保持相同的间隔，将弯成 U 形的纯铜管穿入翅片的孔内，再在 U 形管的开口侧相邻的两管端口插入 U 形弯头，焊接成管道。这种蒸发器传热面积增加，热交换效率提高，体积小，性能稳定，常把平板形翅片的孔与孔之间空白处，冲压成凹凸不平的波浪形，或切出长短不等的许多条形槽缝，以增加对流动空气的搅拌作用。空气在槽缝内串通流动，进一步提高了热交换性能。这种蒸发器用于间冷式电冰箱和空调器中。

（4）单脊翅片盘管式蒸发器：如图 5-12 所示，在光管的同一侧连接上一条铝制带状翅片，然后弯曲成形，它比光管式换热面积增加，这种蒸发器用于间冷式电冰箱和空调器中。

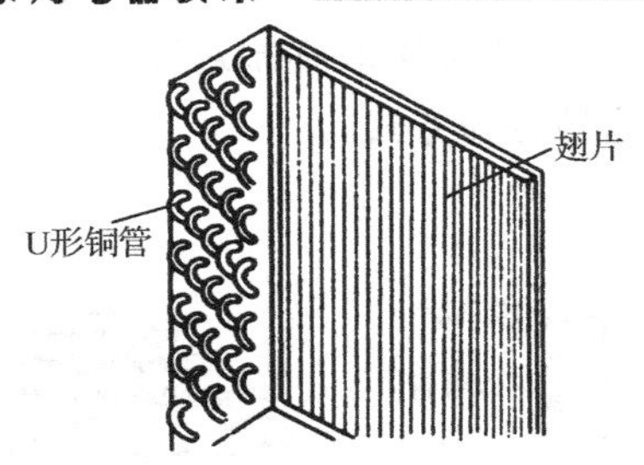

图 5-11　翅片盘管式蒸发器

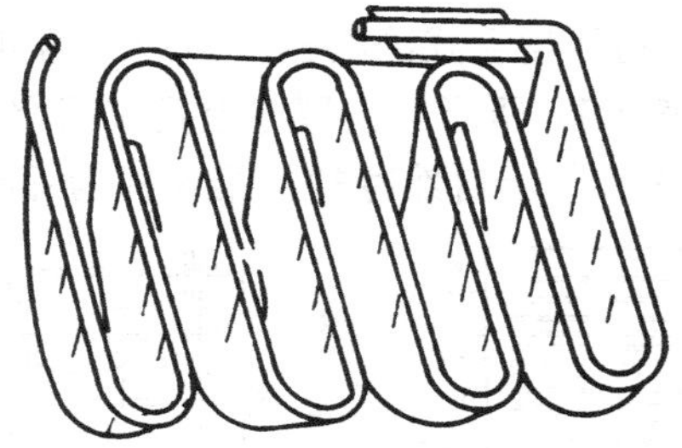

图 5-12　单脊翅片盘管式蒸发器

4）节流装置

节流装置是制冷系统的重要部件之一。家用电冰箱中的节流装置常用毛细管。与毛细管连在一起的有干燥过滤器，用来滤去水分和杂质，以保证制冷系统正常工作。变频空调器一般采用节流阀，这在后面章节中介绍。

（1）毛细管：毛细管是一根很细的纯铜管，内径为 0.6～2 mm，电冰箱中长度为 1～3 m。

毛细管控制着高低压力差和蒸发温度，毛细管越长，高压越高，制冷剂没到蒸发器就已蒸发了；毛细管越短，高压越低，制冷剂不能在蒸发器里充分蒸发，而剩余的液体制冷剂还对压缩机产生液击现象，损坏压缩机，所以影响很大。

一般厂家是通过理论计算再经过多次实验才能确定毛细管使用长度。

（2）干燥过滤器：制冷系统中的杂质、污物、灰尘等，在随制冷剂进入毛细管之前，若不被过滤网阻挡滤除，进入毛细管也会造成堵塞，中断或部分中断制冷剂循环，发生“污堵”，也称“脏堵”。

小型氟利昂制冷系统，通常在节流元件之前，即毛细管的入口处和膨胀阀的进口端安装干燥过滤器。过滤器是以直径为 14～16 mm、长度为 100～150 mm 的纯铜管为外壳，两端装有铜丝制成的过滤网，两网之间装入分子筛或硅胶，如图 5-13 所示。

干燥剂目前多采用硅胶和分子筛，它们以物理吸附的形式吸水后不生成有害物质，可以加热再生。

硅胶：分子式为 SiO_2，常使用变色硅胶，干燥时为蓝色，吸水后为粉红色，吸水率为 30%，通常为直径 3～5 mm 无规则的颗粒状；在 100～120 ℃下可再生，并可长期反复使用。

分子筛：为铝酸盐材料，呈碱性，吸水率约 20%，常为白色圆粒状，无味。分子筛能吸附油产生的氧化物，可防止和减少毛细管的堵塞。分子筛在 300～500 ℃下保持 3～5 h 即可再生。

（3）干燥过滤器、蒸发器与毛细管的连接：毛细管插入蒸发器 2～3 cm，出口削成斜面，以避免喷射产生噪声，如图 5-14 所示。

5）影响蒸汽压缩制冷循环的因素

决定蒸汽压缩制冷循环的参数是蒸发压力 p_0、冷凝压力 p_k、蒸发温度 T_0 和冷凝温度 T_k，以及过冷度和过热度。导致这些参数变化的因素有压缩机的功率、制冷剂的充注量、环境温度、通风条件、毛细管的直径和长度等。

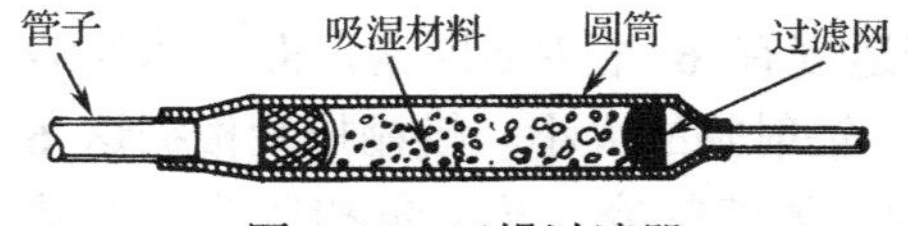

图 5-13　干燥过滤器

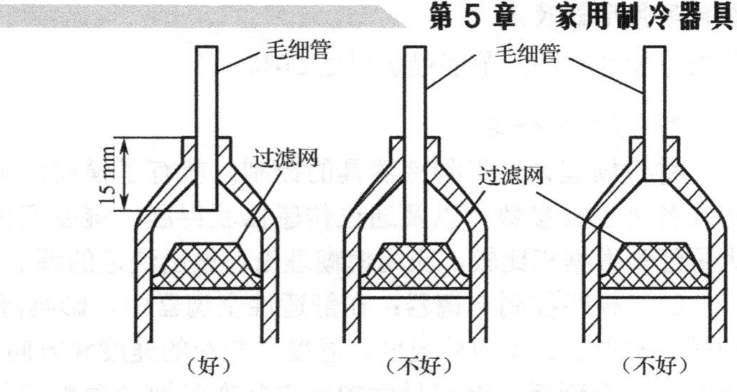

图 5-14　毛细管与干燥过滤器的焊接

制冷剂不足，则制冷效果不佳，人们是很容易理解的。制冷剂对不同的电冰箱，有不同的输入量，超过这一输入量，将影响制冷效果。而且制冷剂输入量越大，制冷效果越差，同时制冷剂输入量过多比过少对制冷系统的危害更大，这一点常被人们忽略。制冷剂过多，蒸发器中会出现来不及蒸发的液态制冷剂，它会占去一部分表面积而影响制冷效果。

环境温度和通风条件影响冷凝放热。环境温度偏高，通风条件不佳，会使冷凝放热效果差，从而影响过冷度，严重时会影响饱和液体冷凝效果，致使制冷效果变差。

毛细管的直径和长度主要关系到制冷剂在制冷循环系统内的流量。流量过大，会使蒸发压力增大，冷凝压力变小，蒸发温度升高，冷凝温度降低，同时蒸发器内容易积累液态制冷剂而影响传热。流量过小，会使蒸发压力变小，冷凝压力变大，蒸发温度降低，冷凝温度升高，最后都减少制冷系统的制冷量。

3. 制冷技术的发展

1）MSV 技术

MSV 技术包含 3 个方面的含义，即保湿无霜（moisture keeping and no frost)、风道同步(synchro-vent)、变容节能（variable-capacity and energy-saving)。

（1）保湿无霜：使冷冻食品得到理想的温度，并使冷冻箱内不会结霜。

许多风冷电冰箱的冷藏冷冻均采用风冷式制冷方式，由于冷冻室、冷藏室之间空气互相流通，使得冷藏冷冻食品相互串味，且冷藏储存的新鲜食品被加速风干。

但采用 MSV 技术的电冰箱，冷藏室采用直冷式制冷。它可使水果、蔬菜处于理想的温度下，以保持清脆爽口。冷冻室采用风冷式设计，用抽屉储存冷冻食品，可防止冷风直接吹食品，整个电冰箱为全自动除霜方式，避免了人工除霜之苦。

（2）风道同步：采用多风口、多风道同时送冷，使冷冻室内各区域需冷冻食品同步冷冻，各区域温差小。

MSV 电冰箱采用下置抽屉式结构放置冷冻食品，翅片盘管式蒸发器放置在上部，风扇放置在蒸发器的后面，制冷风道在后壁。这样多风口同时送风，各抽屉内的食品同步冷冻，不仅冷却速度快，而且冻结温度均匀，保鲜效果最佳。

（3）变容节能：利用节能隔板可使冷冻容积随意变化，达到节能的目的。

当冷冻室格架体积大，抽屉数量多，而冷冻食品相对较少时，用户可以利用一块节能隔板，根据冷冻食品的存放量自由调节节能隔板的插放位置，达到任意调节冷冻室容积，

节约电能的目的，节能最多可达50%。

2）模糊制冷器具

将模糊理论用于制冷器具的控制，就有了模糊控制制冷器具，这种制冷器具可以快速感知各种主要参数，以及通过传感器获得温、湿度变化等大量数据，并将这些实测数据与大量经验数据相比较，应用模糊理论，做出快速的调节。

（1）模糊控制空调器：在舒适性空调器中，影响舒适度有6个主要因素，即人体的活动量、着衣量、室内外温度、湿度、气流的速度和方向、辐射热的大小。模糊控制根据这6个要素综合判断，得出最优的室内状态参数及模糊控制，调整制冷（热）量和风速，而常规空调器只根据室内温、湿度调节室内状态，难以得到理想的舒适环境。

模糊控制空调器较常规空调器有以下优点：

① 控制过渡过程性能优良，房间内环境稳定，舒适性提高。

② 压缩机不会频繁启动，有利于节能和延长空调器使用寿命。实验证明，常规空调器压缩机每小时启停6次，模糊控制的空调器无一次启停，耗电量仅为前者的76%（即节电24%）。

③ 强化空调器的速热、速冷性能。利用模糊控制，在运行开始时，能很快预测出此时的最优供热（冷）能力，加速使室温达到设定值，没有无效运行。

④ 有效地控制除湿运行。模糊控制空调器可以根据当日气压，及室内外温、湿度细致地调节，使室内温、湿度保持在合适水平上。

⑤ 模糊控制空调器是当前国际上较为流行的中、高档空调器，一般与变频技术、超静音技术、蓄热技术、传感器技术等结合起来应用，能大大提高空调器的性能，使其实现高舒适性、超静噪声性能、瞬间暖风性能、快速冷风性能、空气洁净性能和健康管理系统，并大大扩展了空调器使用环境温度范围。

（2）模糊控制电冰箱：电冰箱的功能已不再满足于一般简单的冷藏冷冻，而是要求电冰箱增加或增强功能，诸如多温度区域、快速冷冻、快速冷藏、除臭、自动化霜、解冻、节能高效等。

自从模糊控制技术出现，实现了控制技术飞跃，解决了传统控制论无法解决的许多难题。

传统的机械式控制器是对蒸发器的温度进行控制，当蒸发器从箱内吸热，温度升到一定值时启动压缩机，压缩机运转后，将蒸发器的温度降到一定值时停机，如此反复循环使箱内温度控制在一定的水平上。这种温控器需要很大的温差才能动作，只能附在蒸发器上，造成控温精度低，且不论箱内食品多少、温度变化如何、环境温度如何变化，其控制均千篇一律。

电子式或电脑式控制器对箱温进行控制，控温精度高，但不能感知箱内食品内部的温度。随着环境温度的变化，必须相应调整控制策略，才能使食品满足储存需要。

模糊控制，主要是根据温度传感器测得的各室温度值和算出的温度变化，运用模糊推理确定食物温度，控制压缩机运转和风门，达到最佳的运行状态和最佳保鲜效果。

其具体控制方案为：根据箱内温度 T、环境温度 t，温度变化 ΔT 来决定本次控制所需冷量。冷量可由压缩机工作时间的长短来获知。

模糊控制器对风冷式电冰箱压缩机的控制与直冷式电冰箱相似，对于风冷式电冰箱，模糊控制器还需控制风扇和风门。

如图 5-15 所示为多门电冰箱的神经图。

神经网络主要用于学习和记忆门开启等运行状态和确定最佳化霜时间等。根据这种神经图设计制造出的模糊控制电冰箱，其系统框图如图 5-16 所示。

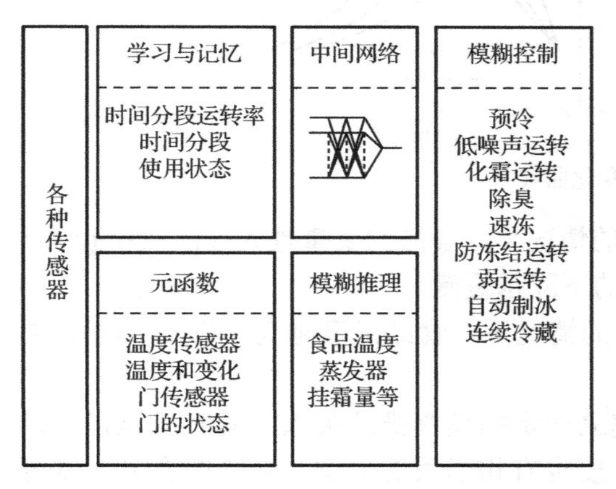

图 5-15　多门电冰箱的神经图

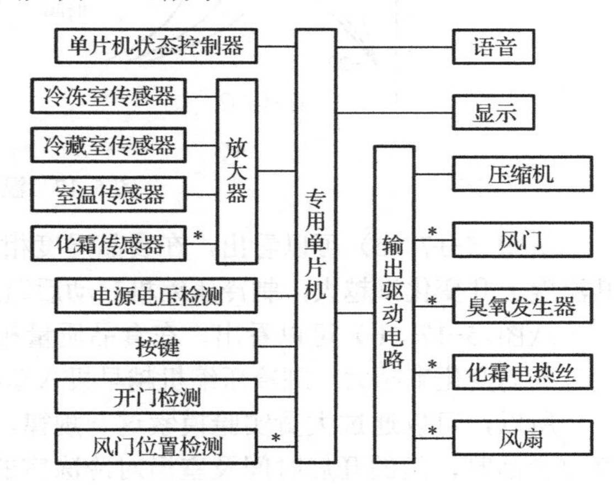

图 5-16　模糊控制电冰箱系统框图

标注*的部件为无霜风冷式电冰箱所特有

冷冻室传感器、冷藏室传感器、化霜传感器、室温传感器感知的信号，经放大器放大后供单片机采样分析。

电源电压检测电路可检测出电源电压的波动情况，为压缩机的过、欠电压保护提供依据。

开门检测电路可检测箱门开闭状态和开闭时间。

风门位置检测电路用来判定风门开闭状态及开度。

按键、语音和显示电路，是人与控制器会话的操作界面，可以采用 LED 灯、数码管或液晶显示器显示。

输出驱动电路的作用是驱动压缩机、风门电动机、风扇、臭氧发生器及化霜电热丝等工作。

① 温度模糊控制：电冰箱一般以冷冻室的温度作为控制目标，根据温度与设定指标的偏差，决定压缩机的开停。

由于温度场本身是个热惯性较大的实体，所以系统是一个滞后环节。

冷冻室的温度和食品的温度有很大差别，因此，电冰箱为了保鲜，仅仅保持电冰箱的箱内温度是不够的，要有自动检测食品温度的功能，以此来确定制冷工况，保证不出现过冷现象，才能达到高质量保鲜的目的。

② 检测的必要性：为了检测放入电冰箱食品的初始温度和食品量，应用模糊推理来确定相应制冷量，达到及时冷却食品又不浪费能源的目的。在食品存放电冰箱的初期，应设法检测食品的初始温度和热容量，对食品种类和数量作综合分析。

③ 检测的关键技术：应用软传感技术对食品温度及热容量的检测，是在食品放入冷冻室并关门 5 min 左右后进行的，当食品存入后冷冻室的温度急骤上升，上升的绝对值和变化

率决定于放入食品的温度和热容量，温度的变化曲线如图 5-17 所示。

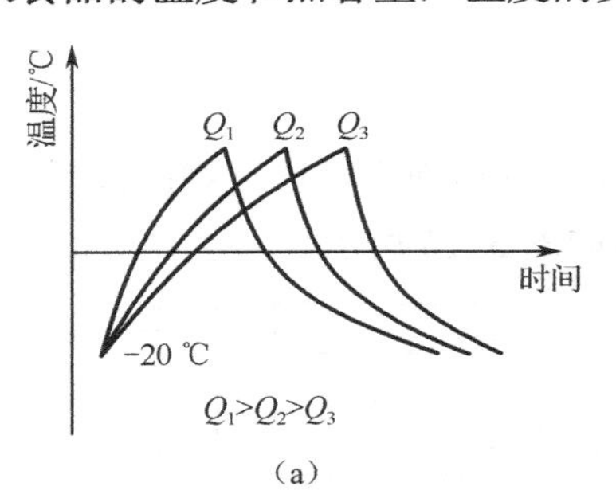

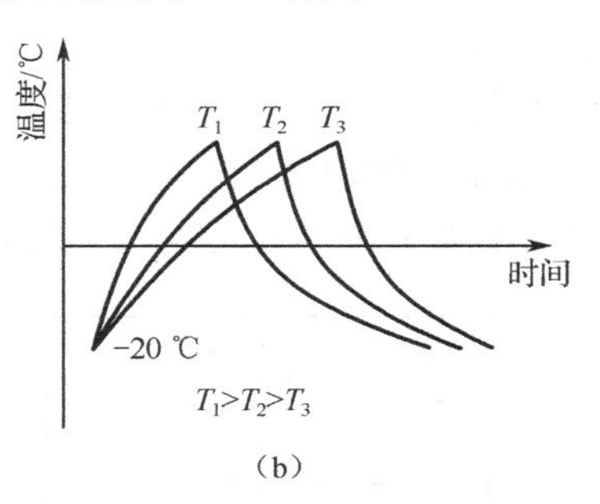

图 5-17　温度变化曲线

从图 5-17（a）可以看出，在食品温度相同的情况下，食品的质量越大（$Q_1>Q_2>Q_3$），其温度上升变化率越大，制冷压缩机启动后温度的下降越缓慢。

从图 5-17（b）可以看出，在食品质量相等的情况下，食品温度越高（$T_1>T_2>T_3$），温度升高的变化率越大，制冷压缩机越早投入运行。

所以，可以通过大量实验摸索这一规律，建立一定的模糊推理关系。同时应该指出，存放食品时，门的开启时间及室温对冷冻室的温度也有相当大的影响，在判断食品温度时应该综合考虑分析。

（3）模糊除霜控制：除霜控制分除霜时机判断和除霜执行两部分。

除霜时机判断一般有经验判断、直接测量和间接测量 3 种方法。机械式控制器只能采用经验判断，即定时除霜的方案。电子与电脑控制器可以采用直接测量和间接测量法。以上 3 种方案如独立运用不一定能捕获到最佳时机。

① 除霜存在的问题：除霜的目的是提高制冷系统的效率，但除霜本身却要消耗能量，这是一对矛盾。

除霜是为了使食品处于稳定的低温环境，但除霜本身产生的热量又会暂时影响食品的温度，这又是一对矛盾。

模糊控制器针对这些矛盾所设计的除霜控制方案，使电冰箱在除霜时，箱内食品温度回升最小，除霜效率最高并节约能量。

② 模糊除霜的方法：根据经验，一般在压缩机累计运行时间达 8 h 左右进行除霜，但蒸发器霜层厚度除了与压缩机运行时间有关外，还受环境温度、湿度、制冷系统性能等因素的影响。因此，除霜的模糊控制用间接的方法测试霜层厚度，当霜层厚度达到一定程度时才进行除霜比较合理。

家用电冰箱的发展趋势，除了无氟、大容量外，主要是多门分体结构、一套制冷装置、多通道风冷式。

为了适应这一情况，达到高精度、智能化控制的目的，如图 5-18 所示系统主要实现温度控制和智能除霜。

温度控制：要把握电冰箱内存放的食物的温度和热容量，控制压缩机的开停、风扇转速和风门开启度等，使食物达到最佳保存状态。

需要传感器来检测环境温度和各室温度，并运用模糊推理确定食物温度和热容量。

智能除霜：根据霜层厚度，选择在门开启次数最少的时间段，即温度变化率最小时快

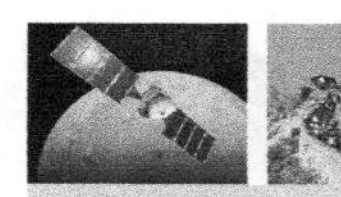

速除霜，这样对食物影响较小，有益于保鲜。

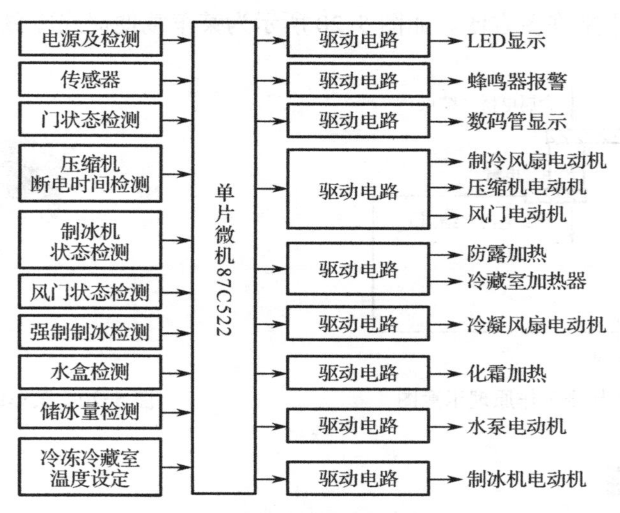

图 5-18　模糊电冰箱控制系统框图

需要运用模糊推理来确定着霜量和考虑门开启状况，经模糊推理确定除霜指令。

此外，该系统还具有故障自诊断及运行状态的显示等功能。

3）半导体制冷

半导体制冷器具是利用半导体制冷器件进行制冷的。

半导体制冷器件的工作原理是佩尔捷效应，该效应是在 1834 年由佩尔捷首先发现，当两种不同的导体 A 和 B 组成电路且通有直流电时，在接头处除焦耳热以外还会释放出某种其他的热量，而另一个接头处则吸收热量。且佩尔捷效应所引起的这种现象是可逆的，改变电流方向时，放热和吸热的接头也随之改变。

（1）半导体制冷器具工作原理：一块 N 型半导体和 P 型半导体联结成电偶，电偶与直流电源连成电路后就能发生能量的转移。当电流由 N 型元件流向 P 型元件时，其 PN 结处便吸收热量而成为冷端；当电流由 P 型元件流向 N 型元件时，其 PN 结处便释放热量而成为热端，如图 5-19 所示。

用半导体制冷技术制造的电冰箱，冷端紧贴在吸热器（蒸发器）平面上，置于箱内用来制冷；热端装在箱背上，用冷却水冷却或加装散热片靠空气对流冷却。改变电流方向，即改变电源极性，则冷、热点互换位置，可使制冷变为制热，故可实现可逆运行。

（2）半导体制冷器具特点：半导体制冷器的尺寸小，可以制成体积不到 1 cm^3 的制冷器；质量小，微型制冷器往往能够小到只有几克或几十克；无机械传动部分，工作中无噪声，无液、气工作介质，因而不污染环境；制冷参数不受空间方向及重力影响，在机械过载大的条件下，能够正常工作；通过调节工作电流的大小，可方便地调节制冷速率；通过切换电流方向，可使制冷器从制冷工作状态转变为制热工作状态；作用速度快，使用寿命长，且易于控制。

例如车用半导体电冰箱，可直接连接汽车点烟器，无机械运动，无需制冷剂，是绿色环保的新一代制冷产品。半导体电冰箱多为车用，但是好的产品往往兼顾各方面的需要，

平时在卧室、办公室、餐厅，外观小巧、携带方便的半导体电冰箱正是家用电冰箱的有效补充，能给家居生活带来许多方便。如图 5-20 所示为某车载便捷式冷藏箱。

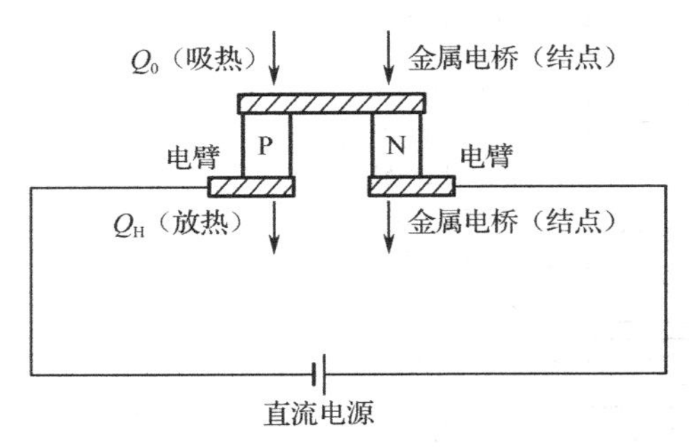

图 5-19　半导体制冷工作原理示意图

图 5-20　某车载便携式冷藏箱

5.2　家用电冰箱

5.2.1　电冰箱的分类与性能参数

1. 电冰箱的分类

1）按用途分类

电冰箱是一个笼统的称呼，按用途不同，电冰箱可分为冷藏箱、冷冻箱和冷藏冷冻箱。

（1）冷藏箱：冷藏箱只具有冷藏功能，温度在 0 ℃以上，一般用于储存饮料、蔬菜类食品，其形式有立柜式，也有卧式、货架式等形式。

（2）冷冻箱：冷冻箱又称冷柜，箱内只设温度在-18 ℃以下的冷冻室，用以冷却储藏和冻结储藏食品，储存期可达 3 个月。它多数为卧式上开门结构，少数为立式侧开门结构。

（3）冷藏冷冻箱：如一般家用双门和多门电冰箱，既有冷冻室又有冷藏室，分别用于冷却储藏和冻结储藏食品。冷藏室温度在 0 ℃以上，冷冻室温度在-12 ℃或-18 ℃以下。冷冻室容积较大，冷藏室由搁架或抽屉分隔成若干空间。冷藏室和冷冻室之间彼此隔热且各自设置可开启的箱门，互不干扰，容积多为 100～300 L。为适应现代家庭生活的需要，目前市场上的双开门或多开门电冰箱，容积为 500～600 L。

2）按冷却方式分类

按冷却方式不同，电冰箱可分为直冷式电冰箱、间冷式电冰箱和直冷间冷混合型电冰箱。

（1）直冷式电冰箱：优点是结构简单，耗电量少，价格低廉，冷却速度快，冷藏室水分不易散失，保鲜性能好；缺点是冷冻室会结霜，需定期人工除霜，箱内温度均匀性不好。

（2）间冷式电冰箱：优点是冷冻室不结霜，蒸发器上结的霜可自动除去，免去人工化霜。电冰箱内温度均匀性好；缺点是冷藏室食品易风干，保湿性能差，易串味，结构复杂，成本较高，耗电量大。

（3）直冷间冷混合型电冰箱：直冷间冷混合型电冰箱，冷藏室采用直冷法，保湿效果

好，储存的蔬菜等不易风干，冷冻室采用间冷法，不需人工化霜。

2. 电冰箱的型号

根据国家标准《家用和类似用途制冷器具》（GB/T 8059—2016）的规定，家用电冰箱的型号表示方法如图 5-21 所示。

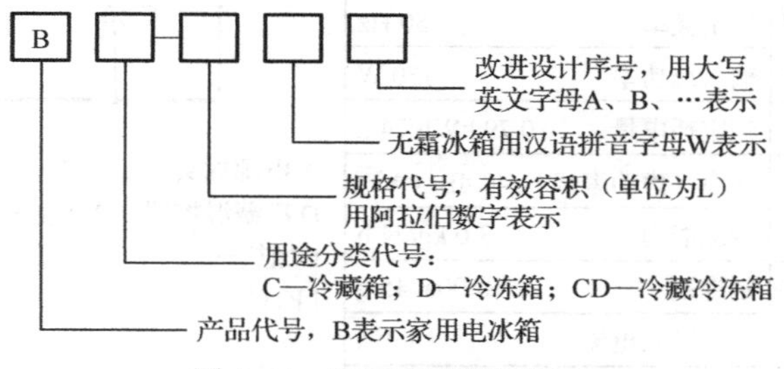

图 5-21　家用电冰箱的型号

例如，BCD-153T：第 T 批设计、有效容积为 153 L 的冷藏冷冻箱。

BCD-248WBJV：W 为无霜，B 为变频，J 为节能，V 为 VC 诱导保鲜。电冰箱型号后面的后缀符号，一般代表某些特殊功能或其他含义，要参考厂家的命名习惯。

3. 电冰箱的冷冻级别

冷冻电冰箱和冷藏冷冻电冰箱的温度等级都是以冷冻室的温度来区分的，共分 4 级，具体规定见表 5-2。

表 5-2　电冰箱冷冻级别及对应温度

星　级	符　号	冷冻室温度	食品储存期限
一星级	(*)	−6 ℃以下	0.4 个月
二星级	(**)	−12 ℃以下	1 个月
高二星级	[**]	−15 ℃以下	1.8 个月
三星级	(***)	−18 ℃以下	3 个月
四星级	*(***)	−24 ℃以下能速冻	6 个月

注：我国国家标准《家用和类似用途制冷器具》（GB/T 8059－2016）的规定与国际标准相同。表中多出的高二星级是日本规定，未纳入我国标准中。

4. 电冰箱的主要规格与技术参数

根据图 5-22 所示电冰箱铭牌，电冰箱的主要规格与技术参数如下：

（1）有效容积：国家标准规定电冰箱的规格均采用有效容积表示，其单位是 L（升）。电冰箱的有效容积可从型号中看出。

国家标准对电冰箱的规格并没有系列规定。目前，国外家庭对电冰箱的规格要求趋向于大型化。例如，日本家庭选购的电冰箱有效容积一般在 300 L 左右，美国家庭所选购的电冰箱有效容积则在 400 L 以上。目前我国生产的电冰箱也开始向大型化、多门化和豪华无氟式方向发展，有效容积达 600 L 的电冰箱已大量进入市场。

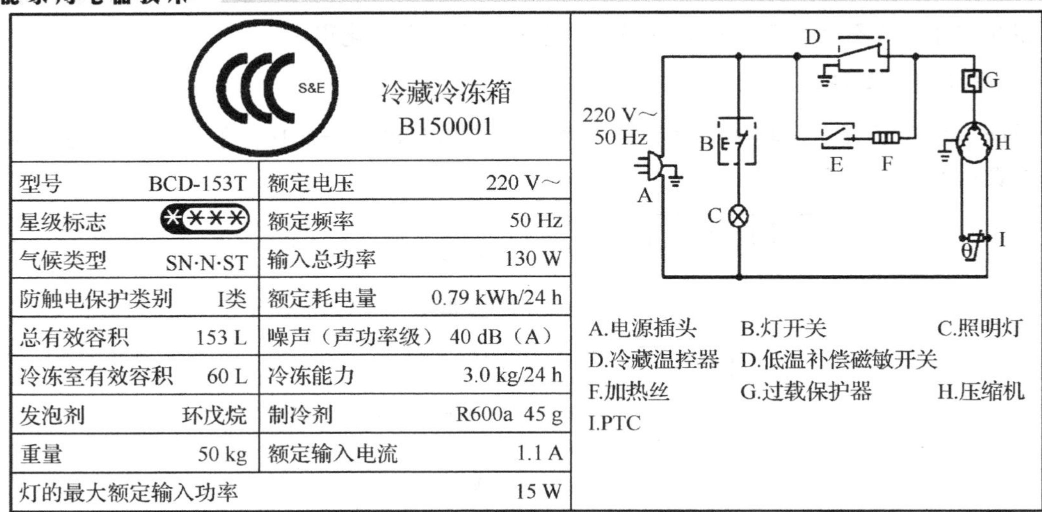

冷藏冷冻箱 B150001

型号	BCD-153T	额定电压	220 V～
星级标志	✱✱✱✱	额定频率	50 Hz
气候类型	SN·N·ST	输入总功率	130 W
防触电保护类别	I类	额定耗电量	0.79 kWh/24 h
总有效容积	153 L	噪声（声功率级）	40 dB（A）
冷冻室有效容积	60 L	冷冻能力	3.0 kg/24 h
发泡剂	环戊烷	制冷剂	R600a 45 g
重量	50 kg	额定输入电流	1.1 A
灯的最大额定输入功率			15 W

图 5-22　电冰箱铭牌

（2）气候类型：根据家用电冰箱国际标准 ISO 7371：1985 的规定，家用电冰箱可分为 4 类［我国国家标准《家用和类似用途电器的安全制冷器具、冰淇淋机和制冰机的特殊要求》（GB 4706.13—2014）的分类与此基本相同］。

亚温带型（SN）电冰箱：使用的环境温度范围为 10～32 ℃。

温带型（N）电冰箱：使用的环境温度范围为 16～32 ℃。

亚热带型（ST）电冰箱：使用的环境温度范围为 18～38 ℃。

热带型（T）电冰箱：使用的环境温度范围为 18～43 ℃。

（3）箱内温度范围：参看电冰箱的冷冻级别。

（4）冷冻能力：在冷冻能力实验规定的条件下，24 h 内使实验包温度从 25 ℃±1 ℃（SN、N、ST 型）或 32 ℃±1 ℃，降到-18 ℃时的实验包质量，就是电冰箱的冷冻能力。冷冻能力以 kg/24 h 表示。额定冷冻能力是由制造厂标示的。

（5）耗电量：电冰箱在稳定状态下运行 24 h 的耗电量。它是在环境温度为 25 ℃（SN、N、ST 型）或 32 ℃（T 型）下，按耗电量实验方法测定的。

（6）制冷剂及充注量：如 R600a 45 g，表示使用的制冷剂为 R600a，充注量为 45 g。

5.2.2　电路控制系统

1. 电动机

压缩机是制冷设备的心脏，电动机为压缩机提供原动力，将电能转换成机械能，驱动压缩机实现制冷循环。

制冷压缩机上常用的电动机，是单相电阻分相式和电容分相式电动机。电冰箱压缩机的电动机启动频繁，为保证其可靠性和使用寿命，目前多采用电流继电器启动。下面介绍两种典型电冰箱电路。

1）重锤式启动电路

重锤式启动电路如图 5-23 所示。这种电路采用重锤式启动继电器和碟形双金属片过电

流过温升保护继电器分开的形式，启动方式为电阻分相式。当电冰箱接通电源，温度控制器、过热保护器、压缩机电动机的运行绕组 CM 和重锤式启动继电器绕组构成回路。启动时电流很大，一般为正常运转电流的 6～10 倍，这样大的电流使启动继电器内的动铁心被吸动，启动继电器常开触点闭合，从而使压缩机电动机的启动绕组 CS 有电流通过，使电动机转子产生转矩。电动机转速提高后，电路电流下降，当达不到吸动动铁心要求时，启动继电器常开触点断开，启动绕组停止工作，电动机启动后正常运转。这种启动电动机的方式称为电阻分相式启动。

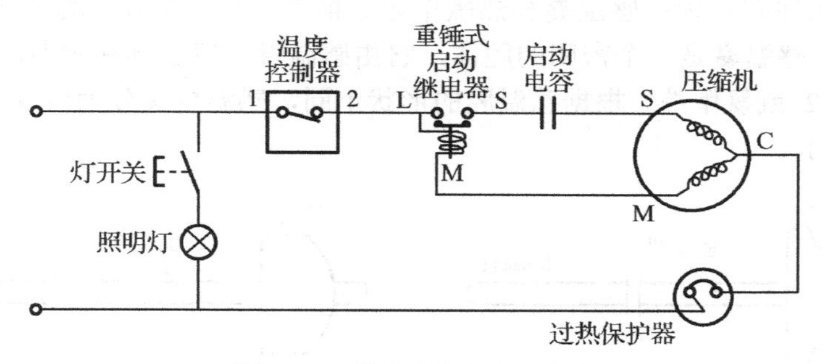

图 5-23　重锤式电容启动电路

另外，该电路还采用电容辅助启动方式，在启动绕组的电路中串联一个启动电容器，以增加电动机的转矩，提高启动性能。过热保护器能在电动机过载时起保护作用，即当电流增大时，保护器内的电阻丝发热，双金属片会因受热而迅速变形，使触点断开，断开电气回路的供电。几分钟后，冷却的双金属片复原，再次接通电路。

2）*PTC 启动电路*

一些电冰箱中使用 PTC 启动器进行启动，电路如图 5-24 所示，启动方式为电阻分相式启动，内埋式热保护继电器串联在电动机电路中。

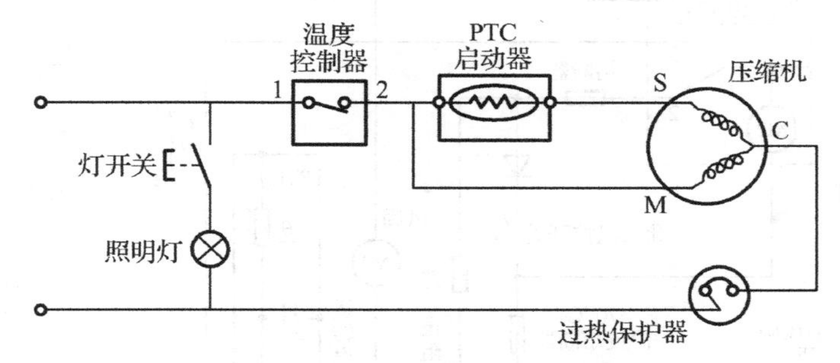

图 5-24　PTC 热敏电阻启动电路

PTC 启动器串联在启动绕组上，在常温下 PTC 元件的电阻只有 20 Ω 左右，不影响电动机的启动。由于电动机启动电流很大，PTC 元件在大电流的作用下，温度迅速上升，至一定温度（如 100 ℃）后，PTC 元件的电阻升到几十千欧，这时 PTC 元件相当于开路，使电动机启动绕组停止工作。

2. 温度控制装置

电冰箱内控制温度的目的是使箱内温度保持在某一低温范围。它是通过控制压缩机的

开停来实现的，如图 5-25 所示。

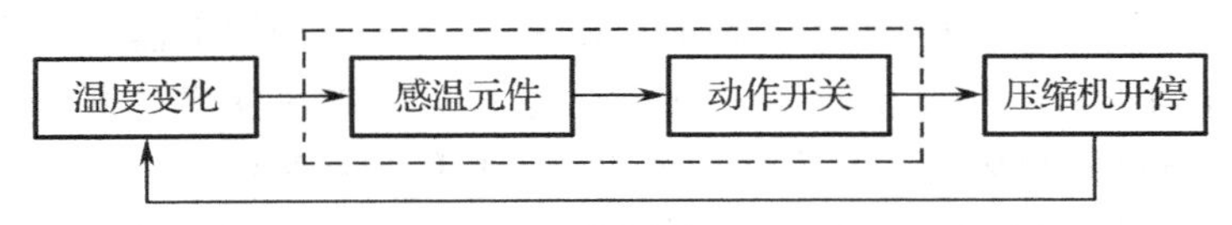

图 5-25　温度控制原理框图

电冰箱的温度控制装置简称温控器，它包含两部分：感温元件和动作开关。

常见的感温元件有两种：感温囊和热敏电阻。前者常用于机械式温控器中，后者常用于电子温控器中。感温囊是一个密闭的腔体，它由感温管、感温剂和感温腔 3 部分组成。感温剂一般为 R12 或氯甲烷。根据感温腔的形状不同，感温囊又分为波纹管式和膜盒式两种，如图 5-26 所示。

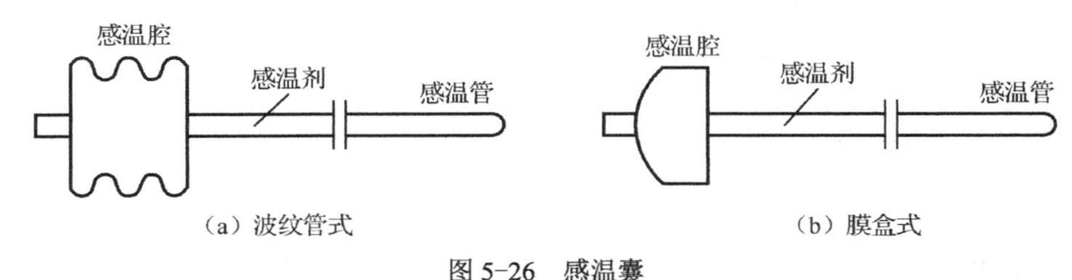

图 5-26　感温囊

3. 除霜装置

全自动化霜是目前比较完善的一种化霜方法。应用在全自动化霜装置中的除霜定时器控制电路如图 5-27 所示。

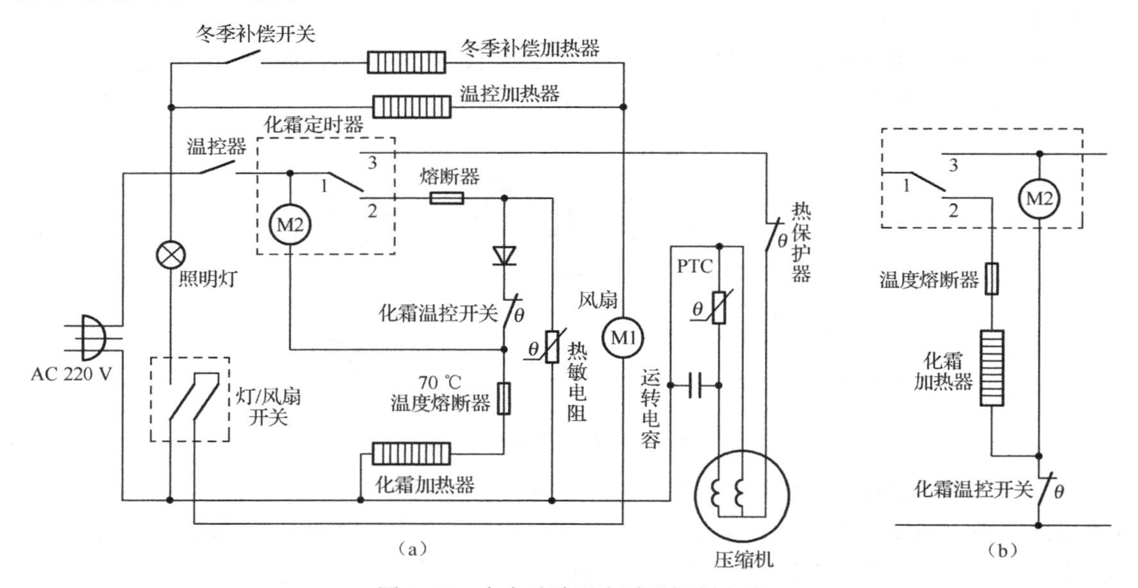

图 5-27　全自动除霜定时器控制电路

其工作原理如下。

图 5-27（a）中，在前次化霜结束后，化霜定时器触点 1 和触点 3 接通，定时器与压缩机、风扇同时运转。化霜定时器与化霜加热器串联，但由于化霜定时器内阻较大，化霜加

热器内阻较小，因此电压大部分加在化霜定时器上，化霜加热器发热量很小。

当化霜定时器与压缩机同时运转累计达到 8 h 时，定时器的触点 1 和触点 2 接通。化霜加热器直接经熔断器和化霜温控开关通电化霜，此时化霜电动机被化霜温控开关短路，化霜定时器停转。积霜化完后，蒸发器表面温度上升至 10～16 ℃时，化霜温控开关触点断开化霜电路，同时化霜定时器开始运转。运转约 5 min 后触点 1 又和触点 3 接通，完成一次自动化霜过程。压缩机、风扇又开始运转制冷。然后，当蒸发器温度降至化霜温控开关复位温度时，温控开关闭合，连通化霜加热器，为下一次化霜做好准备。

图 5-27（b）的工作原理，请读者自行分析。

4. 电子式温度控制电路

1）电子温控电路

电子式温度控制电路用热敏电阻作感温元件，电子元器件作控制电路（不采用微电脑控制芯片）。如东芝 GR-204E 直冷式电冰箱采用半自动电加热化霜方式，温控电路由操作面板和主控板两大部分构成，操作面板用于温度调节和冷冻室除霜操作。其操作面板如图 5-28 所示。

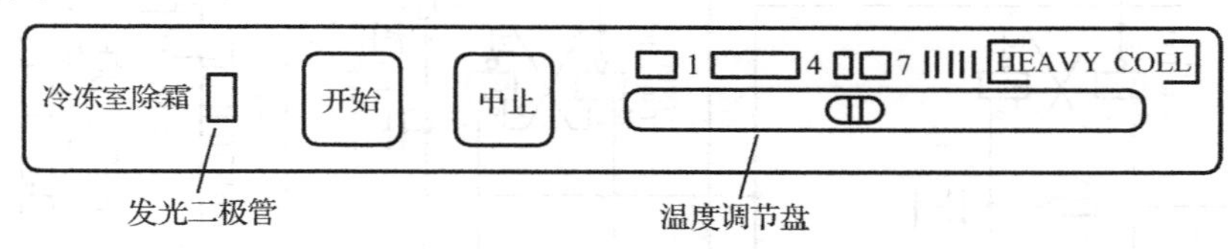

图 5-28　东芝 GR-204E 直冷式电冰箱操作面板

温控电路主要由电源电路、温度传感器电路、冷藏室温度控制电路和冷冻室除霜控制电路组成，如图 5-29 所示。

（1）电源电路：由变压器、全波整流滤波、稳压电路、过电压保护等电路组成，主要提供 14V 和 6.8V 两组直流电压，其中 14 V 供两个继电器使用，6.8 V 供其余电路使用。

（2）温度传感器电路：如图 5-30 所示，东芝 GR-204E 型电冰箱使用两个温度传感器，它们都是负温度系数的热敏电阻，冷藏室温度传感器电路由热敏电阻 R_{t1} 和电阻 R_{806} 串联构成，冷冻室温度传感器电路由热敏电阻 R_{t2} 和电阻 R_{810} 串联构成。

（3）冷藏室温度控制电路（压缩机开、停控制）：通过检测冷藏室的温度来控制压缩机的开停，它主要由热敏电阻 R_{t1}、Q802（四电压比较 TA75339）中的 A1、A2 两个电压比较器及 Q801（四输入与非门 TC4011）中的 G1、G2 构成的 RS 触发器、继电器 K01 和温度调节电路构成。

（4）冷冻室化霜控制电路：由冷冻室热敏电阻 R_{t2}、Q802 中的 A3 及 Q801 中的 G3、G4、K02、化霜加热器等构成。

2）电冰箱智能温控电路

电冰箱智能温控电路以微电脑为核心，对电冰箱的温度、化霜等进行控制，TMP87C408N 是日本东芝公司专为电冰箱设计生产的一种单片微电脑集成电路，春兰 BCD-230 WA 电冰箱采用了该芯片，该电冰箱的电路由电源、单片机、温度控制、化霜控制、冷藏室开门警示、显示板和操作键控制等电路组成，如图 5-31 所示。

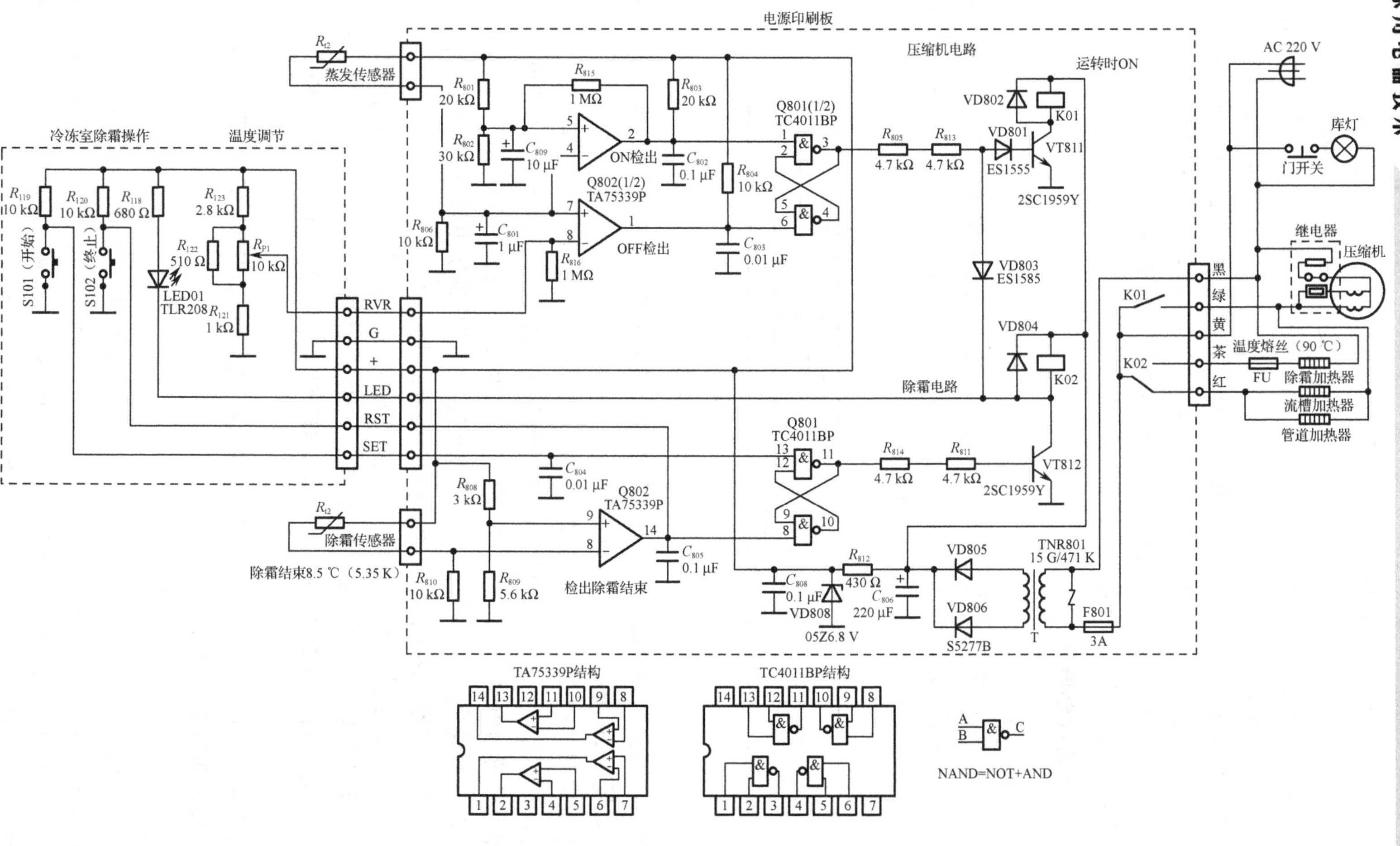

图5-29　东芝GR-204E直冷式电冰箱温控电路

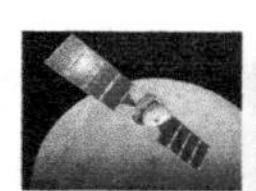  

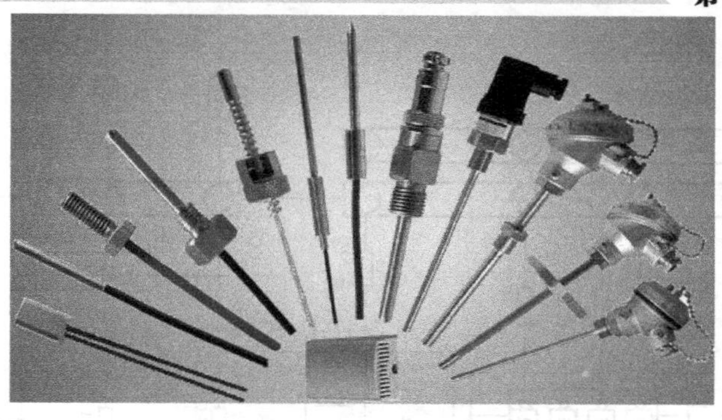

图 5-30　温度传感器

（1）电源电路：由变压器、桥式整流、电容滤波、三端稳压、过电压保护等电路组成。

（2）单片机 IC1：工作条件是在 14 脚的 V_{SS} 端与 28 脚的 V_{DD} 端得到+5 V 直流工作电压；27 脚得到正常的复位电压；1、2 脚外接时钟振荡电路正常。

（3）温度控制电路：电冰箱根据冷冻室温度的高低，控制压缩机和风扇电动机的开停，电阻 R_{F1} 和冷冻室温度传感器串联构成温度检测电路。

（4）化霜控制电路：单片机累计压缩机的运行时间，当累计值达到 7 h 时，由 21 脚输出高电平，发出化霜指令，接通化霜加热器电路。

（5）冷藏室开门警示电路：由冷藏室门开关和光耦合器 IC5 等构成。

（6）显示板和操作键控制电路：显示器板采用 LED 显示，由单片机 IC1 控制，显示温度及工作状态等信息。

5.2.3　电冰箱的安装和使用

1. 电冰箱的搬运和安装

（1）运输时切勿倒置，倾斜角度不得超过 45°。

（2）放置的地面应坚实而平坦。

（3）电冰箱侧面散热面和墙之间要隔 10 cm 以上，后壁离墙 15 cm 以上，顶部空间要求大于 30 cm。

（4）电冰箱安放的环境要干燥通风，远离热源、煤气。

（5）电冰箱所用电源应外壳接地，接地电阻小于 4 Ω。

2. 电冰箱的使用

（1）停电或插头拔下后要等 3～6 min 再接，马上接有时可能不能运转。

（2）设立专用的插座和专线，电线截面面积不小于 0.75 mm^2。

（3）食品存放要有一定间隔，以便冷气循环畅通。

（4）长期停用的电冰箱，应清理干净，防止霉菌生长。并且每月要通电几分钟，防止压缩机停用后失油而卡死。

（5）每月把食品取出彻底清理一次。

（6）热的食品要冷后再放入。

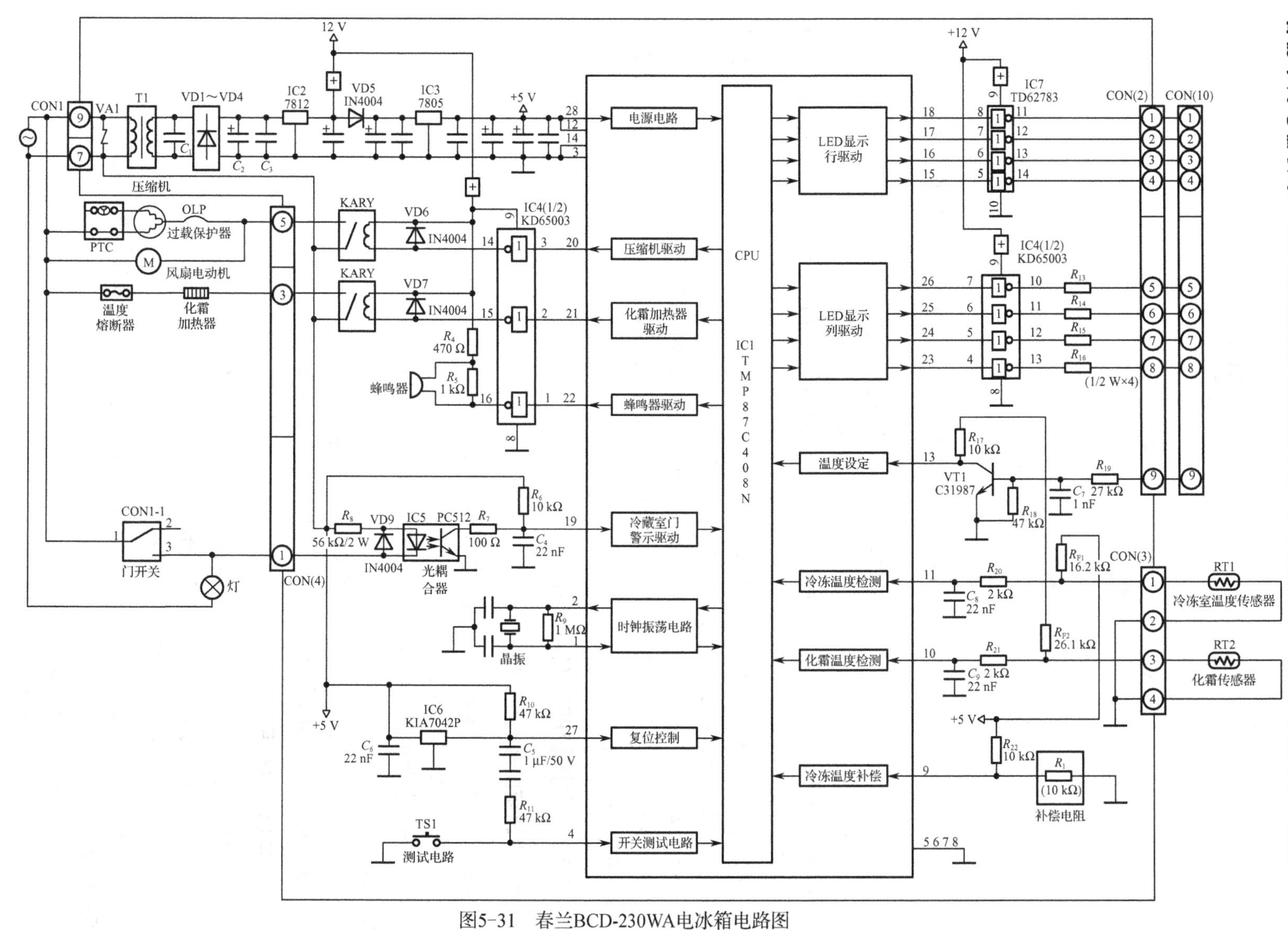

图5-31　春兰BCD-230WA电冰箱电路图

5.3 家用空调器

1902 年 7 月 17 日，首台现代化、电力推动的空气调节系统，由美国工程师及发明家威利斯·开利（Willis Haviland Carrier）发明并投入使用。家用空调器（room air conditioner）的功能是对房间（或封闭空间、区域）内空气的温度、湿度、洁净度和空气流速等参数进行调节。

5.3.1 空调器基础知识

1. 与空气调节有关的概念

1）干球温度

由普通的水银温度计或酒精温度计所测得的环境温度，就是干球温度，简称温度。

2）湿球温度

用湿润细纱布裹住水银温度计的感温包，就成为湿球温度计。用湿球温度计测得的温度就是湿球温度。

对于饱和空气，湿球温度等于干球温度。

对于不饱和空气，湿球温度小于干球温度。

湿球温度与干球温度的差值越大，说明空气越干燥。

3）露点温度

当保持空气的含湿量不变而使其冷却，当干球温度下降到饱和状态，相对湿度为 100% 时，空气中的水蒸气就开始结露，此刻相对应的温度称为露点温度。

对于饱和空气，干球温度、湿球温度和露点温度三者相等。

对不饱和空气，干球温度最高，湿球温度次之，露点温度最低，空气越干燥，它们之间的差值就越大。

4）绝对湿度

某温度下，单位体积中所含水蒸气的量称为绝对湿度，是湿度的一种表示方式，单位为 kg/m^3。

5）含湿量

单位质量空气中所含水蒸气的量称为含湿量，用符号 d 表示，单位为 g/kg 或 kg/kg。含湿量是空气的一个重要状态参数，它确切地表示了空气中含有水蒸气的实际数量。

6）相对湿度

湿空气的绝对湿度，与同温度下饱和湿空气的绝对湿度之比，称为相对湿度，用符号 ϕ 表示，即

$$\phi=\frac{\text{某温度下湿空气绝对湿度}(kg/m^3)}{\text{同一温度下饱和湿空气的绝对湿度}(kg/m^3)}\times 100\%$$

2. 空调器的调节功能

空调调的主要调节功能包括温度调节、湿度调节、气流调节和空气的净化等。

1）温度调节

在空调器设计与制造中，一般允许将温度控制在 16～30 ℃。

若温度设定过低，一方面增加不必要的电力消耗，另一方面造成室内外温差偏大，则人们进出房间不能很快适应温度变化，容易患感冒。

目前，普遍提倡的室温调节参考温度是夏季 26 ℃最佳，冬季 20 ℃最佳。室内外温差不宜大于 5 ℃。如果空调器温度设定不合理，室内温度过高过低，易患“空调病”，出现感冒、咳嗽、发烧、精神不振等。

2）湿度调节

空调器在制冷过程中伴有除湿作用。

人们感觉舒适的环境相对湿度应为 40%～60%。当相对湿度过大，如在 90%以上时，即使温度在舒适范围内，人的感觉仍然不佳。

3）气流调节

采用风机和风道，使电能转化为机械能，推动空气流动。

4）空气的净化

空调器的净化方法有换新风、过滤、利用活性炭或光触媒吸附和吸收等。

（1）换新风：利用风机系统将室内潮湿空气往室外排，使室内形成一定程度负压，新鲜空气从四周门缝、窗缝进入室内，改善室内空气质量。

（2）光触媒：在光的照射下可以再生，将吸附（收）的氨气、尼古丁、醋酸、硫化氢等有害物质释放，可重新使用。

（3）增加空气负离子浓度：空气中带电微粒浓度会影响人体舒适感。空调器上安装负离子发生器可增加空气负离子浓度，使环境更舒适，同时在降低血压、抑制哮喘等方面有一定医疗效果。

3. 空调器的分类

按功能分类：单冷型和冷暖型。单冷型只用于夏季制冷除湿；冷暖型不仅用于夏季制冷除湿，还可用于冬季制暖。

按制热方式分类：电热型、热泵型、热泵辅助电热型。

按结构分类：整体式和分体式。整体式主要为窗机；分体式又分为落地式、壁挂式、嵌入式、台式等。

按冷却方式分类：水冷式（需水源，不适于家庭使用）和风冷式。

4. 空调器的型号命名

按照房间空调器的国家标准规定，其型号如图 5-32 所示。

（1）产品代号：用 K 表示房间空调器。

（2）气候类型代号：T1 表示通用气候类型空调器，实际中常省略；T2 表示适合低温气

候条件下使用的空调器；T3 表示满足高温（如沙漠地带）气候条件下使用的空调器。

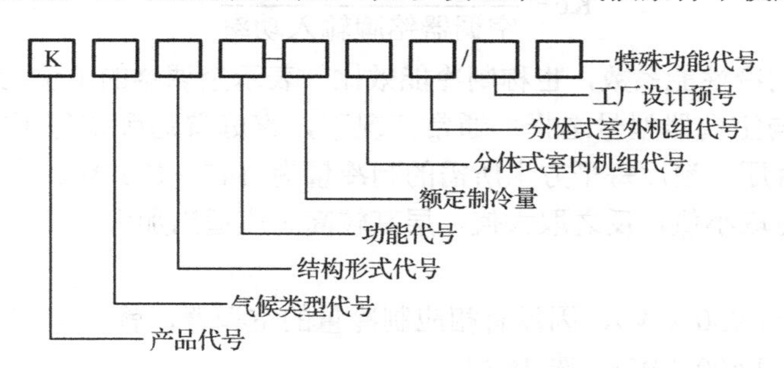

图 5-32 空调器的型号

（3）结构形式代号：整体式（窗式）用 C 表示；分体式用 F 表示。

（4）功能代号：冷风型代号省略，电热型用 D 表示，热泵型用 R 表示，热泵辅助电热型用 Rd 表示。

（5）额定制冷量：用阿拉伯数字表示，其值取额定制冷量的前两位数字。

（6）分体式室内机组代号：吊顶式用 D；挂壁式用 G；落地式用 L；嵌入式用 Q；台式用 T 表示。

（7）分体式室外机组代号：用 W 表示。

（8）工厂设计序号：用 A、B、…表示。

（9）特殊功能代号：变频空调器用 P 表示。

例如，KFR-26G：分体式、热泵型、制冷量为 2 600 W 的挂壁式空调器。

KFR-26GW/BP：分体式、热泵型、制冷量为 2 600 W 的挂壁式空调室外机，且是第二批设计的变频空调器。

5.3.2 空调器的性能参数与使用条件

1. 空调器的主要性能参数

1）空调器的制冷（热）量

在规定制冷工况下，空调器每小时所产生的冷量，称为空调器的制冷量，单位为 W。

1 W=1 J/s=3.6 kJ/h=0.86 kcal/h。

cal 即卡路里（简称卡）：将 1 g 水在 1 atm 下，提升 1 ℃所需要的热量。

1 kcal 称为一大卡，1 kcal=4.184 kJ，1 kJ=0.239 kcal。

欧美国家常用 BTU 表示热量（british thermal unit），为英制热量单位。

1 BTU：将 1 磅水温度升高 1 华氏度，所需要的热量。

1 BTU=251.9958 cal=1.055 kJ。

2）单位功率制冷量

空调器在 1 h 内消耗 1 kW·h 电能所能产生的冷量数，称为单位功率制冷量，用符号 Ke 表示，单位为 W/kW 或 kcal/(h·kW)。欧美国家为 BTU/(h·W)，用 EER（energy efficiency ratio）表示。

$$Ke = \frac{空调器铭牌制冷量}{空调器铭牌输入功率}$$

EER 空调器的制冷性能系数，也称制冷能效比，表示空调器的单位功率制冷量。

（1）房间面积与空调器型号选择：通常情况下，家庭普通卧室每平方米所需的制冷量为 115～145 W，客厅、餐厅每平方米所需的制冷量为 145～175 W。房间保温性能好、密封性能好、不朝阳可取小值，反之取大值，层高较高时应适当加大。

卧室：

15 m^2：130×15=1 950（W），因没有相应制冷量的空调器，就近选 22 型。

20 m^2：130×20=2 600（W），选 26 型。

25 m^2：130×25=3 250（W），选 32 型。

28 m^2：130×28=3 640（W），选 35 型。

客厅：

30 m^2：160×30=4 800（W），选 50 型。

40 m^2：160×40=6 400（W），选 60 型。

45 m^2：160×45=7 200（W），选 72 型。

（2）“匹”是一种功率单位，1 匹（马力）=735 W（瓦），空调器匹数原指输入功率，包括压缩机、风扇电动机及电控部分。这只是一种民间叫法。

因不同品牌其具体的系统及电控设计的差异，其输出的制冷量也各有不同，故其制冷量以输出功率计算。一般来说，1 匹的制冷量大致为 2 000 kcal，以国际单位换算应乘以 1.162，故一匹制冷量为 2 000×1.162=2 324（W）。

1.5 匹的制冷量应为 2 000×1.5×1.162=3 486（W），依此类推，大致能判断空调器的匹数和制冷量。一般情况下制冷量 2 200～2 600 W 都称为 1 匹，3 200～3 600 W 为 1.5 匹，4 500～5 500 W 为 2 匹。

3）空调能效比标识

能效比指的是空调的能耗与效用的比值，具体而言就是一台空调器用 1 kW 的电，能产生多少千瓦的制冷/热量。

（1）普通空调器能效比：2005 年，国家颁布了空调器产品能效比的标准，将普通定速空调器的能效比分为 5 个等级，其中 1 级最高，5 级最低。1 级能效比为 3.4 以上，是市场上最节能的产品；2 级为 3.2，3 级为 3.0，4 级为 2.8；而 5 级能效比为 2.6，是市场准入门槛，自 2005 年 9 月 1 日起，所有低于此标准的家用空调器，都不得在市场上销售。

2010 年 6 月 1 日国家质量监督检验检疫总局、国家标准化管理委员会发布新国家标准《房间空气调节器能效限定值及能效等级》，将原有空调器能效的 5 个等级提升为 3 个等级，具体见表 5-3。

表 5-3　新旧能效比对照表

	类型	额定制冷量（CC）/W	1 级	2 级	3 级	4 级	5 级
旧能效标准（GB 12021.3—2004）	分体式	CC≤4 500	3.4	3.2	3	2.8	2.6
		4 500<CC≤7 100	3.3	3.1	2.9	2.7	2.5

续表

旧能效标准 （GB 12021.3—2004）		7 100<CC≤14 000	3.2	3	2.8	2.6	2.4
	整体式		3.1	2.9	2.7	2.5	2.3
新能效标准 （GB 12021.3—2010）	类型	额定制冷量（CC）/W	1 级	2 级	3 级		
	分体式	CC≤4 500	3.6	3.4	3.2		
		4 500<CC≤7 100	3.5	3.3	3.1		
		7 100<CC≤14 000	3.4	3.2	3		
	整体式		3.3	3.1	2.9		

例如，一台定速空调的制冷量是 4 800 W，制冷功率是 1860 W，制冷能效比（energy efficiency ratio，EER）就是 4 800/1 860≈2.6。

能效比分为两种，分别是制冷能效比和制热能效比（coefficient of performance，COP）。

一般情况下，就我国绝大多数地域的空调器使用习惯而言，空调器制热只是冬季取暖的一种辅助手段，其主要功能仍然是夏季制冷，所以我们一般所称的空调器能效比通常指的是 EER。

（2）新能效等级-APF 能效：2013 年 10 月 1 日，国家对变频空调器能效等级实施新标准，市场准入门槛也由 5 个等级提升至 3 个等级。同时，变频空调器能效新标准引入 APF（annual performance factor，全年能源消耗效率）评价指标，既考虑了空调器的制冷能力又包含制热因素，一改以往考核变频空调器的能效指标仅考核制冷季节内空调器的能耗，APF 考核的是全年的能耗水平，对空调器性能的评估更加全面。

新能效标准 APF 能效等级对应关系见表 5-4。

表 5-4 新能效标准 APF 能效等级对应关系

	类型	额定制冷量（CC）/W	1 级	2 级	3 级
新能效标准	分体式	CC≤4 500	4.50	4.00	3.50
		4 500<CC≤7 100	4.00	3.50	3.30
		7 100<CC≤14 000	3.70	3.30	3.10

4）单位质量制冷量

单位质量制冷量（KG）指每消耗 1 kg 原材料，空调器在 1 h 内所能产生的冷量，单位为 W/kg（或 kcal/(h·kg)），它可由下式求得：

$$KG = \frac{\text{空调器制冷量}}{\text{空调器质量}}$$

5）循环风量

空调器铭牌上的风量，是指在室内侧每小时流过蒸发器的空气循环量，单位为 kg/h，用 G 表示。

6）噪声

空调器的噪声主要来自风机和压缩机。

2. 空调器的使用条件

房间空调器不同于工业空调器，它是一种舒适空调器，并且受到使用条件的限制。

（1）房间空调器受到空气条件的限制。它适用于卧室、客厅、办公室及研究室等空气没有被严重污染的场所使用，不适宜在有腐蚀性气体和灰尘较多的场所使用。

（2）房间空调器受到使用温度的限制。它使用的环境温度最高为 43 ℃，最低为-5 ℃。不带除霜器的热泵型空调器，使用的环境温度为 5～43 ℃，若环境温度低于 5 ℃，蒸发器会结霜，甚至结冰，影响正常工作。带除霜器的空调器使用的环境温度为-5～+43 ℃，低于-5 ℃，空调器不能正常工作。

（3）房间空调器受到使用电源的限制。它使用的电源有两种：一种是电压为 220 V，频率为 50 Hz 的单相电源；另一种是线电压为 380 V，频率为 50 Hz 的三相电源，电压波动范围为额定电压×（1±10%）。如果电压过低，会因启动电流过大而烧坏压缩电动机。

一些进口空调器额定电源频率为 60 Hz，可在 50 Hz 的电源上使用。但其电动机转速将由 3 500 r/min 降低到 2 900 r/min。它的制冷量、输入功率和单位功率制冷量都随之下降。必须注意，额定电源频率 50 Hz 的空调器，不能在 60 Hz 电源中使用，否则电动机极易烧坏。

5.3.3 空调器的主要结构部件

空调器的主要结构部件有压缩机、压缩电动机、热交换器、毛细管、电子控制膨胀阀、电加热器、四通换向阀、风扇电动机、主控开关、恒温控制器、除霜器、冷热开关、热保护器、导风栅、变频模糊控制器（或微电脑控制器）等。这里主要介绍压缩机、毛细管、电子控制膨胀阀、四通换向阀等。

1. 压缩机

空调器使用的压缩机有往复式压缩机、旋转式压缩机和涡旋式压缩机 3 种。

1）往复式压缩机

往复式压缩机与电冰箱压缩机结构相似。与电冰箱不同的地方：电动机在上，压缩机在下，垂直安装。

2）旋转式压缩机

旋转式压缩机有滚动转子式制冷压缩机、单工作腔滑片压缩机、贯穿滑片压缩机 3 种类型。

（1）滚动转子式制冷压缩机：其工作原理是利用一个偏心圆筒形转子在气缸内转动来改变工作容积，以实现气体的吸入、压缩和排出，属于容积式压缩机。

如图 5-33 所示，刮片与滚动转子将气缸内腔自然分成吸入室和压缩室两部分。滚动转子在偏心轴（曲轴）的带动下沿气缸内壁转动，在滚动转子转动的同时，气缸内腔吸入室和压缩室的容积在不断变化。当吸入室容积逐渐增大时，制冷剂气体便从吸气口进入吸入室。随着滚动转子的转动，吸入室的容积不断增大，同时压缩室的容积相应地不断减小，

从而对压缩室内的气体进行压缩。压缩室内的压力逐渐升高，当压缩室内的压力大于排气压力时，排气阀在压力差的作用下被打开，压缩后的高温高压制冷剂蒸汽便从气缸中不断排出。滚动转子沿气缸内壁转动一周，便完成了一个吸气、压缩、排气循环。

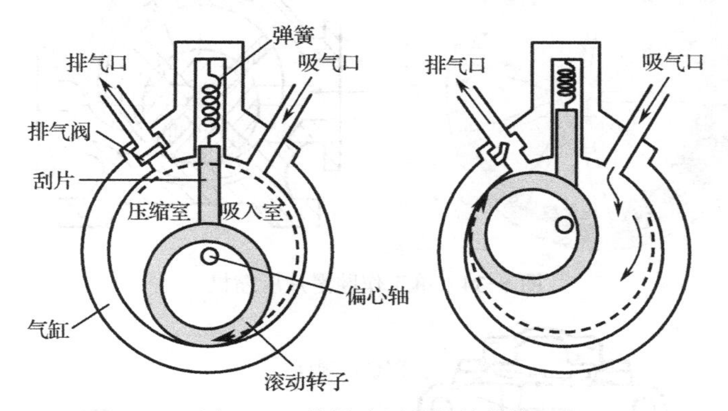

图 5-33　旋转式压缩机的结构

滚动转子压缩机的活塞，像一个在扁平圆盒子内旋转的转子一样，活塞装在偏心轴上沿气缸侧壁面做平面滚动，作用于气缸内的制冷剂。

为了隔断吸气区与排气区，在气缸侧壁上开有一个垂直的槽，槽内装有一个与转子配合良好，可以被压进转子侧壁槽内的滑片。

与往复式压缩机相比，旋转式压缩机消除了进气阀片故障，曲轴连杆将电动机旋转运动转换为往复直线运动对效率的影响，曲轴连杆部分的抱轴卡轴、活塞余隙对效率的影响等问题。

滚动转子式制冷压缩机技术有了很大进步，效率有了很大的提高。但其滑片的密封及排气阀片的故障等问题并没有彻底解决。

特点：

① 结构简单，体积小，质量小，同往复式压缩机比较，体积可减小 40%～50%，质量也可减轻 40%～50%。

② 零部件少，特别是易损件少，同时相对运动部件之间的摩擦损失少，因而可靠性较高。

③ 仅滑片有较小的往复惯性力，旋转惯性力可完全平衡，因此振动小，运转平稳。

④ 没有吸气阀，吸气时间长，余隙容积小，并且直接吸气，减小了吸气有害过热，所以其效率高。但其加工及装配精度要求高。

（2）单工作腔滑片压缩机：主要由机体（又称气缸）、转子及滑片等 3 部分组成，如图 5-34 所示。

工作原理：在气缸内壁与转子外表面间形成一个月牙形空间。滑片受离心力的作用从槽中甩出，其端部紧贴在气缸内表面上，把月牙形的空间隔成若干扇形小室，称为基元。随着转子的连续旋转，基元容积从小到大周而复始地变化。

（3）贯穿滑片压缩机：其工作原理如图 5-35 所示，转子上的滑片槽是贯通的，整体滑片放在通槽中。滑片两端与气缸保持接触，转子转动时，带动滑片运动，其两端始终沿气缸内壁滑动。由于滑片的运动始终受到气缸内壁的约束，因此气缸型线不再是圆或椭圆，

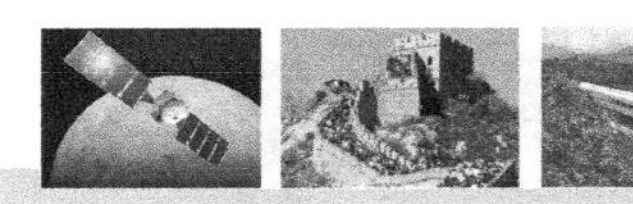

而是根据滑片运动机理生成的曲线（面）。

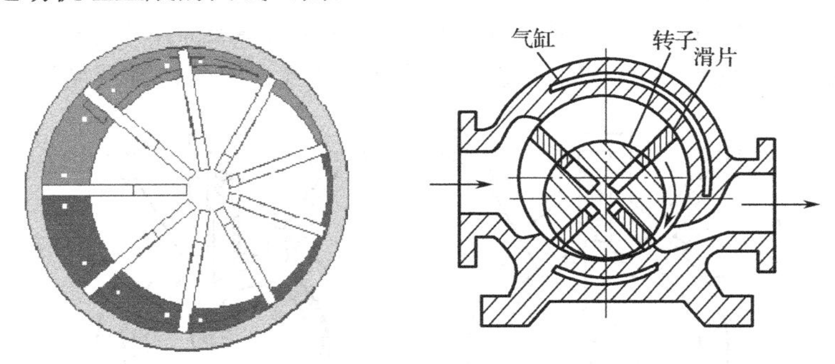

图 5-34　单工作腔滑片压缩机

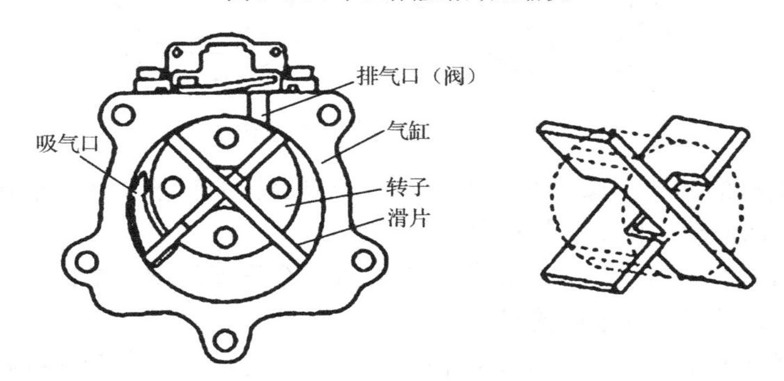

图 5-35　贯穿滑片式压缩机

贯穿滑片压缩机的运行特点：贯穿滑片式压缩机除具有传统滑片压缩机的特点外，由于其滑片端部是靠受到气缸内壁的约束来实现该部位密封的，且其间存在完整或部分油膜，因此既保证滑片端部密封，又大大地减轻了该部位的摩擦损失。

优点：

① 结构简单，零部件少，加工与装配容易实现，维修方便。

② 运转平稳、噪声低、振动小。由于无偏心旋转的零部件，因此动力平衡性能好，尤其在高转速运动时振动和噪声都很小。

③ 启动冲击小。滑片在启动时逐步伸出，惯性和静摩擦转矩小，因而启动转矩缓慢上升，减少了启动冲击。

④ 效率高。由于没有吸气阀，余隙容积小，容积效率提高。

⑤ 结构紧凑、体积小、质量小，便于狭窄空间安装，因而比较适合作为汽车空调器。

⑥ 压缩机中多个基元同时工作，因此输气量比较大、流量均匀、脉动性小，不需安装很大的储气器。

⑦ 滑片顶部与气缸内表面发生摩擦时，滑片能自动伸长进行补偿，从而可延长使用寿命。

缺点：滑片与转子、气缸之间的机械摩擦比较严重，产生较大的磨损和能量损失，因此使用寿命受到影响且效率较低。

3）涡旋式压缩机

涡旋式压缩机是 20 世纪 90 年代末期问世的高科技压缩机，由于结构简单、零件少、

效率高、可靠性好，尤其是其低噪声、长寿命等诸方面大大优于其他形式的压缩机，已经得到压缩机行业的关注和公认，被誉为“环保型压缩机”。

涡旋式压缩机的独特设计，使其成为当今世界最节能的压缩机。

如图 5-36 所示，涡旋式压缩机的主要部件是动盘和静盘，只有磨合没有磨损，因而使用寿命更长，被誉为“免维修压缩机“。由于涡旋式压缩机运行平稳、振动小、工作环境安静，又被誉为“超静压缩机”。

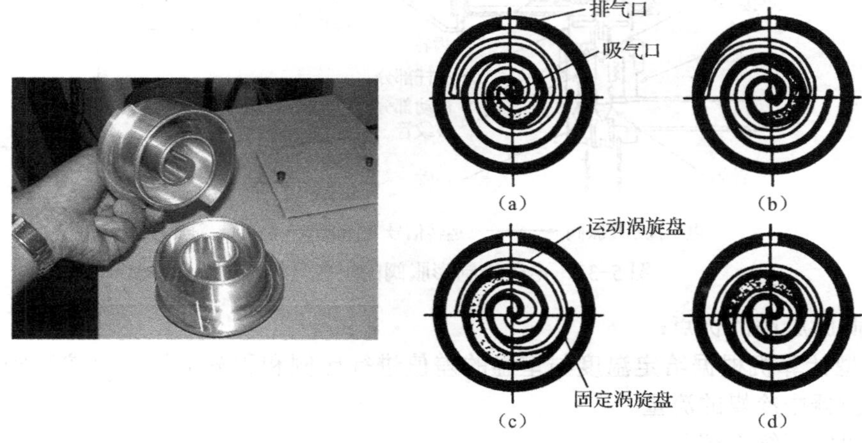

图 5-36　涡旋式压缩机及其工作原理

涡旋式压缩机主要由两个涡旋盘相错 180° 对置而成，其中一个是固定涡旋盘，另一个是旋转涡旋盘，它们在几条直线（在横截面上则是几个点）上接触并形成一系列月牙形空间。旋转涡旋盘由一个偏心距很小的曲柄轴驱动，绕固定涡旋盘平动，两者间的接触线在运转中沿涡旋曲面移动。

（1）优点：效率高，更有利于节能，保护环境；噪声更低；体积更小，质量更小；运行平稳，气流脉动小，转矩变化小，压缩机使用寿命长；压缩过程长，相邻压缩腔压差小，泄漏量小，效率更高。

（2）缺点：制造需高精度的加工设备及精确的调心装配技术。

2. 毛细管

空调器用的毛细管是内径为 0.6～2.0 mm 的纯铜管，长度一般在 800～2000 mm。

其作用是控制制冷系统的流量，控制蒸发器与冷凝器的压力，从而控制蒸发器温度 T_0 与冷凝器的温度 T_k。

毛细管的长度越长，内径越细，那么蒸发压力越低，冷凝压力越高，从而蒸发温度下降，冷凝温度上升。反之，蒸发温度上升，冷凝温度下降。

3. 电子控制膨胀阀

当毛细管的节流作用满足不了新产品的需求时，电子控制膨胀阀就出现了。

电子控制膨胀阀是由步进电动机直接驱动螺旋轴转动，控制针阀的打开或闭合，用以控制制冷剂流量的。

电子控制膨胀阀的动作接受单片机的控制，根据单片机发出的信号进行工作。

电子控制膨胀阀采用电动机直接驱动，以改变阀的开度。其组成及结构如图 5-37 所示。

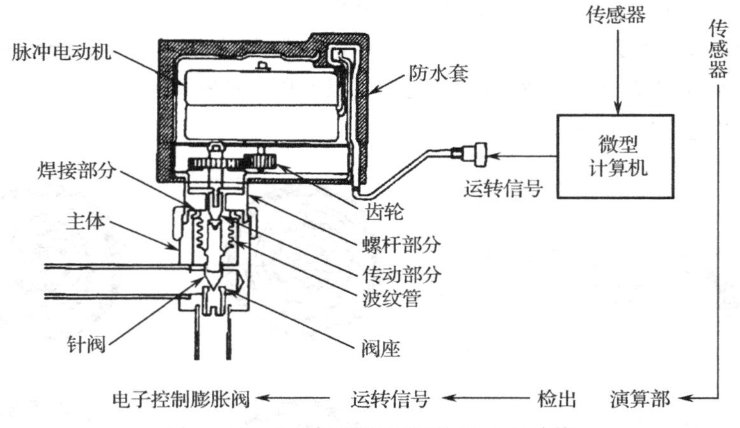

图 5-37　电子控制膨胀阀的组成及结构

电子控制膨胀阀的优点：

（1）微型计算机根据给定温度与室温的差值进行比例和积分运算，以控制阀的开度，直接改变蒸发器中冷媒的流量。

（2）可以实现细微调节。

（3）开机时可以快速制冷制热。

4. 四通换向阀

1）四通换向阀结构

四通换向阀由两大部分组成：上部的电磁导通阀和下部的四通阀，如图 5-38 所示。

电磁导通阀：包括电磁体和阀体两部分。电磁体主要包括电磁线圈、衔铁、弹簧 1 部件；阀体是一个三通阀，由阀芯 A、阀芯 B、弹簧 2 部件组成，在阀体上插焊着 E、C、D 共 3 根细钢管。

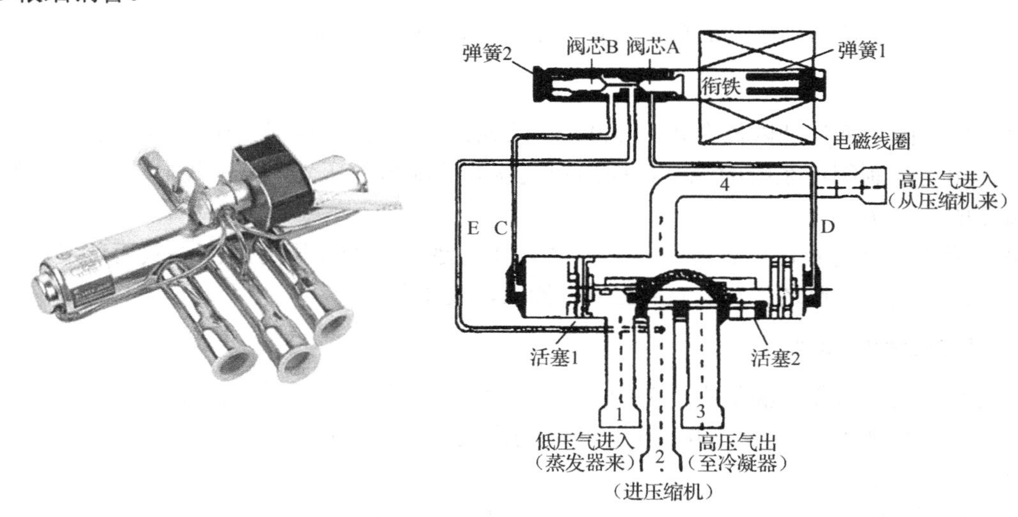

图 5-38　四通换向阀的结构

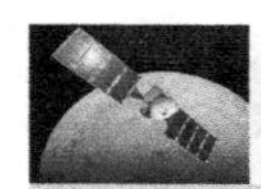

四通阀：有 4 个接口，分别与制冷系统的相关管道连接。4 个接口中的 3 个在同一侧，而另外一个在另一侧。在有 3 个接口的一侧，中间的接口与压缩机的吸气管道相连；其余的 2 个接口分别与管内、管外的交换器盘管的一端相连；另一侧仅有的一个接口与压缩机的排气管道相连。四通阀是由 4 根连焊的粗钢管，两端盖上都有一个小孔的阀体和活塞 1、2 中间的滑块及插焊的 3 根细钢管组成。

2）制冷循环工作原理

如图 5-39 所示，此时电磁线圈断电，动铁心在弹簧 1 的作用下左移，阀芯 A 把 D 管关闭，而 C 管和 E 管相通，E 管与 2 相通，2 接压缩机吸气管（低压）。

因此，活塞 2 的左侧腔室是低压腔室。而活塞 1 的右侧腔室，由于活塞上有个孔与左侧腔室相通，因此与 4 的压力相同（高压），结果使活塞 1、2 带动滑块向左移动，则 1 与 2 通，4 与 3 通。

此时制冷剂的流向：压缩机排气→4→3→室外冷凝器放热→毛细管→管内蒸发器吸热→1→2→压缩机吸气，构成制冷循环通路，周而复始达到制冷的目的。

3）制热循环工作原理

如图 5-40 所示，此时电磁线圈通电产生的电磁力把衔铁向右吸，阀芯 A 开、B 闭、结果使 C 管关闭，D、E 管相通。

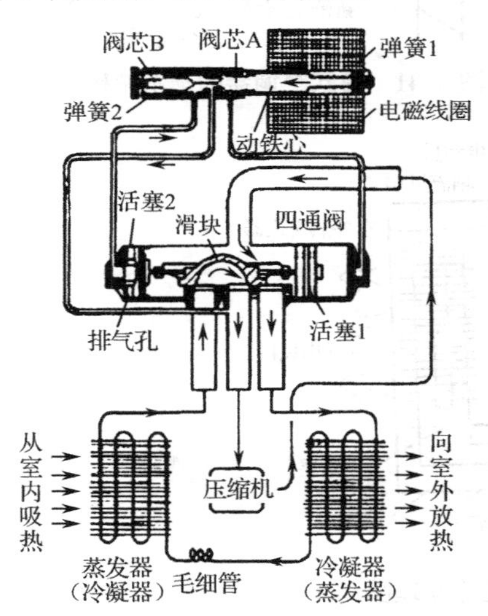

图 5-39　泵型空调器制冷原理图

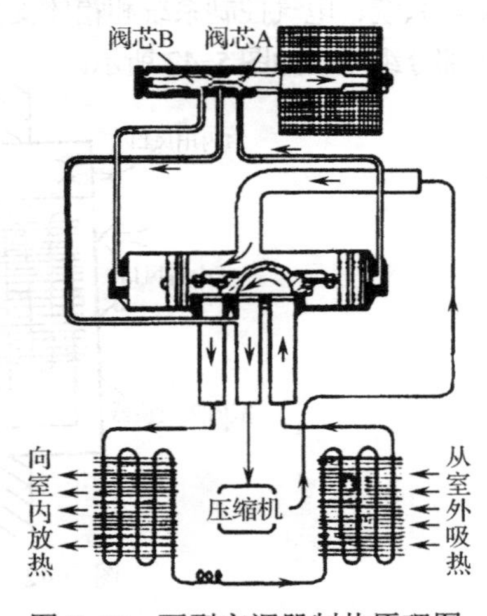

图 5-40　泵型空调器制热原理图

活塞 1 右腔管与吸气管 2 相通（处于低压），而活塞 2 左侧腔室压力较高，于是活塞 1、2 带动滑块向右移动，形成 4 与 1 相通，3 与 2 相通。

此时制冷剂的流向：压缩机排气→4→1→管内蒸发器变成冷凝器放热→毛细管→管外冷凝器变为蒸发器吸热→3→2→压缩机吸气，构成制热循环通路，周而复始达到制热的目的。

4）四通换向阀应用中的注意事项

（1）四通换向阀的各接口焊接应严密、可靠，避免出现假焊、虚焊等不良现象。

（2）四通换向阀不应出现与其他管路、部件碰撞、摩擦的现象，以避免造成噪声及部件损坏等后果。

（3）四通换向阀线圈应固定牢固，避免出现松动现象，影响四通换向阀吸合的可靠性。

（4）四通换向阀在焊接时必须采取有效的降温措施，以防止在焊接过程中因高温引起阀芯变形，造成部件报废。

（5）使用中四通换向阀的 4 根管路应为 2 热 2 凉，如出现温差过小或无温差，说明四通换向阀高、低压已经串气，应及时更换四通换向阀。

5.3.4 窗式空调器

窗式空调器的基本结构如图 5-41 所示。常见的窗式空调器有冷风型和热泵型两类。

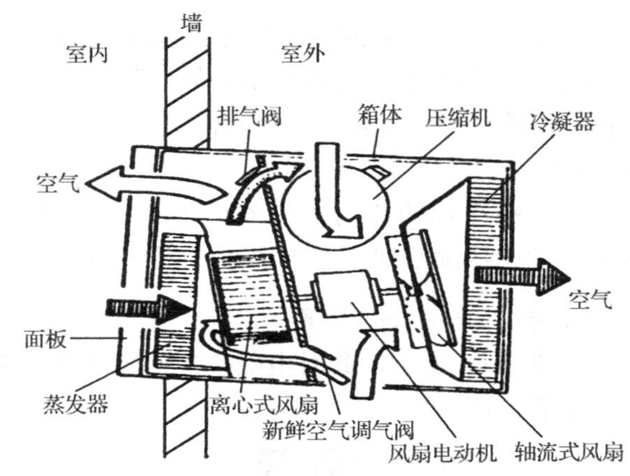

图 5-41　窗式空调器的基本结构

1. 冷风型窗式空调器结构组成

冷风型窗式空调器由制冷循环系统、空气循环系统、电气控制系统和箱体支撑系统 4 部分组成，如图 5-42 所示。

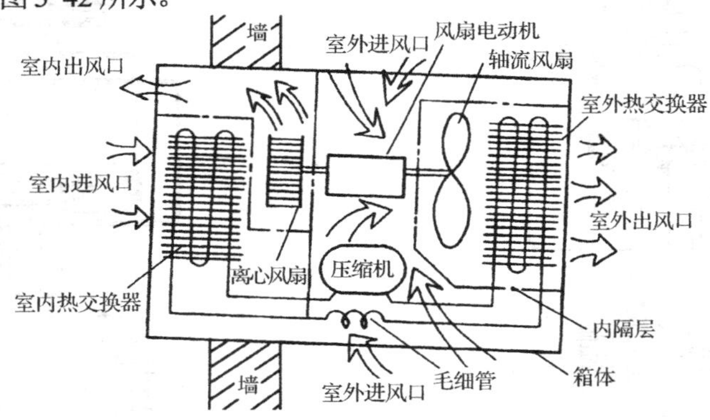

图 5-42　冷风型窗式空调器工作原理图

（1）制冷循环系统：包括压缩机、冷凝器、蒸发器、毛细管、过滤器、消声器。

消声器是制冷系统噪声控制的重要部件，通常安装在压缩机的出口。

消声器的消声原理是利用腔与管的适当组合，通过以下两种作用来消声的：

一是利用管道截面突变（即声抗的变化），使沿管道传播的声波向声源方向反射回去，从而使声能反射回原处。

二是利用几个界面的反射，使原来第一个向前传播的声波又回到原点，并再次折回向前传播，该点与尚未被反射的第二个向前传播的声波汇合，而且两者在振幅上相等，在相位上差 180° 的奇数倍，从而互相干涉而抵消。

（2）空气循环系统：主要包括室内空气循环系统、室外空气循环系统和新风系统 3 部分。

① 室内空气循环系统：主要由进风栅、过滤网、出风栅和离心风扇等几部分组成。

② 室外空气循环系统：主要由百叶窗进气口和轴流风扇等组成。

③ 新风系统：窗式空调器一般装有新风门或混浊空气排出门，二者统称新风系统，其作用是在使用空调器期间更新室内空气。

（3）箱体支撑系统：

① 箱体：一般由 0.8～1 mm 薄钢板弯制而成，表面要经防锈处理后再喷漆。

② 底盘：底盘用于安装整个空调器系统，它要有较好的刚性，不易变形。

③ 面板：一般采用 ABS 塑料注塑成形。

2. 热泵型窗式空调器的结构和工作原理

热泵型窗式空调器包括制冷（制热）循环系统、空气循环系统、电气控制系统及箱体支撑系统。

（1）制冷（制热）循环系统：热泵型窗式空调器的制冷、制热共用一套循环系统。它主要由压缩机、室内侧换热器、室外侧换热器、制热毛细管、制冷与制热毛细管、止回阀、过滤阀（两只）等组成，管路中充有制冷剂，如图 5-43 所示。

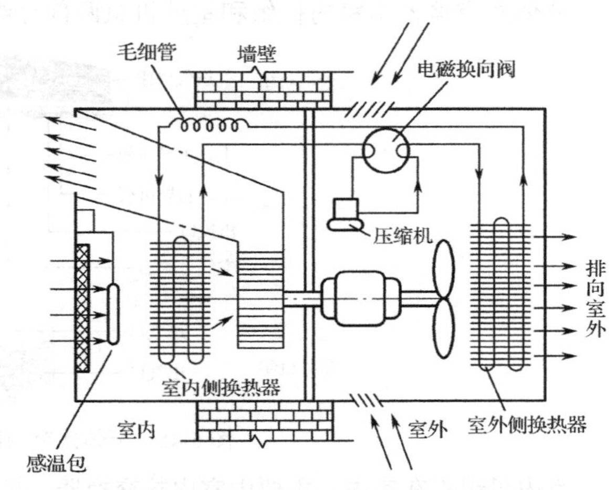

图 5-43　热泵型窗式空调器工作原理图

（2）热泵型窗式空调器典型电路：如图 5-44 所示为热泵型窗式空调器控制电路。冬季制热时，室外机很容易凝霜，所以设计了融霜器开关，并且在循环系统中设计了一个带有单向电磁阀的管道，与室内热交换器并联安装，在外表面上标明制冷剂流动方向。

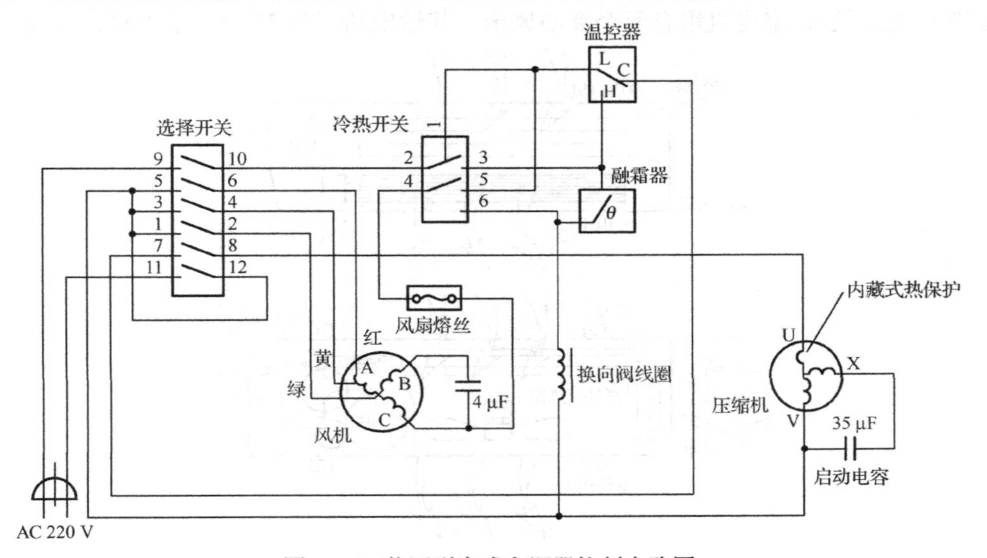

图 5-44　热泵型窗式空调器控制电路图

单向电磁阀的电磁线圈只有在化霜时才通电，这时阀体开启，使压缩机压出的高温高压制冷剂蒸汽分成两路：一路通向室外热交换器化霜；一路流经此单向阀，到室内热交换器制热；在室内热交换器上，冷热两路制冷剂合并流回压缩机。

5.3.5 分体式空调器

窗式空调器的噪声除了门窗的振动之外，主要来自压缩机、离心风扇和轴流风扇。

为了减少室内噪声，人们把空调器分成两部分，把噪声比较大的压缩机、轴流风扇等放在室外，仅将少数必须放在室内的部件安排在室内，这就是常说的分体式空调器。

1. 分体式空调器的原理

分体式空调器由室内机组和室外机组两部分组成，其结构如图 5-45 所示。

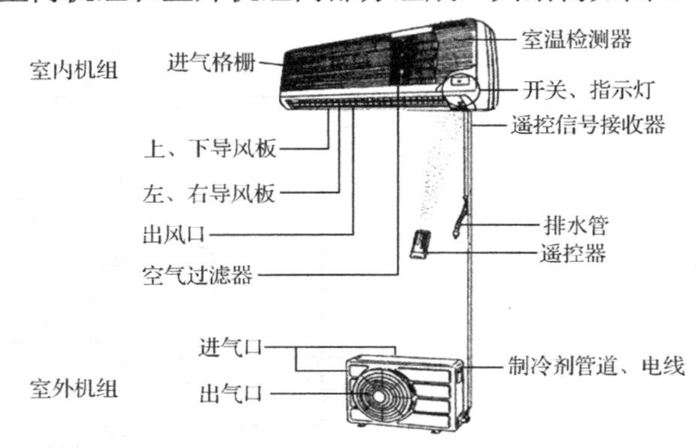

图 5-45　分体式空调器结构示意图

室内机组设在室内，主要由室内热交换器、离心风扇、控制开关、风门和箱体等组成。

室外机组设在室外，主要由室外热交换器、压缩机、轴流风扇、毛细管和箱体等组成。

2. 分体式空调器的室内机组

如图 5-46 所示，室内机组有两个离心风扇，其输出功率为 35 W，上下垂直排列。

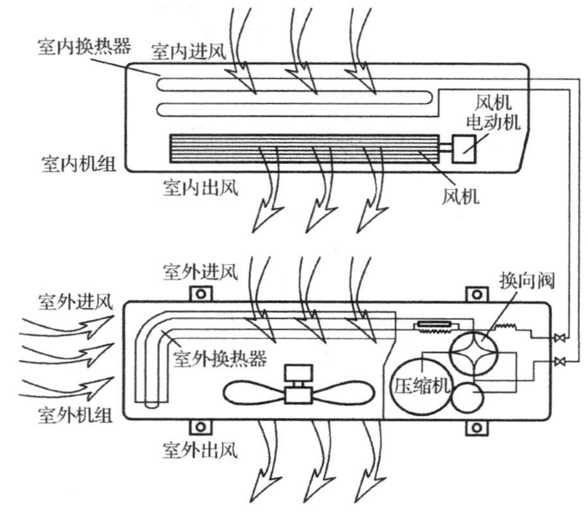

图 5-46　分体式空调室内外机组

室内热交换器竖直安装在后侧，是一种管道横向排列的翅片管式热交换器。

在风机上部，出风栅里面安装了电加热器，功率为 1.8～2.1 kW。

电源变压器、继电器和热动开关等均固定在离心风扇的下方。

由离心风扇吸入的空气，先流经过滤器除尘，然后经过风机罩壳到热交换器进行热交换，经过热交换后的冷（热）空气流经辅加热器，由出风栅排出。

3. 分体式空调器的室外机组

如图 5-46 所示，室外机组主要由两台轴流风机、一只大型的翅片管式热交换器、一个全封闭压缩机、一个四通换向阀、一个限流阀（毛细管）、两个球阀和控制电路所组成。

翅片管式热交换器成“7”字形竖直排列，固定在靠近左侧面板和背后面板处。

两台轴流风机用铁板固定在上下面板之间。

压缩机固定在右前下角，四通换向阀和限流器安装在压缩机旁边，压缩机的上部是配电控制板，右后下角是与室内机组连接的两个球阀。

轴流风机通电后空气可从左后侧吸入，先与热交换器及压缩机等产生热量交换，然后由风扇经排风口排出。

分体式空调器换新风：在室内机下壳体风道形成的剩余空腔中，加装一个离心风机，该离心风机壳体侧面具有一个出风口，出风管一端与出风口密封连接，另一端引出室外。利用离心风机进行换新风工作，将室内空气排出室外，而室外新鲜空气同时由门窗缝隙补充进来，促进室内外空气流通，使房间内不断更换清新空气。

4. 室内机组与室外机组的连接

室内机组与室外机组之间连接的制冷管道外径，液管取 ϕ9.52 mm，气管取 ϕ15.88 mm，长度一般不超过 30 m，高低位差不大于 20 m。

5.3.6　变频空调器

变频空调器近些年很受人们的欢迎，已普遍走入一般家庭之中。

1. 变频空调器的变频原理

变频空调器也称调频调速空调器。

变频空调器是一种高效节能型家用电器。它是根据公式 $n=60f(1-s)/p$，通过改变压缩机电源的频率 f 来改变压缩缩电动机的转速 n，继而改变压缩机的频率，从而改变空调器的制冷（热）量，最终达到获得舒适空气的目的。

变频空调器是通过变频压缩机和一个由电脑控制的变频器来实现的。

变频空调器在刚启动（或调低设定温度）时，由于房间冷负荷较大，空调器压缩机电动机以高频率快速运行，让空调器的制冷能力达到最大，使房间温度能在最短时间内降下来。

另外，当房间冷负荷变小时，压缩机运行频率能随之降低，减少空调器的制冷量，而不用整个空调器停止工作来实现冷量调节，减少了空调器的启停次数及温度波动，如图 5-47 所示（T_s 为房间设定温度）。

因此，与普通空调器相比，变频空调器具有降温速度快、启停次数少、房间温度波动

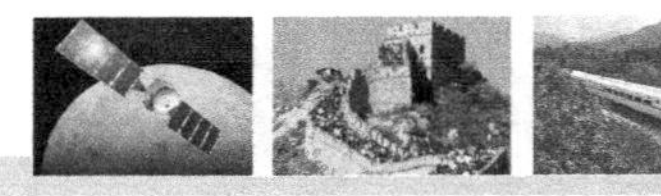

小及节能的优点。

2. 壁挂式变频空调器的结构

变频空调器可以是窗式空调器，也可以是立柜式、壁挂式、吊顶式等形式的空调器。其基本结构如图 5-48 所示。

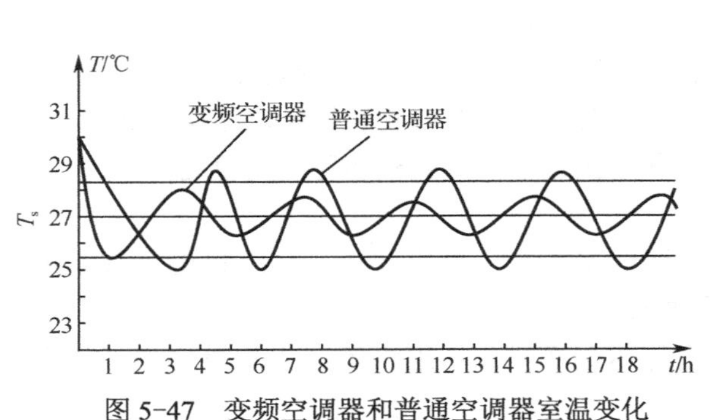

图 5-47　变频空调器和普通空调器室温变化

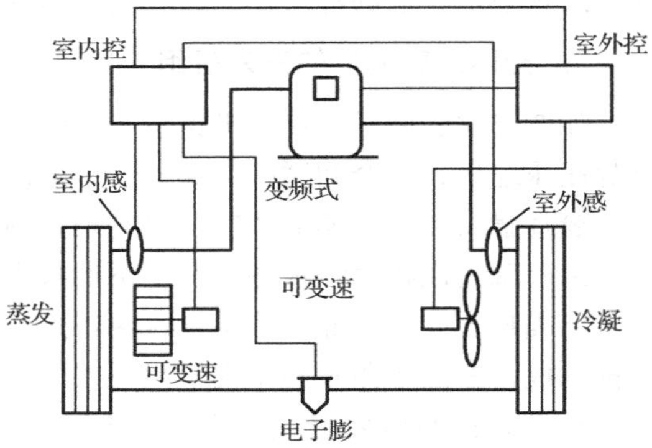

图 5-48　变频空调器的结构

（1）室内机组结构：室内机组由室内热交换器、离心风扇、进风过滤网、排水管、室内电气控制系统、外壳和遥控器组成。

（2）室外机组结构：室外机组主要由室外风扇电动机、室外热交换器、压缩机、气液分离器、四通换向阀、毛细管（单向阀）、过滤器、消声器和室外电气控制系统等组成。其总体结构类似于柜式（落地式）空调器的室外机组，只不过部件及整机体积略小。

（3）室内机组与室外机组的连接：室内机组与室外机组之间通过制冷管道连接，液管取ϕ6.35 mm（1/4 in），气管取ϕ9.52 mm（3/8 in），连接管一般取 4 m，最大长度为 7.5 m，高低位差不超过 7 m。

（4）变频空调器的性能：变频空调器制冷运行时，室内运转温度范围为干球 19～35 ℃（湿球 14～22 ℃），室外运转温度范围为干球 21～43 ℃。

制热运行时，室内运转温度范围为干球 16～27 ℃，室外运转温度范围为干球-8～+21 ℃（湿球-9～+18 ℃）。

3. 变频空调器的特点

普通空调器就是指以往生产的非变频空调器，其压缩机转速是恒定不变的，也称为定速空调器。变频空调器的主要特点为其压缩机的转速是可以变化的。目前，变频空调器使用 3 种调速电动机：

（1）异步电动机：采用矢量控制，发展空间很大，应用范围很广。

（2）直流无刷电动机（BLDC）：采用方波控制，频率调节范围更大，工作效率更高，噪声更低，但价格较高。

（3）永磁同步电动机（PMAM）：采用正弦波矢量控制，功率因数高，效率高，谐波发射少，可以恒转矩控制。

4. 变频空调器的优缺点

变频空调器的主要优点：

（1）降温速度快。

（2）能通过调节转速调整制冷（热）能力。

（3）制冷（热）量调节范围大。

（4）舒适性好。

（5）节能。

（6）启动电流小。

（7）减少压缩机的开停次数，使制冷系统压力变化引起的损耗减少。

（8）适用电压范围广。

（9）适用环境温度低。

变频空调器的主要缺点：

（1）变频空调器低电压运行时，达不到最大制冷与制热量。

（2）压缩机高频运转时噪声较大，其电气元件较多，检修难度大。

（3）价格较普通空调器高。

5.3.7 多室用空调器

1. 空调器的一拖多原理

分体式空调器的一台室外机组带动两台或多台室内机组，这样的空调器称为一拖二空调器或称为一拖多空调器，如图 5-49 所示。

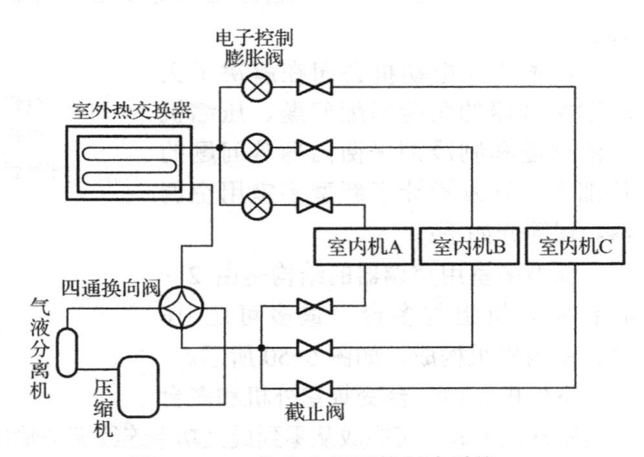

图 5-49 一拖多空调器的制冷系统

空调器一拖多的功能，是通过室外机组与室内机组的合理匹配与可变匹配实现的。匹配的方法一般有如下几种。

1）可变风量匹配

一台容量为4 651 W（4 000 kcal/h）的室外制冷压缩机，与两台容量为 2 326 W（2 000 kcal/h）的室内机组连接，当两台室内机组同时工作时，该空调器处于合理匹配状态。若只有一台室内机组运转，就出现严重失配，制冷效率降低，甚至不能运行。

在这种情况下，采用可变风量匹配法可以实现合理的变匹配。

其方法是，空调器选用变频或变磁极数的风扇电动机，风速由控制系统控制。当只有一台室内机组运行时，令风扇电动机高速运转，室内热交换器保持额定换热量，与室外机组匹配。当两台室内机组运行时，令风扇电动机低速运行，使室内热交换器换热量减少到 1/2，这样两台室内机组的总负荷仍可与室外机组匹配。

2）热交换器分组匹配

热交换器分组匹配，是通过改变室内热交换器换热面积，来改变换热量的方法。就是

把室内热交换器的管道分两组并联连接，再把这样的两台室内热交换器与一台室外压缩机组连接。工作时，如果只有一台室内机组运转，则让其两组热交换器都投入工作；如果两台室内机组都参与运行，则每台室内机组只让其中一组热交换器投入工作。这样可以实现合理匹配。

3）压缩机变速匹配

根据电动机转速原理 $n=60f/p$，无论改变电源频率 f，还是改变绕组磁极对数 p，都可以改变电动机的转速 n。在目前家电行业中，越来越重视变频技术。采用两台变速压缩机，带动两台 1/2 该压缩机制冷量的室内机组，通过自动控制系统，在两台室内机组同时运行时，控制压缩机高速运转；在只有一台室内机组运行时，控制压缩机低速运转。这样就可以得到比较理想的匹配。

在上述 3 种匹配方法中，最后一种优越性更好，也容易实现一台压缩机组拖动 3 台以上室内机组。一拖多空调器的制冷系统如图 5-49 所示。可以预见，数年后，变频模糊控制一拖多空调器将会占据空调器市场的半壁江山。

2. 新型多室用空调器

前面所介绍的一拖多空调器，一般适合二居室或三居室使用，而对三室二厅、四室一厅、小别墅、小型办公楼或营业场所等多居室的建筑物，即使一拖三空调器也显得力不从心了。

日本三洋电动机公司在解决了大功率空调器的负荷匹配问题、压缩机回油问题和制冷剂平衡问题等问题的基础上，开发设计了新型多室用空调器。现简介如下：

新型多室用空调器的结构是由 2～4 台室外机组与多台（最多可达 16 台）室内机组构成，如图 5-50 所示。

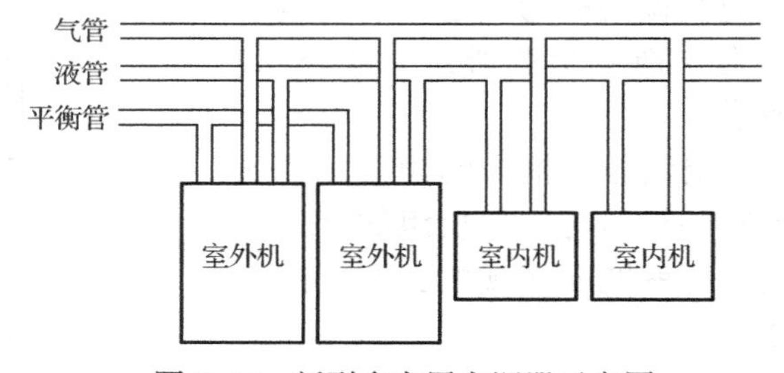

图 5-50　新型多室用空调器示意图

室外机组由一台变频室外机和多台定速室外机组成，可完成从零到最大功率连续调节输出。例如，有 16 台室内机组的小别墅，需空调调功率 22 050 W（30 马力），可选用一台 3 675 W（5 马力）变频机，一台 3 675 W（5 马力）定速机，两台 7 350 W（10 马力）定速机组成总的室外机组。

工作时，当室内机组开机功率小于 3 675 W（5 马力）时，仅让室外机组中 3 675 W（5 马力）变频机开机运行，其他定速机停机休息。如果室内机组开机功率大于 3 675 W（5 马力），而小于 7 350 W（10 马力）时，让室外机组中 3 675 W（5 马力）的变频机与 3 675 W（5 马力）的定速机同时工作，与室内机匹配。如果室内开机功率大于 7 350 W（10 马力），小于 11 025 W（15 马力）时，则控制室外机组中一台 7 350 W（10 马力）的定速机与一台 3 675 W（5 马力）的变频机运行。依此类推，室内机全部开机，可控制室外机也全部开机与之匹配。

室内机则可选用功率大小不等、形式不同的十多台室内机组成联机系统。

日本三洋电动机公司的经验是以 3 种变频室外机如旋转式 6 马力变频机、旋转式 8 马力（4 马力变频+4 马力定速）机、旋转式 10 马力（5 马力变频+5 马力定速）机，与 4 种定速室外机，如旋转式 5 马力定速机、旋转式 6 马力定速机、往复式 8 马力定速机、往复式 10 马力定速机，可以组合成由 11 马力到 36 马力共 26 种规格的新型多室用空调器，还在技术上解决了润滑油的平衡控制问题和制冷剂的平衡控制问题。

3. 新型多室用空调器的优点

（1）输出功率可在 735 W（1 马力）至最高功率范围内自动调节，负荷匹配良好，减少浪费。

（2）减少了变频功率，减少了交、直流变换的比例，减少能量损耗，提高能效比；减少对电源设备的负面影响；降低了造价。

（3）方便增加负荷。在不改变主管路的情况下，增加室内、外机组，就可增加新负荷。

（4）降低了配管等能源损耗，便于批量生产。

5.3.8　模糊控制空调器

前面介绍了变频空调器，变频空调器不一定是模糊空调器，它可以是以经典控制理论为基础的微电脑控制空调器，也可以是以模糊集合为基础的模糊控制空调器。只有后者才可以称为模糊控制空调器，简称模糊空调器。

1. 模糊空调器控制原理

模糊空调器的模糊控制原理框图如图 5-51 所示。模糊控制器由模糊化、模糊控制决策器（包含规则库）和清晰化 3 部分组成。

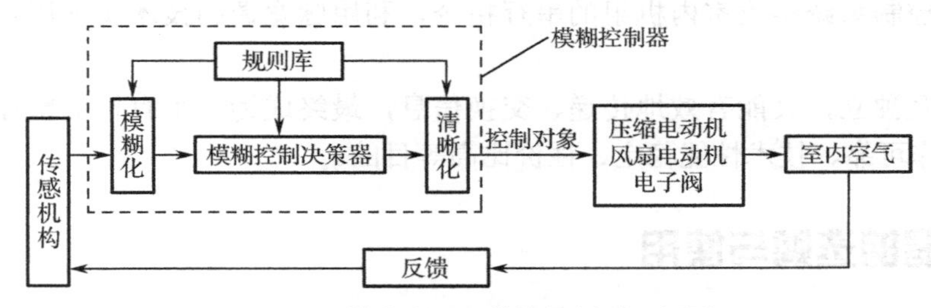

图 5-51　模糊空调器模糊控制原理框图

模糊推理决策器不需要确切地了解被控对象的数学模型，而可以用语言来描述被控系统的模型。例如，用“很冷”“冷”“中”“热”和“很热”等，就可以描述被控系统的温度模型，并将这些词语直接输入模糊决策器进行模糊推理。

在舒适性空调器中，影响舒适度的主要因素有 6 个，即人体的活动量、着衣量、室内外温度、湿度、气流的速度和方向、辐射热的大小。

模糊控制根据这 6 个要素综合判断，得出最优的室内状态参数，即模糊控制能让空调器领会人的感觉，调整制冷（热）量和风速，而常规空调器只根据室内温、湿度调节室内状态，难以得到理想的舒适环境。

2. 变频模糊空调器系统

如图 5-52 所示，红外遥控发射系统是一个良好的人机交互系统，便于用户选择相应的

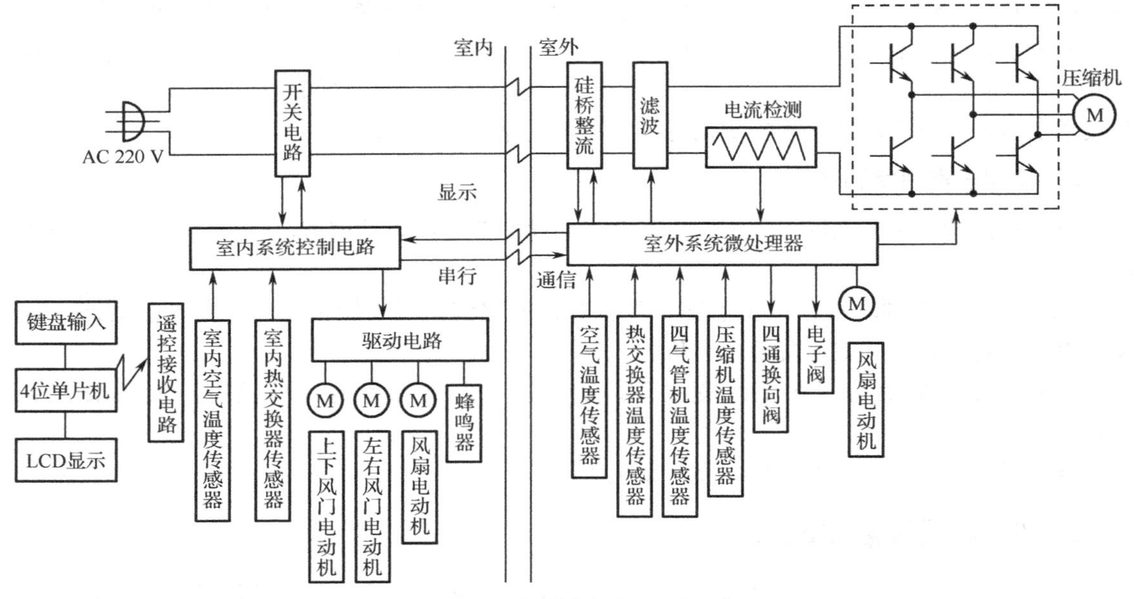

图 5-52　变频模糊空调器框图

空调器的工作方式和工作参数，控制空调器的开停。

室内机组控制系统接收来自于发射系统的遥控指令，借助于传感技术，采用模糊逻辑推理自动设定风机的转速和压缩机的工作频率，控制室内风机的无级调速及风门的摇摆动作，并且将有关的决策信息通过串行通信方式传递到室外机组。

室外机组控制系统接收室内机组的串行指令，利用脉宽调制技术实现压缩机的制冷量连续调节。

三者既相互独立，又能有效地传递、交换信息，最终成为一个有机的整体，使之达到操作方便、工作可靠、技术性能稳定、性价比高等目的。

5.4　空调器的选购与使用

5.4.1　空调器的选购

1. 形式的选择

空调器形式的选择，主要指窗式空调器与分体式空调器的选择。

窗式空调器体积小、质量轻且价格较低，但它需安装在窗台上（也可穿墙安装），噪声比较大，影响采光；适用小房间使用。

分体式空调器噪声小，室内机组结构多样化，美观而实用，功率有大有小，但安装比较麻烦，价格较高。小功率壁挂式空调器非常适合卧室使用，噪声低，不会影响睡眠，大多数产品还有睡眠定时功能，操作方便，舒适性好。而大功率柜式分体式空调器适合客厅、餐厅、会议室、计算机房等大面积的场所使用，特别是遥控、变频、模糊控制功能，方便、舒适的优点尤为突出，很受人们青睐。

2. 适用环境温度的选择

适用环境温度的选择，是指根据不同的环境温度来选择空调器。

北方居室内冬季有取暖设施，或四季如春、无须制热功能的地区或场所，宜选购冷风型空调器。

南方冬季室内无取暖设施，为了兼顾夏季制冷、冬季取暖两种需要，可选用有制热功能的空调器。

具有制热功能的空调器有电热型、热泵型和热泵辅助电热型 3 种。热泵型以节能、舒适而优于电热型。但它只适合在环境温度在 0 ℃以上的环境中使用。带有除霜器的热泵型空调器可在室外-5 ℃以上的环境中使用。若低于-5 ℃，宜选用热泵辅助电热型空调器。变频空调器采用新的除霜方法，它可以在-15 ℃以上的环境中工作。

3. 制冷量、制热量的选择

空调器制冷量的选择应根据房间的面积、房间的密封情况、房内人员数量、房内产生的热量、开门次数和阳光照射程度等而定。

4. 产品质量档次的选择

产品质量档次的选择，主要指选用定速空调器，还是选用较高档次的变频模糊空调器。

变频模糊空调器能根据不同的环境温度，自动改变供电频率，从而改变压缩机的转速 n 和输出制冷量来达到调节室温的目的。这种空调器调节的温度波动性小、舒适性好，近年来大有取代定速空调器之势。

5. 选购空调器应注意的几点

（1）选购名牌产品。名牌产品质量的可靠性和一致性比较有保障。

（2）选购贴有 3C 标志的空调器。

（3）选购空调器应关注售后服务。选择有送货上门、义务安装、定期保修承诺的空调器，可解除用户的后顾之忧。

（4）根据空调房间面积、室内布置情况、温度要求等选用。

（5）造型美观，表面质量好。

（6）注意蒸发器、冷凝器的制造质量。

（7）检查空调器运行情况。

（8）制冷量的大小。

（9）噪声的高低。

5.4.2　空调器的安装

空调器使用过程中受环境因素影响较大，分体式空调器准确地说只能算半成品，安装质量，对空调的正常使用有很大的影响。

1. 安装空调器的准备工作

1）阅读说明书

首先要认真阅读产品说明书，认真弄清它的结构、电路特点、安装要求。若安装者水

平和设备条件较差，不能达到说明书的要求时，一定不要勉强动手，以免留下事故隐患。

2）检查供电线路

为了保证空调器日后的正常使用，安装前要认真检查用户房间供电线路是否能满足要求，包括电线敷设、插座安装和对熔丝、电闸等配件的检查。

（1）电源线的选用：一般家用空调器使用单相 220 V/50 Hz 工频电源，电源电压允许波动±10%，即要求供电电压在 198～242 V。

空调器的工作电流比较大，启动电流更大。例如，一台 KC-35 型空调器的工作电流在 7 A 左右，而配有 3 kW 电热元件的电热型空调器，电热丝工作时的工作电流可达 14 A。

因此，空调器要求采用足够粗的电线专线供电，不要和其他电器共用一个电源插座。

空调器配用的电源线，应使用专门的动力线，导线的截面面积可以按铝线 4 A/mm^2，铜线 6 A/mm^2 计算，再考虑到空调器可能过载的时候，导线截面面积还要适当放大一些。如果空调器装设地点距供电接口较远，所用线长度超过 15 m 时，导线截面面积也要适当加大。空调器电源线的直径规格见表 5-4。

表 5-4　空调器电源线使用直径规格（铜芯导线）

制冷量/W	电源线直径/mm	制冷量/W	电源线直径/mm
1 400～2 600	ϕ1.6	2 600～3 800	ϕ2.0
3 800～4 700	ϕ2.6	4 700～7 000	ϕ3.2

现代家庭在装修中，空调器的装机容量一般在 7 200 W 以下，故多选择 4 mm^2 的多股铜芯线，以保障使用安全和使用寿命。若电源线过细，在空调器工作时会因电流过大而发热，容易发生事故。

（2）熔丝或空气开关的选用：为了确保空调器的使用安全，线路中还要安装合适的熔丝。熔丝可根据用户家中最大负载电流或电度表的容量来选择，常用的熔丝直径与额定电流见表 5-5 所列，供选用时参考。

表 5-5　熔丝直径与额定电流关系表

熔丝种类	直径/mm	电流/A	熔丝种类	直径/mm	电流/A
铝锑合金	0.28	1.0	铝锡合金	0.51	2.0
	0.60	2.5		0.71	3.3
	0.71	3.0		0.81	4.1

现代家庭装修中，一般采用空气开关，空气开关要选择匹配的电流型号。

（3）电度表的选用：安装空调器时还要考虑电度表的容量。如果原有电度表容量过小，应向当地供电部门申请更换较大容量的电度表。

3）准备工具和材料

安装空调器前必须准备好需用的工具、材料，如冲击钻、扳手、射钉枪、膨胀螺栓等。要注意安装空调器的专用工具（如空心钻）是不可替代的，使用不合要求的工具，肯定不能保证空调器的安装质量。安装前，还要用合适的材料（如角铁、木块等），根据说明

书的要求，事先做好空调器的支架、底座和遮阳篷等。

2. 窗式空调器的安装

窗式空调器的安装主要是位置的挑选、机器的安装和电气线路的连接 3 个方面，如图 5-53 所示。

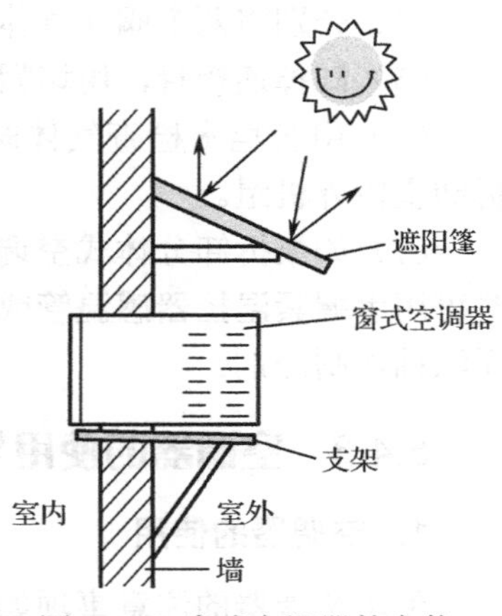

图 5-53　窗式空调器的安装

第一步：墙面开孔，孔的尺寸应略大于空调器外形尺寸。

第二步：安装支架、遮篷，防止空调器遭日晒雨淋。

第三步：装配机壳，室内侧应便于面板拆卸，便于维修。室外侧应防止左、右两侧百叶窗受堵。

第四步：主体插入机壳之内，注意空调器后部与砖墙或其他障碍物保持 1 m 以上距离，保证进、出空气畅通，热交换效果好。

第五步：密封缝隙，用发泡泡沫、橡皮垫等，既起到密封作用，又起到减振降噪的作用。

第六步：连接排水管，室内侧要高于室外侧 1～2 cm，便于冷凝水流出室外。

第七步：接通电源，注意线路的电流容量问题，应单独设线供电。

3. 壁挂式空调器的安装

壁挂式空调器是分体式空调器的一种，由两个箱体的机组组合而成，一个是压缩冷凝机组，即室外机组；另一个是蒸发机组，即室内机组。

壁挂式空调器的室内机组用悬挂的方式固定在房间的墙壁上，室外机组则用支架装在室外墙体上。

分体式空调器需要在现场进行接管、抽真空、开启阀门等一些专业性工作，技术要求较高，安装难度也较大。

4. 立柜式空调器的安装

其安装方法与壁挂式空调器基本相同，立柜式空调器与壁挂式空调器安装的不同之处主要有：

（1）立柜式空调器的室内机组需安装防倒装置。

（2）立柜式空调器室外机组安装基础的承重能力，要比壁挂式空调器室外机组安装基础高。

5. 分体式空调器的拆卸

折卸分体式空调器时，应先使空调器在制冷运行条件下，利用压缩机将室内机组和连接管中的制冷剂抽回室外机组中，然后再拆卸。具体操作如下：

（1）卸掉液体阀（与细管连接）上部堵帽，将阀杆关紧（顺时针转动约 3 圈）。注意不要用力过大，以防把阀门拧坏，但也不能用力过小，关得不紧易使系统中的制冷剂泄漏。

（2）将气体阀（与粗管连接）上部堵帽卸掉。

（3）启动压缩机，这时室内机组和连接管中的制冷剂被抽到室外机组中，运转约 1 min，边运转边关紧气体阀的阀杆。

（4）分别将两个阀（气体阀与液体阀）盖上堵帽。

（5）卸掉连接管，用堵帽和 ABS 工程塑料将接嘴、连接管和端头堵住。

（6）用肥皂水检查气体阀和液体阀的气密性。确定密封性良好，即无气泡现象时，再拆卸室内外机组。

（7）如果拆卸分体式空调器时的室温低于 21 ℃，压缩机不会启动，无法制冷运行。此时可用手握紧温控器感温管或放在高于 40 ℃的温水中，压缩机可启动。注意制热运行时，无法抽加制冷剂。

5.4.3 空调器的使用与保养

1. 空调器的使用

使用空调器的注意事项如下：

（1）空调器电流比较大，电路中应有可靠的保护装置。

（2）空调器应防止日晒雨淋。

（3）空调器过滤网阻塞，会影响通风，从而使制冷（热）量下降，应定时清洗。

（4）空调器房间在空调器使用一段时间以后，应停机开窗，彻底更换空气，以保持室内空气清新。

2. 空调器的维护保养

（1）使用前，观察室外机架有无松动现象；检查室内和室外机组的进风口、出风口有无障碍物；检查并清洗滤尘网；清洁遥控器，装入两节型号相同的新电池。

（2）清洗室内、外换热器表面，提高换热器的效率。清理室内换热器时，应小心拿下面板，用柔软的抹布擦洗，使用小毛刷轻轻刷洗室内机的换热器，这样达到清除灰尘和可繁殖病菌的有害积聚物的目的。

（3）清洗过滤网上的积灰。在使用一段时间后，要重新清洗。清洗过滤网的时候，首先切断电源，再打开进风栅；取出过滤网，用水或吸尘器清洗过滤网，水温不要超过 40 ℃，用热的湿布或中性洗涤剂清洗，然后用干布擦净，同时不能用杀虫剂或其他化学洗涤剂清洗过滤网。

（4）清洗排水部分的污垢和积聚物。排水部分容易沉积污垢，必须定期进行彻底消毒，保证排水通畅，防止细菌繁殖。

（5）检查其他部件。检查供电线路、插头插板、开关；检查易耗损件，如导风转板、杀菌除湿、光触媒等部件状况，确保空调器状况良好，无异常。

（6）使用季节结束后，可让空调器在暂停使用之前，在晴天设为送风状态，开机运转半天左右，使空调器内部完全干透；同时还应将滤尘网、室内机、室外机清洗干净。取出遥控器内的电池。

思考与练习 5

一、填空题

1．制冷循环系统包括 4 个过程，即________、________、________、________。

2．空调器的主要调节功能包括调节________、调节________、调节________和________等。

3．冷暖空调要实现循环的冷热转换，主要是靠________实现。

4．制冷技术的发展方向，包括________、________、________、________等方面。

二、选择题

1．制冷系统中，用于和外界进行热交换，实现排出热量的器件是（　　）。

A．压缩机　　B．冷凝器　　C．毛细管　　D．蒸发器

2．制冷系统中，用于压缩制冷剂蒸汽，迫使其不断地周期循环的器件是（　　）。

A．压缩机　　B．冷凝器　　C．毛细管　　D．蒸发器

3．制冷系统中，用于控制制冷剂循环流量，从而实现节流的器件是（　　）。

A．压缩机　　B．冷凝器　　C．毛细管　　D．蒸发器

4．半导体制冷是基于（　　）原理，利用半导体制冷器件进行制冷的。

A．帕斯卡　　B．伯努利　　C．特斯拉　　D．佩尔捷

5．MSV 技术包含 3 个方面的含义，即（　　）。

A．模糊控制、神经网络、自动恒温　　B．节能降耗、无氟环保、绿色低碳

C．模糊制冷、节能环保、保湿保鲜　　D．保湿无霜、风道同步、变容节能

6．某款设备型号为 BCD-153WT，它属于（　　）。

A．无霜冷藏冷冻电冰箱　　B．冷藏箱

C．冰柜　　D．变频无氟空调

7．冷冻级别为✱✱✱✱的电冰箱，其冷冻室温度为（　　）。

A．−6 ℃以下　　B．−12 ℃以下　　C．−18 ℃以下　　D．−24 ℃以下

8．某台小 1.5P 空调器的制冷量为 3 200 W，能效比为 3.2，则空调器的制冷功率为（　　）。

A．500 W　　B．1 000 W　　C．1 500 W　　D．3 200 W

9．变频空调器是通过改变压缩机工作（　　），来改变空调器的制冷（热）量的。

A．电压　　B．电流　　C．频率　　D．磁极对数

10．某款设备型号为 KFR-32GWP，它属于（　　）。

A．1.5 P 冷暖变频挂机空调　　B．3.2 P 冷暖变频挂机空调

C．1 P 冷暖空调　　D．320 L 电冰箱

三、判断题

（　　）1．制冷设备中，负责和外界进行热交换的部件叫蒸发器，它是高温器件。

（　　）2．制冷剂充注前，必须先对制冷循环系统抽真空，排除空气。

（　　）3．物理制冷是利用制冷剂蒸发吸热，从而实现降温的原理来制造的。

（　　）4．由于氟里昂对大气层的破坏，现在都在大力发展无氟制冷设备。

（　　）5．空调能效比标识把空调器能效比分为 5 个等级，其中 5 级最高，1 级最低。

（　　）6．变频空调器虽然比普通空调器节能，但运行时温度波动较大，舒适性差。

（　　）7．空调器在使用季节开始前，应做好滤网积尘清洁工作，防止对空气的二次污染。

四、简答题

1．如图 5-54 所示电冰箱电路，试述其启动过程。

2．空调器或电冰箱关机后，为什么必须要过 5 min 左右才能重新开机？

3．R410A 制冷剂具有哪些特点？

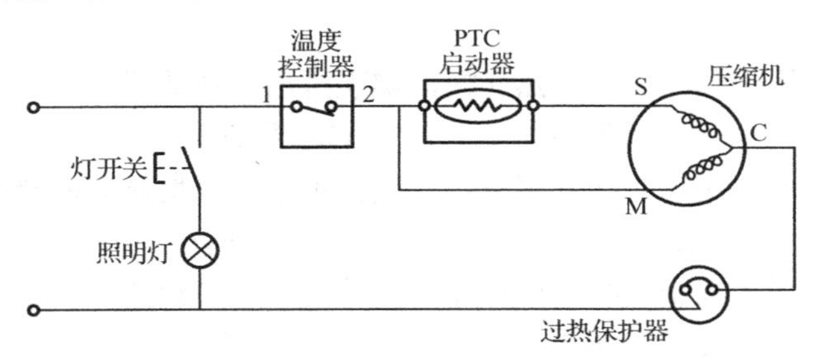

图 5-54

4．某家电公司推出一款无氟变频空调器，除调温、调湿、换新风、除尘等功能外，还具有除菌、制氧功能，并可实现根据人体状况的多点控温，试分析该款空调器大致用到哪些传感器，并说明它们发挥的具体功能。

第6章

智能家用电器维修技术

6.1 智能家用电器故障的分类与规律

智能家用电器在使用过程中，难免会因为各种原因，导致元器件损坏，从而使其丧失规定功能，出现故障。这时需要我们进行维修。

1. 智能家用电器故障分类

（1）按故障现象分类：如洗衣机无法脱水、电冰箱不能制冷、微波炉不能工作等。

（2）按损坏电路分类：有电源故障、振荡电路故障、输出控制电路故障等。

（3）按维修级别分类：有板级故障、芯片级故障等。

（4）按故障性质分类：有软故障、硬故障；永久性故障、间歇性故障等。

① 硬故障：也称突变故障、完全故障。即由元件参数突变引起，如开路或短路。

② 软故障：也称渐变故障、部分故障，是因为元件参数超出容差范围引起的，如电容漏电。

③ 永久性故障：一旦出现，长期存在，一般是元件损坏引起的，如压缩机烧毁。

④ 间歇性故障：具有随机性、短暂性的特点，如因接触不良引起的故障等。

（5）按故障数量分类：单故障、多故障。

① 单故障：某一时刻仅有一个故障，这种故障较为常见。

② 多故障：某一时刻有若干个故障，这种一般比较复杂，维修时较困难。

2. 智能家用电器故障出现的规律

智能家用电器故障的出现时间遵从简单的“浴盆曲线”规律，如图 6-1 所示。

（1）早期故障期：主要由于设计、制造工艺上的缺陷，或者元件和材料的结构缺陷所致，故障率较高，一般出现在产品出厂一年左右的时间内。

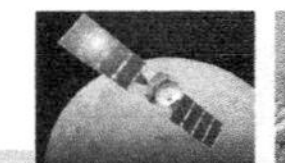

（2）偶然故障期：电子产品经过一段时间使用，性能稳定，故障较少发生。

（3）耗损故障期：电子产品长期使用，因损耗、磨损、老化、疲劳等进入损耗期，故障率开始增加。

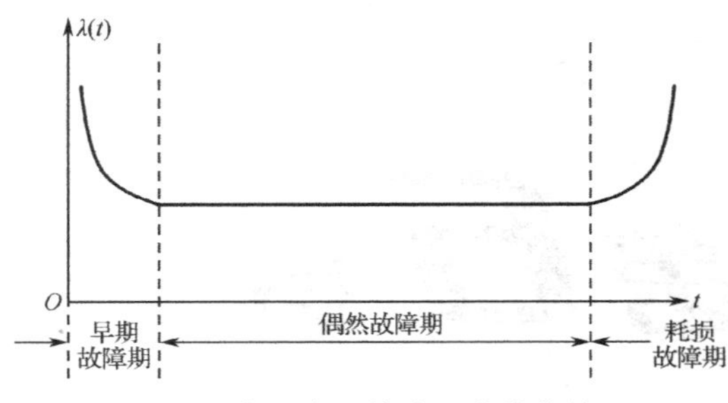

图 6-1　家用电器故障“浴盆曲线”

6.2　智能家用电器的使用环境

智能家用电器产品在使用过程中，会受到各种因素的影响。如果很好地注意这些影响因素，提高家电产品的保养水平，将大大提高产品使用寿命。

1. 温度

高温环境对家用电器产品的主要影响如下：

（1）氧化等化学反应，造成绝缘结构、表面防护层迅速老化，加速其被破坏。

（2）增强水汽的穿透能力和破坏能力。

（3）使有些物质软化、融化，使其结构在机械应力下损坏。

（4）使润滑剂黏度减小和蒸发，丧失润滑能力。

（5）使物体发生膨胀变形，从而导致机械应力加大，运行零件磨损增大或结构损坏。

（6）对于发热量大的家用电器产品来说，高温环境会使机内温度上升到危险程度，使电子元器件损坏或加速其老化，使用寿命大大缩短。

2. 湿度

湿度也是环境中起重大作用的一个因素，特别是它和温度因素结合在一起时，往往会产生更大的破坏作用。高湿度使家用电器产品物理性能下降、绝缘电阻降低、介电常数增加、机械强度下降，以及产生腐蚀、生锈和润滑油劣化等。相反，干燥会引起干裂与脆化，使机械强度下降、结构失效及电气性能发生变化。

湿热是霉菌迅速繁殖的良好条件，也会助长盐雾的腐蚀作用，因此将对湿热、霉菌和盐雾的防护合称“三防”，是湿热气候区产品设计和技术改造需要考虑的重要一环。

3. 气压

气压降低、空气稀薄对家用电器造成的影响主要有散热条件差、空气绝缘强度下降、灭弧困难。气压主要随海拔的增加而按指数规律降低。

空气绝缘强度与海拔的关系大体上如下：海拔每升高 100 m，绝缘强度约下降 1%。气压降低，灭弧困难，主要是影响电气接点的切断能力和使用寿命。

4. 盐雾

盐雾对家用电器产品的影响主要表现为其沉降物溶于水（吸附在机上和机内的水分），在一定温度条件下对元器件、材料和线路的腐蚀或改变其电性能，结果使家用电器产品的可靠性下降，故障率上升。

盐雾是一种氯溶胶，主要发生在海上与海边，在内陆则可因盐碱被风刮起或盐水蒸发而出

现。盐雾的影响主要在离海岸约 400 m，高度约 150 m 的范围内。再远，其影响就迅速减弱。在室内，盐雾的沉降量仅为室外的一半。因此，在室内、密封舱内，盐雾的影响就变小。

5. 霉菌

霉菌是指生长在营养基质上形成绒毛状、蜘蛛网状或絮状菌丝体的真菌。霉菌种类繁多，它的孢子在适宜的温湿度、pH 及其他条件会发芽和生长、繁殖，最宜繁殖的温度是 20～30 ℃，霉菌的生长还需营养成分与空气，元器件上的灰尘、人手留下的汗迹、油脂等都能为它提供营养。

霉菌的生长直接破坏了作为它的培养基的材料，如纤维素、油脂、橡胶、皮革、脂肪、某些涂料和部分塑料等，使材料性能劣化，造成表面绝缘电阻下降，漏电增加。霉菌的代谢物也会对材料产生间接腐蚀，包括对金属的腐蚀。

6. 粉尘、振动对家用电器产品的影响

粉尘容易导致家用电器产品散热条件变差，且粉尘吸收水分，使其绝缘性能变差，甚至引起短路。

7. 振动对家用电器产品的影响

主要影响：振动引起形变（电位器、波段开关、微调电容），元器件共振，导线位置变化（分布参数变化），锡焊或熔接开裂，螺钉、螺母松动、脱落。

8. 电磁干扰对家用电器产品的影响

电磁干扰源分固有干扰源、人为干扰源（电动机\开关）和自然干扰源（雷电），它将使家用电器设备性能下降，工作不稳定。

避免电磁干扰的方法主要是屏蔽与隔离、滤波\平衡\去耦、合理布线及合理接地等。

6.3 故障维修方法与步骤

6.3.1 故障的检测方法

要修理故障智能家电产品，首先应知道怎样检测智能家电产品的故障，这是智能家用电器维修的基本功之一。智能家用电器产品产生故障，就像人生病，维修人员就是家用电器产品的医生，一样可以通过“望、闻、问、切”的方式，来检测智能家用电器产品的故障。只是，医生“切”是切脉，维修人员准确地说应该是“望、闻、问、测”，“测”是测量智能家用电器产品的相关参数，根据参数的变化来判断故障。这些方法并不是一成不变的，而应针对电器的故障灵活地运用，才能收到好的效果。

1. 望（观察法）

望是凭感观进行检查，主要是通过观察来发现故障，所以一般也称为观察法，其主要步骤如下。

（1）打开机壳之前的检查：观察电器的外表，看有无碰伤痕迹，机器上的按键、插口、电气设备的连线有无损坏等。

（2）打开机壳后的检查：观察线路板及机内各种装置，看熔丝是否熔断；元器件有无

相碰、断线；电阻有无烧焦、变色；电解电容有无漏液、裂胀及变形；印制电路板上的铜箔和焊点是否良好，有无已被他人修理、焊接的痕迹；洗衣机传动带有无断裂；电源连接线有无脱落等。在机内观察时，可用手拨动一些元器件、零部件，以便充分检查。

（3）通电后的检查：观察电器内部有无打火、冒烟现象，看电动机是否运转。

几点说明：

（1）在观察的同时要用耳听电器内部有无异常声音；用鼻闻电器内部有无烧焦味；用手摸一些管子、集成电路等是否烫手，如有异常发热现象，应立即关机。

（2）观察法的特点是简便，不需要其他仪器，对检修电器的一般性故障及损坏性故障很有效果。

（3）观察法检测的综合性较强，它同检修人员的经验、理论知识和专业技能等紧密结合，需要大量地实践才能熟练地掌握。

（4）观察法检测往往贯穿在整个修理过程，与其他检测方法配合使用效果更好。

2. 闻

闻主要是闻电器内部有无烧焦味、打火时发出的臭氧味等，常与观察法同时使用。

3. 问

问是在维修前向用户了解产品损坏的经过，询问用户的使用习惯、家用电器产品使用的时间、环境等。通过询问，往往能迅速地分析并得出产品故障产生的大致原因，使整个维修工作易于开展。

如有的用户的电器产品使用环境潮湿，可考虑因锈蚀导致的接触不良；用户电器使用年限太长，故障可能是因老化引起的；空调器突然不制冷，则电容烧毁的可能性较大。

4. 测

在通过观察无法确定故障点的时候，“测”成为维修的主要手段。测主要是测量电路的电压、电流、电阻、波形等电学参量的变化，通过电学参量的变化，准确地分析出故障点。

1）电阻测量法

电阻测量法，是通过测量电路中元器件两端的直流电阻是否正常来判断故障所在的方法。

一般而言，电阻法有在线电阻测量，和脱焊电阻测量两种方法。

在线电阻测量，由于被测元器件接在整个电路中，所以万用表所测得的阻值受到其他并联支路的影响，在分析测试结果时应给予考虑，以免误判。正常情况下所测的阻值会与元器件的实际标注阻值相等或略小，不可能存在大于实标标注阻值的情况，若是，则所测的元器件存在故障。

脱焊电阻测量，由于将被测元器件一端或整个元器件从印制电路板上脱焊下来，再用万用表测电阻，因此操作起来较烦琐，但测量的结果却准确、可靠。

几点说明：

（1）电阻法对检修开路或短路性故障十分有效。检测中，往往先采用在线检测方式，在发现问题后，可将元器件拆下后再检测。

（2）电阻检查必须是在关机状态下进行的，否则测得结果不准确，还会损坏万用表。

（3）对于熔丝烧断、机内冒烟等故障，在通电前一定要先进行电阻检查。

（4）在检测一些低电压（如 5 V、3 V）供电的集成电路时，不要用万用表的 $R\times10$ k 挡，以免损坏集成电路。

（5）电阻法在线测试元器件质量时，万用表的红黑表笔要互换测试，尽量避免外电路对测量结果的影响。

2）电压测量法

电压测量法是通过测量电子线路或元器件的工作电压，并与正常值进行比较，以此来判断故障的一种检测方法。

大部分故障根据所测得的实际电压与正常值相比较，经过分析可以较快地判断故障部位。

电压测量法可分为直流电压检测和交流电压检测两种。

（1）交流电压检测：一般电器的电路中，因市电交流回路较少，相对而言电路不复杂，测量时较简单。

检测中，要养成单手操作习惯，测高压时，要注意人身安全。

（2）直流电压检测：

① 对直流电压的检测，首先从整流电路、稳压电路的输出端入手，根据测得的输出端电压来进一步判断哪一部分电路或某个元器件有故障。

② 测量放大器每一级电路电压时，首先应从该级电源电路元器件着手，通常电压过高或过低均说明电路有故障。

如图 6-2 所示为 KFR-3601GW/BP 空调器电源电路。交流电源 220 V 经电源变压器的 6 脚和 7 脚降压输出 AC 12 V，经过 VD02、VD08、VD09、VD10 二极管桥式整流后，经 VD11，通过 C_{08} 高频滤波，电解电容 C_{11} 平滑滤波后，得到一较平滑的 12 V 直流电（此电压为 TDA62003AP 驱动集成块及蜂鸣器提供工作电源），再经 7805 稳压及 C_{09}、C_{04} 滤波后，得到一稳定的 5 V 直流电（此电压为单片机及一些控制检测电路提供工作电源）。电源变压器 1 脚和 2 脚降压输出一交流电压，此电压和 7805 输出的 DC 5 V 及 DC −27 V 为显示屏和显示控制提供工作电源。

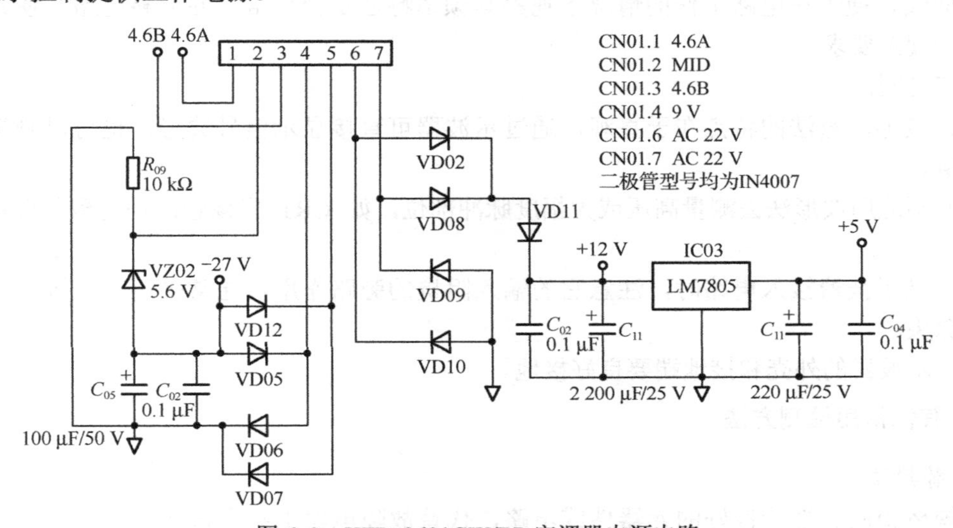

图 6-2　KFR-3601GW/BP 空调器电源电路

③ 直流电压法还可检测集成电路的各脚工作电压。这时要根据维修资料提供的数据与实测值比较来确定集成电路的好坏。

在无维修资料时，平时积累的经验是很重要的。例如，一般电器整机的直流工作电压等于功放集成电路的工作电压。电解电容的两端电压，正极高于负极。这些经验对检测及判断带来方便。

几点说明：

① 通常交流电压和直流电压可直接用万用表测量，但要注意万用表的量程和挡位的选择。

② 电压测量是并联测量，要养成单手操作习惯，测量过程中必须精力集中，以免万用表笔将两个焊点短路。

③ 在电器内有多于 1 根地线时，要注意找对地线后再测量。

3）电流测量法

电流测量法是通过检测晶体管、集成电路的工作电流，各局部的电流和电源的负载电流来判断电器故障的一种检修方法。

电流测量法检测电子线路时，可以迅速找出晶体管发热、电源变压器等元器件发热的原因。电流测量法是检测各管子和集成电路工作状态的常用手段。电流法检测时，常需要断开电路。把万用表串入电路，这一步实现起来较麻烦。

几点说明：

（1）遇到电器熔丝烧断或局部电路有短路时，采用电流法检测效果明显。

（2）电流是串联测量，而电压是并联测量，实际操作时往往先采用电压法测量，在必要时才进行电流法检测。

4）波形测量法

波形测量法是利用示波器跟踪观察信号通路各测试点，根据波形的有无、大小和是否失真来判断故障的一种检修方法。它的特点在于直观、迅速、有效。

扫频仪是一种扫频信号发生器与示波器结合的测试仪器，可直观地观测被测电路的频率特性曲线，便于在电路工作的情况下观察其频率特性是否正常，并调整电路，使其频率特性符合规定要求。

几点说明：

（1）波形测量法的特点在于直观，通过示波器可直接显示信号波形，也可以测量信号的瞬时值。

（2）不能用波形法去测量高压或大幅度脉冲部位，如 CRT 显像管的加速极与聚集极的探头。

（3）当示波器接入电路时，注意它的输入阻抗的旁路作用，通常采用高阻抗、小输入电容的探头。

（4）示波器的外壳和接地端要良好接地。

5. 其他常用检测方法

1）替换法

用规格相同、性能良好的元器件或电路，代替故障电器上某个被怀疑而又不便测量的

元器件或电路，从而判断故障的一种检测方法。

替代法现在在板级检修中经常使用，如笔记本式计算机、液晶电视机、空调器控制电路的检修。更换一块电路板虽然排除了故障，但检修成本较高。

几点说明：

（1）严禁大面积地采用替换法，胡乱取代。这不仅不能达到修好电器的目的，甚至会进一步扩大故障的范围。

（2）替换法一般是在其他检测方法运用后，对某个元器件有重大怀疑时才采用。

（3）当所要代替的元器件在机器底部时，也要慎重使用替换法，若必须采用，应充分拆卸，使元器件暴露在外，有足够大的操作空间，便于替换。

2）信号注入法

信号注入法是将信号逐级注入电器可能存在故障的有关电路中，然后利用示波器和电压表等测出数据或波形，从而判断各级电路是否正常的一种检测方法。

几点说明：

（1）注入的信号应与电路相匹配，若电路是低频电路，则应注入低频信号；若电路是高频电路，则应注入高频信号。

（2）将万用表置于电阻 R×1 k 挡，并将其红表笔接地，用黑表笔从后到前逐级碰触电路的输入端，此时将产生一系列干扰脉冲信号。对于电视机，当实施万用表电阻挡干扰法检修时，通过观察屏幕干扰噪波或扬声器干扰噪声，可以判断故障的部位。

（3）注入的信号不但要注意其频率，还要选择它的电平。所加的信号电平最好与该点正常工作时的信号电平一致。

（4）检测电路无论是高频放大电路，还是低频放大电路，都选择由基极或集电极注入信号。检修多级放大器，应从前级逐级向后级检查，也可以从后级逐级向前级检查。

采用信号注入法可以把故障孤立到某一部分或某一级。有时甚至能判断出是某一元件，如某耦合元件。判断出故障在某一部分时，可进一步通过别的检测方法检查、核实，从而找出故障之所在。

3）分割法（开路法）

分割法是把与故障有牵连的电路从总电路中分割出来，通过检测肯定一部分，否定一部分，一步步地缩小故障范围，最后把故障部位孤立出来的一种检测方法。

分割法对电器电路是由多个模块或多个电路板及转插件组合起来的电路应用起来较方便。例如，若收音机电池很快用完，则属于过电流故障，可在电源开关处测量总电流，若电流确实很大，可分别在图 6-3 中 a、b、c、d、e 处断开供电，若 a 处断开后总电流恢复正常，则是功放级过电流；若 b 处断开后总电流恢复正常，则是音频放大级过电流；若 c 处断开后总电流恢复正常，则是检波级过电流；若 d 处断开后总电流恢复正常，则是中频放大级过电流；若 e 处断开后总电流恢复正常，则是变频级过电流。

几点说明：

（1）分割法严格说不是一种独立的检测方法，而是要与其他的检测方法配合使用，才能提高维修效率，节省工时。

（2）分割法在操作中要小心谨慎，特别是分割电路时，要防止损坏元器件及集成电路和印制电路板。

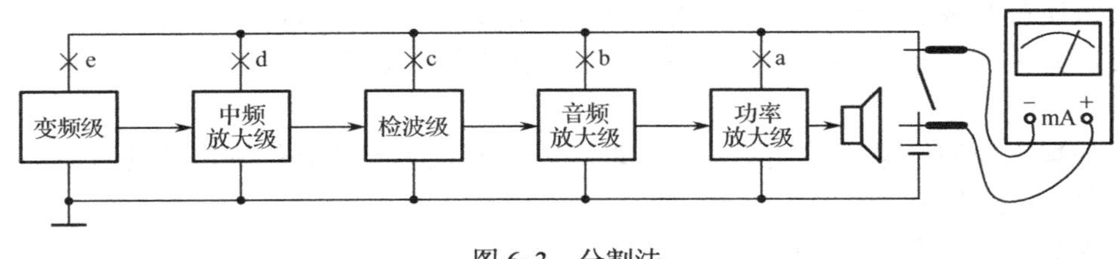

图 6-3　分割法

4）短路法（电容旁路法）

短路法是用一只电容或一根跨接线来短路电路的某一部分或某一元件，使之暂时失去作用，从而判断故障的一种检测方法。

短路法主要适用于检修故障电器中产生的噪声、交流声或其他干扰信号等，对于判断电路是否有阻断性故障十分有效。

例如，有一台收音机噪声大，这时可用一只 100 μF 电容，从检波级开路将其输入、输出端短路接地，这样逐级往后进行，如图 6-4 所示。当短路某一级的输入端时，收音机仍有噪声，而短路其输出端即无噪声，那么该级是噪声源也是故障级，如图 6-4 所示。从上述介绍中可看到，短路法实质上是一种特殊的分割法。

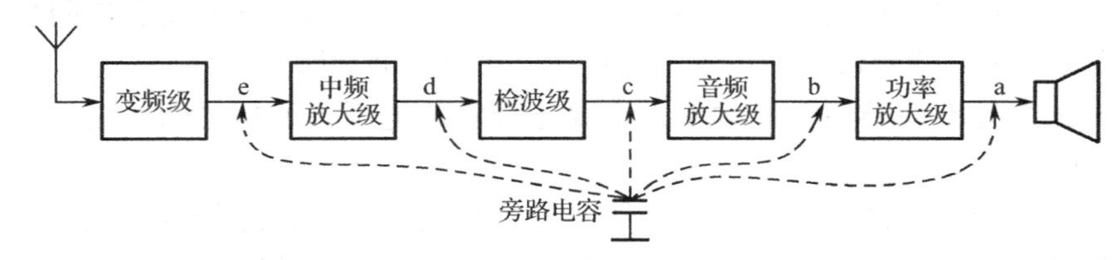

图 6-4　短路法（电容旁路法）

5）整机比较法

整机比较法就是将待修电子产品与同类型完好的电子产品进行比较，比较电路的工作电压、波形、工作电流、对地电阻和元器件参数的差别，找出故障部位的方法，又称为同类比对法。

整机比较法适用于检修缺少正常工作电压数据和波形参数等的电子产品，或适用于检修难于分析故障的复杂电子产品。

6）故障字典法

故障字典法诊断故障的基本思想：首先提取电子电路在各种故障状态下的特征（如各电路节点电位等），然后将特征与故障一一对应地建立一个故障字典，在实际诊断时，只要获取电路的实时特征，就可以从故障字典中查出与此对应的故障。

故障字典分为直流故障字典与交流故障字典两大类。故障字典法的缺点是建立故障字典的工作量很大，通常只能建立硬故障字典及单故障字典。

7）升降温法

（1）升温法：就是用电吹风对电子产品适当加热，促使其故障发生，以便于判断。如判断电冰箱毛细管是否有冰堵，可用热毛巾捂一下，看是否恢复制冷。

（2）降温法：就是用酒精棉球对元器件进行冷却，若冷却到某元器件后，故障消失，则被冷却的元器件肯定就是热稳定性差的元器件。

各类电子设备总免不了出故障，又因电气设备的种类繁多，可能出现的故障也千奇百怪。但就检测技术本身而言，还是有很强的规律性的。人们只要掌握了这些规律，并在实践中逐步积累经验，就能迅速地判断出故障原因，准确有效地排除故障。

电子线路的检测方法很多，实际检修中到底采用哪一种检测方法更有效，要看故障电器的具体情况而定。

检修时通常先采用直观法，一些典型的故障往往用直观法检测就能一举奏效。对于较隐蔽的故障，可以采用包括电阻法、电压法、电流法和波形法的测试法。这是检修方法中最基本、最重要的方法。通过万用表或示波器的检测，能为其他各种检修方法提供故障存在的依据。

而有些故障不便于测试，常采用替换法、短路法和分割法。这些方法的应用，往往能把故障压缩到较小范围之内，使维修工作的效率提高。

这里要强调的是，每一种检测方法都可以用来检测和判断多种故障；而同一种故障又可用多种检测方法来进行检修。检修电器故障时应灵活地运用各种检测方法，才能保证检测工作事半功倍。

总之，检修过程是一种综合性过程，它建立在对电路结构的深刻理解、正确无误的逻辑判断和熟练的操作技巧之上。

6.3.2　故障的检修步骤

故障检修过程，大致可以分为四大步，即分析故障现象、缩小故障范围、查找故障电路、确定故障元件。

1. 分析故障现象

分析电器所出现的故障现象，如微波炉不加热食物、洗衣机单转、电冰箱不制冷、空调器不制冷或制冷效果差等。

2. 缩小故障范围

根据故障现象，分析、判断故障范围，并逐步缩小故障范围，以尽快找到故障点。

常用方法：

（1）根据原理分析判断故障范围。如电饭煲煮饭焦煳是温控电路有故障；洗衣机单转可能是控制电路有故障，也可能是传动系统故障；空调器不制冷既有可能是电路故障，也有可能是制冷循环系统故障。

（2）根据测试判断故障范围。如电源输出电压偏低，可断开负载，若电压恢复正常，则故障原因是负载过重。

（3）根据经验判断故障范围。如夏天空调器突然不制冷，可能是压缩机电容损坏。

（4）通过更换部件判断故障范围。如空调器不制冷，分析可能是电容损坏后，更换一只电容看能否排除故障。

（5）通过使用操作判断故障范围。如洗衣机出现单转，可减少衣物量来判断是电路故障还是传动系统故障。如减少衣物量，即减少负载，洗衣机运转正常，则可能是传动带打滑引起的。

3. 查找故障电路

用万用表、示波器通过测电压、电流、电阻、波形等方法查找故障电路。

4. 确定故障元件

通过测试元件的电学参量，判断电子元器件的质量，准确找出已损坏元件。

6.3.3 故障维修注意事项

（1）维修前向用户了解产品损坏的经过；准备好相关图纸资料，掌握该机器的信号流程及各关键点的工作电压和信号波形等。

（2）在开始检修之前，应仔细阅读待修产品检修手册中的“产品安全性能注意事项”，和“安全预防措施”等相关内容。

（3）使用隔离变压器。

（4）维修场所应确保安全、整洁、通风。地面和工作台面要铺上绝缘的橡胶垫，以保证人身安全，防止对维修产品外壳的磨损和产生划痕。

（5）产品内部可能有高压，如微波炉高压在 2 000 V 左右。这么高的电压极易产生放电和电击事故。

（6）拆下元器件时，原来的安装位置和引出线要有明显标志，可采取挂牌、画图、文字标记等方法。拆开的线头要采取安全措施，防止浮动线头和元件相碰，造成短路或通地故障。

（7）电烙铁要妥善放置，防止烫坏产品的外壳或其他零件。拆下来的螺钉、螺母、旋钮、后盖、底板、晶体管等元件要妥善放置，防止无意中丢失或损坏。

（8）掉入机内的螺钉、螺母、导线、焊锡等，要及时清除，以免造成人为故障或留下隐患。

（9）在带电测量时，一定要防止测试探头与相邻的焊点或元件相碰，否则可能造成新的故障，检测集成电路引脚时尤其要注意。

（10）当拆下或拉出产品的电路板进行检修，放置在工作台上时，要保证桌面清洁和绝缘，特别注意不要把金属工具放在电路板下面，防止发生人为短路故障。

（11）在未搞清情况之前，不能随意调整机内的各种连线，特别是中高压部分连线，以免出现干扰而造成电路不稳定。

（12）在无法准确判断故障或无法确定故障是否排除的情况下，应尽量缩短开机时间，防止损坏其他电路，扩大故障范围。

（13）注意元器件安装和焊接的质量。晶体管和集成电路的焊接温度较高或焊接时间较长，可能使元器件损坏。印制电路的铜箔在高温长时间加热的情况下很容易与基板脱离。一般用 20 W 左右的电烙铁即可。

集成电路的引脚很多，换拆时最好用专用的吸锡烙铁，或采用大号针管使元件引脚与焊锡隔离。

（14）在更换元器件时，要认真仔细地检查代用件与电路的连接是否正确，特别要注意接地线的连接。有的产品某部分印制电路地线的连通，是靠某个元件的外壳实现的。在更换元器件后一定要将这两部分地线连接起来，以免造成人为故障。

（15）在更换一些易损件时，应注意按规程操作，以免造成人为损坏。

（16）遇到熔丝烧断或其他保护电路发生动作的情况下，不要轻易地恢复供电。要对有关的电路进行认真的检查，更不允许换用大容量的熔丝或用导线代替熔丝，以免扩大故障，损坏其他元件。

（17）对于一些不太了解或不能随便调整的元件，如中频变压器、高频调谐线圈等，在没有仪器配合调整的情况下，不要随便调整，否则一旦调乱，没有仪器很难恢复。

（18）在检修经过长时期使用的产品或机内积满灰尘的产品时，要先除去灰尘并将所有插接件和可调元器件清洗干净。

（19）对有辐射屏蔽要求的产品，一定要注意防辐射，以免对人身体造成危害。如微波炉的维修，不允许在微波管无屏蔽的情况下通电试机。

（20）制冷系统充氟后，必须仔细检漏。

6.4　常见智能家电故障维修案例

6.4.1　电饭锅

故障 1：指示灯不亮，发热盘不发热。

分析与检修：

（1）先检查电源线的插头是否接触不良。

（2）电饭锅超温熔断器是否熔断。如果熔断，应先检查是否盛饭内胆底部变形，或有米粒在盛饭内胆的底部与发热盘表面造成离开与空隙，使磁钢测试温度不准确，致使发热盘温度过高而把熔断器熔断。如果是以上的问题，才能换上好的熔断器。

故障 2：指示灯亮，发热盘不发热。

分析与检修：

（1）对自动功能的电饭锅，先检查接在发热盘上的两条电极线，看有没有接触不良或脱落，再检查发热盘内的电热丝是否断开。找出故障，更换相应的配件即可。

（2）对电子功能的电饭锅，先按照第一条检查，不行再换上好的电子灯板。

故障 3：煮饭煮不熟。

分析与检修：

（1）当按下煮饭开关，通电 10 min，“煮饭”与“保温”两个灯不停轮换着亮，煮饭的磁钢开关触点闭合不上。处理方法：用刀片或砂纸把磁钢杠杆金属片上的触点氧化物刮去，调试金属片的弹力即可。

（2）磁钢限温器的吸磁力老化减弱，换之即可。

故障 4：饭底被烧焦。

分析与检修：

（1）保温控温器的触点无法断开，调节保温控温器双金属片的触点距离稍微远一点即可。

（2）磁钢限温器控制的温度过高，用钳子把杠杆与磁钢限温器的拉杆连接处平行向上翘起 20° 角或换掉磁钢限温器。

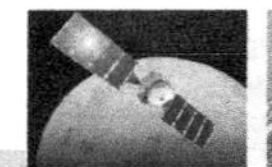

故障 5：煮好饭后不能保温。

分析与检修：

保温控温器失灵，换之即可。

故障 6：外壳漏电。

分析与检修：

（1）电源线的接插头有水珠，用纸巾抹干净插头或用电吹风吹干即可。

（2）发热盘接电极的铁脚有铁锈，用刀片或砂纸把铁锈清理干净，再用绝缘橡胶密封。

（3）内部带电的绝缘线绝缘层破裂搭在金属外壳上。

（4）外壳与接地线之间生锈、接触不良或松脱。

故障 7：发热盘烧熔，底座烧熔。

分析与检修：

（1）如果保温控温器上的白色小颗粒跌落，会有此现象，换掉保温控温器和烧熔的发热盘即可。

（2）磁钢限温器杠杆触点闭合不断开，不受杠杆控制，调试触点的高度即可。（如果是微动开关控制的，还应检查开关的控制点有没有被杠杆压下去，微动开关是否损坏。）

（3）盛饭内胆底部变形或有米粒在盛饭内胆的底部与发热盘表面离开与空隙，造成磁钢限温器测温不准确，致使发热盘温度过高而熔掉。可更换损坏的内胆和发热盘。

（4）磁钢限温器内的弹簧弹力不足或有杂物，造成磁钢弹簧弹不开，更换磁钢限温器。

注：在使用过程中如有不寻常的异味散发出来，应及时拔掉电源、查找原因并按照以上的方法排除故障，让电饭锅损坏的程度降到最低。

6.4.2 电磁炉

故障 1：不开机（按电源键，指示灯不亮）。

分析与检修：

（1）按键不良：检查并更换按键板。

（2）电源线配线松脱：重接。

（3）电源线不通电：重接或换新。

（4）熔丝熔断：更换熔丝。

（5）功率 IGBT 坏：更换功率 IGBT。

（6）共振电容坏：更换共振电容。

（7）阻尼二极管坏：检查并更换阻尼二极管。

（8）变压器坏，没有 18 V 输出：检查并更换变压器。

（9）基板组件坏：更换基板组件。

故障 2：置锅，指示灯亮，但不加热。

分析与检修：

（1）线盘没锁好：锁好线盘。

（2）稳压二极管坏：更换稳压二极管。

（3）基板组件坏：更换基板组件。

故障 3：灯不亮，电风扇自转。

分析与检修：

（1）LED 插槽插线不良：重新插接或换 LED 板。

（2）稳压二极管坏：更换稳压二极管。

（3）基板组件坏：更换基板组件。

故障 4：加热，但指示灯不亮。

分析与检修：

（1）LED 坏：更换 LED。

（2）LED 基板组件坏：更换 LED 基板组件。

故障 5：未置锅，指示灯亮，不加热。

分析与检修：

（1）热敏电阻配线松动或损坏：重新插接或更换热敏电阻组件。

（2）温控比较放大器集成电路芯片坏：更换相应的集成电路芯片。

（3）变压器插接不良：重新插接变压器。

（4）基板组件坏：更换基板组件。

故障 6：功率无变化。

分析与检修：

（1）可调电阻坏：更换可调电阻。

（2）加热/定温电阻用错或短路：检查加热/定温电阻。

（3）主控集成电路芯片坏：检查或更换主控集成电路芯片。

（4）基板组件坏：更换基板或基板组件。

故障 7：蜂鸣器长鸣。

分析与检修：

（1）热开关坏，热敏电阻坏，主控集成电路芯片坏：更换热开关/热敏电阻/主控集成电路芯片。

（2）振荡子坏，变压器坏：更换振荡子，检查或更换变压器。

（3）基板组件坏：检查或更换基板组件。

故障 8：锅具正常，但指示灯闪烁并发出“叮叮”响。

分析与检修：

（1）锅具检测处于临界点。

（2）更换检测电阻。

故障 9：置锅，指示灯闪烁。

分析与检修：

（1）变流器坏：更换变流器。

（2）所使用锅具不对，为非标准锅具：用正确锅具。

（3）集成电路或可调电阻坏：检查对应器件。

故障 10：通电无反应或不能操作。

分析与检修：

（1）插头与插座接触不良或过于松动，插头内金属片未接触。

（2）把磁炉插头插好。

（3）插座无 220 V 电源（其他电器也不能在此插座上开机），更换插座，上电开机。

6.4.3 微波炉

故障 1：启动“三无”（无灯亮、无声音、无微波发射）。

分析与检修：

这种现象往往是由多种原因造成的。首先检查电源插头与插座是否接触不良，如不是电源问题，则检查下列几项内容：

（1）8 A 熔丝是否熔断，如是则调换新熔丝。

（2）监控开关断不开，造成短路。

（3）联锁开关未闭合或门钩断损，从而不能接触到联锁开关。

（4）变压器一次侧、二次侧短路。

（5）电容对地击穿或极间击穿。

故障 2：启动灯亮、转盘能转，但不加热。

分析与检修：

（1）变压器损坏。测变压器灯丝电压，用万用表交流 10 V 挡测量灯丝电压应是 3.4 V 左右。若无电压，则说明变压器已坏，应调换同型号的变压器。

（2）磁控管灯丝开路或磁钢开裂。用万用表 $R\times1$ 挡，测量磁控管灯丝插片，若开路则说明磁控管已坏；若电阻值很小是正常的，再检查磁控管磁钢是否开裂。

（3）二极管击穿。用万用表 $R\times10$ k 挡，红表笔接二极管负极，黑表笔接二极管正极，读数应为 150 kΩ左右。万用表表笔交换位置，测量二极管反向阻值，万用表读数应为∞，若万用表读数很小或接近短路则表示二极管击穿，应调换同型号新二极管。

（4）接头插线松动。检查磁控管上、电容上接插头是否松动，若松动用钳子夹紧。

故障 3：加热正常，炉内照明灯不亮。

分析与检修：

检查插头是否脱落，炉内照明灯是否烧坏。

故障 4：开机后，炉灯不亮，转盘不转。

分析与检修：

一般熔丝已经熔断，存在短路故障。引起短路的可能原因有：高压电容器短路；漏感变压器局部短路；监控开关损坏。

故障 5：启动后工作正常，3 min 后突然停止工作，随后又自动恢复正常，如此反复。

分析与检修：

初步判断为微波炉内磁控管上的热切断器误动作引起的。正常使用时，炉腔温度升高，当炉腔温度升高到 145 ℃以上时，装在磁控管外壳上的热切断器动作，切断微波炉的供电电源；当炉腔温度下降到 110 ℃以下时，热切断器又重新闭合，微波炉又重新工作。

另一种可能是冷却失效或冷却不充分，炉内热切断器自动切断电源，检查风扇电动机绕组是否开路，风扇扇叶是否脱落，冷却风道是否积存许多灰尘或被污物阻塞。

故障 6：门打不开。

分析与检修：

检查门钩是否断裂，如是则更换新门钩。另外，微波炉长期使用，可能由于磨损和锈

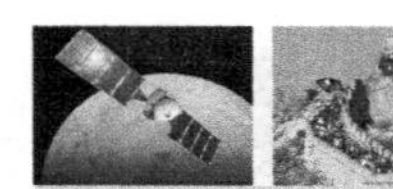

蚀，使门轴与轴孔配合间隙增大，门向一侧倾斜，如果属于这种情况，则调整门铰链，使门重新拨正位置。

故障 7：工作正常，但炉内温度太高，经常烤煳食物。

分析与检修：

初步分析引起该故障的原因有温度控制电路存在故障；单片机内温度控制电路局部损坏；温度传感器损坏。

故障 8：能加热食物，往往加热过度，定时器旋钮不能返回零位。

分析与检修：

引起定时器不能返回原位的因素有连线接触不良造成定时器电动机不工作；定时器被卡住；定时器电动机损坏。

6.4.4　电风扇

故障 1：通电后电风扇不转或启动困难、转动无力。

原因分析 1：转轴卡死。加电后拨动扇叶启动困难，运转无力、异响等。这种情况多是由于使用环境差（油烟、灰尘、高温）所造成的。

解决方法：断电状态下，拨动转轴可发现转动阻力大。

处理方法：清洁电动机转轴。不拆机的情况下，可用化油器清洁喷剂对转轴部分边转动扇叶边进行去污清洗，然后加注润滑油。最佳的方法是拆开电动机，对转轴和轴承部分彻底清洁，然后加注润滑油，重新装配后，用木棒轻轻敲击转轴进行同心校正，使转轴灵活自如。

原因分析 2：电容损坏。电容为无极性电容，作用是将单相交流电转为两相，以产生两相旋转磁场，增大启动转矩，使转子转动。

检查：用万用表 R×1 k 或 R×10 k 测试，有明显跳针反应，回针后其电阻应无限大。

解决方法：对于击穿（通路）和电容量下降，可更换电容。可用耐压 400 V、1.2～1.8 μF 的无极性电容代换。

原因分析 3：在排除 1、2 的原因后，仍转动无力，发热严重的，往往电动机绕组有局部短路。

检查：以 5 线电风扇电动机为例，用万用表 R×100 或 R×10 挡测试，黑线为公共端，与红、白、蓝（调速每挡电阻差在 100 Ω左右）和黄（电容）间电阻应在 600～900 Ω。与外壳电阻应无限大。

解决方法：若发现有断路或短路（电阻值明显下降），不能自行修复的，只能更换电动机。

故障 2：电风扇不能通电。

原因分析：① 电源不通；② 烧断熔丝；③ 温控开关坏；④ 变压器/高压二极管/时间功率分配器/磁控管等接线松脱或毁坏；⑤ 电压低于 187 V，无法启动。

解决方法：查看电源、熔断器及各主回路元器件和接线。

故障 3：电风扇运转噪声大。

原因分析：① 电风扇叶片变形或其电动机故障；② 转盘电动机故障或滚道上有杂物；③ 变压器/磁控管固定不良；④ 变压器/磁控管本身不合格。

解决方法：查看各可能原因造成点。

故障 4：电风扇摇头失灵。

原因分析：电风扇的摇摆机构的动力来自电动机转轴后端的蜗杆，经两级变速，驱使四连杆系统做往复摆动。摇头失灵主要分不摇头和摇头不止两种情况。

解决方法：

（1）摇头受阻：一是由连杆变形弯曲造成的。这时会有“咔咔”的响声，可将变形的连杆拆下，整形后即可排除故障；二是传动失灵，使动力得不到传递。可检查牙杆、摆头盘、齿箱、离合器等，凡发现有脱落、异物卡死，以及因严重磨损后不能啮合等现象，应排除或更换损失的零件。

（2）摇头不止：主要是遥控离合器或摇头控制装置中的钢丝拉线断裂或扎头松脱引起的。若钢丝断裂，可更换新的钢丝软轴，若扎头松脱，只要重新固定套管金属头即可。

6.4.5 洗衣机（滚筒洗衣机）

故障 1：按下按键开关后，指示灯不亮，洗衣机不能工作。

分析与检修：

指示灯不亮，一般是在电路的前部出现故障。这部分电路容易发生故障的地方是电源插头和插座、前玻璃门微动开关等。可用万用表检查交流 220 V 电源是否正常，熔丝是否接触良好，如均为正常，故障就可能出在门的微动开关上。这个微动开关较易发生故障，原因是透明玻璃视孔门经常打开和关闭，致使门微动开关产生位移，造成开关接触不良，有时会因盛水外桶碰撞而损坏。

若经检查属于门微动开关位移故障，排除方法：将透明玻璃视孔门打开；旋松安装在外箱体孔右侧门微动开关上的紧固螺钉，使微动开关连同安装架向左移动重新固定，然后关闭玻璃视孔门试一试，直到能听到微动开关触点接通的声音为止，再重新固紧。如是微动开关损坏，则应更换。

故障 2：按下琴键开关后，指示灯发亮，能够进水、排水，但不能进入正常洗涤程序。

分析与检修：

这种故障一般发生在洗涤电动机接线插板与控制电路导线的接线端子处。使用较长时间的洗衣机，由于盛水外筒频繁振动，使洗涤电动机导线从接线端子板上松脱，从而使洗涤程序失控。

排除这种故障的方法：拆下洗衣机后盖板，在双速电动机左下方找到接线端重新插紧，使其接触良好。另一种可能则是双速电动机的洗涤绕组断路，此时只能重绕线圈或换电动机。

故障 3：按下按键开关后，洗衣机的进水、洗涤程序正常，但进入排水、脱水程序时，电源熔丝烧断。

分析与检修：

这种故障反映了洗衣机内部有短路存在，这种情况多发生在连接水泵的两条导线的接线端子处，多是由于一个接线端子脱落到另一导线的端子处。因此排水泵没有接入电源，当进入排水、脱水程序时，马上就短路产生大电流烧断熔丝。

维修方法是打开后盖板，重新接好水泵的端子连线，即可恢复正常工作。

故障 4：按下按键开关后，指示灯亮，但不能进水，人为进水后洗衣机正常工作，但又不能排水。

分析与检修：

这种故障的故障点一般在进水阀和排水泵的接线端子处。即进水阀损坏、排水泵接线端子脱落，造成进水阀与排水泵控制电路断路，因而进水、排水程序不能正常工作。

排除故障的方法是将洗衣机上盖打开，用万用表测量进水阀两端电压，若是 220 V 则说明控制电路正常。再另把 220 V 电压直接加到进水阀的两个端子，如没有电磁阀铁心的吸动声，说明电磁阀已损坏，需要换新的进水电磁阀；接着拆下后盖板，在盛水外桶的右下方是排水泵上的两条导线，通过接线端子与排水泵上的接线插板连接。这时应检查接线板连线是否牢固，排水泵绕组是否有断路和短路等，直到查出故障点并将其修复为止。

故障 5：洗衣机各程序运行正常，但洗涤液不能加热，洗净率降低。

分析与检修：

这种故障的原因，主要是与加热器的有关连线接触不良，或是加热器出现断路故障。

排除故障的方法是用万用表测量加热器接线端子有否 220 V 交流电压，如有就说明有关连线没有问题。否则应重点检查连线，再次就是检查加热器是否断路，如是损坏则应更换之。通过以上维修一般能排除洗涤液不能加热的故障。

6.4.6　空调器

空调器故障主要表现为不制冷、制冷量不足、压缩机不运转、突然停机、无风、控制失灵等。但要确定故障的部位、性质和严重程度，需经过检查、分析和实验才能最终得出结论。

1. 空调器“假性故障”的检查方法

一般将空调器本身并没有损坏，只是操作者使用不当或操作者误以为的故障，称为制冷系统的“假性故障”。

以下是空调器常见的假性故障。

（1）空调器制冷（热）量不足：空气过滤网积尘太多，室内外热交换器上积有过多尘垢，进风口或排风口被堵，都会造成空调器制冷（热）量不足；制冷时设置的温度偏高，使压缩机工作时间过短，造成空调器平均制冷量下降；制热时设置的温度偏低，也会使压缩机的工作时间过短，造成空调器平均制热量下降；制冷运行时室外温度偏高，使空调器的能效比降低，其制冷量也会随之下降；制热运行时室外温度偏低，则空调器的能效比也会下降，其热泵制热量也会随之降低；空调器房间的密封性不好，门窗的缝隙大或开关门频繁，都会造成室内冷（热）量流失；空调器房间热负荷过大，如空调器房间内有大功率电器，室内人员过多，都会使人感到空调器制冷（热）量不足。

（2）空调器工作时产生异味：空调器刚开机时有时会闻到一种怪气味，这是烟雾、食物、化妆品及家具、地毯、墙壁等散发的气味附着在机内的缘故。因此，每年准备启用空调器前，一定要做好机内外的清洁工作，运行过程中也应定时清洗过滤网。平时在空调器房间内不要吸烟，空调器停机时，应经常开窗通风换气。

（3）空调器工作时制冷系统的压缩机开停机频繁：制冷时设定的温度偏高，或制热时

设定的温度偏低，都会造成空调器工作时制冷系统的压缩机频繁地开停机。此时，只要将制冷时设定的温度调低一点，或将制热时设定的温度调高一点，压缩机的开停机次数就会减少。

2. 空调器制冷系统故障的一般检查、分析方法

对空调器制冷系统故障的一般检查、分析方法，是“一看、二摸、三听、四测”。

一看：仔细观察空调器的外形是否完好，各部件有无损坏；空调器制冷系统各处的管路有无断裂，各焊口处是否有油渍，如有较明显的油渍，说明焊口处有渗漏；电气元件安装位置有无松脱现象。对于分体式空调器，可用复式压力表测量运行时制冷系统的运行压力值，看是否正常。在环境温度为30 ℃时，使用R22作制冷剂的空调器系统运行压力值，低压表压力应在0.49～0.51 MPa范围内，高压表压力应在1.8～2.0 MPa范围内。

二摸：将被检测的空调器的冷凝器和压缩机部分的外罩完全卸掉。启动压缩机运行15 min后，将手放到空调器的出风口，感觉一下有无热风吹出，有热风吹出为正常，无热风吹出为不正常；用手指触摸压缩机外壳（应确认外壳不带电），看是否有过热的感觉（夏季摸压缩机上部外壳应有烫手的感觉）；摸压缩机高压排气管时，夏天应烫手，冬天应感觉很热；摸低压吸气管应有发凉的感觉；摸制冷系统的干燥过滤器，表面温度应比环境温度高一些，若感觉到温度低于环境温度，并且在干燥过滤器表面有凝露现象，说明过滤器中的过滤网出现了部分“脏堵”；如果摸压缩机的排气管不烫或不热，则可能是制冷剂泄漏。

三听：仔细听空调器运行中发出的各种声音，区分是运行的正常噪声，还是故障噪声。如离心式风扇和轴流风扇的运行声应平稳而均匀，若出现金属碰撞声，则说明是扇叶变形或轴心不正。压缩机在通电后应发出均匀平稳的运行声，若通电后压缩机内发出“嗡嗡”声，说明压缩机出现了机械故障，而不能启动运行。

四测：为了准确判断故障的部位与性质，在用看、听、摸的方法对空调器进行了初步检查的基础上，可用万用表测量电源电压，用兆欧表测量绝缘电阻；用钳形电流表测量运行电流等电气参数，看是否符合要求；用电子检漏仪检查制冷剂，看有无泄漏或泄漏的程度。

3. 分析空调器常见故障的原则

从简到繁，由表及里，按系统分段，推理检查。

先从简单的、表面的分析起，而后检查复杂的、内部的。

先按最可能、最常见的原因查找，再按可能性不大的、少见的原因进行检查。

先区别故障所在的位置，而后分段依一定次序推理检查。

简单地说就是遵循筛选及综合分析的原则。了解故障的基本现象后，根据空调器构造及原理上的特点，全面分析产生故障的基本原因；同时也可根据某些特征判明制冷系统产生故障的原因，再根据另一些现象进行具体分析；找出故障的真正原因。

思考与练习6

一、填空题

1. 智能家电故障，根据出现时间，会遵从简单的“浴盆曲线”的规律，分为________故障期、________故障期和________故障期。

2．智能家电故障，按维修级别分类，有________故障和________故障之分，数字化电路集成度越来越高，维修也越来越向________发展。

3．用规格相同、性能良好的元器件或电路，代替故障电器上某个被怀疑而又不便测量的元器件或电路，从而判断故障的一种检测方法，称为________，是比较常用的一种维修方法。

二、选择题

1．某洗衣机无法自动进水，拆开后发现水位压力管脱落，这种检测方法属于（　　）。

A．观察法　　B．电压测量法　　C．替换法　　D．分割法

2．某空调器制冷效果差，测量发现制冷剂压力不够，可能漏氟，这种检测方法属于（　　）。

A．观察法　　B．测量法　　C．替换法　　D．分割法

3．某电磁灶不加热，怀疑电脑板损坏，更换后故障排除，这种检测方法属于（　　）。

A．观察法　　B．测量法　　C．替换法　　D．分割法

4．中国家用电器必须进行的强制安全认证是（　　）。

A．ISO　　B．欧Ⅱ　　C．3C　　D．QS

三、判断题

（　　）1．智能家用电器在使用过程中，温度对产品影响不大。

（　　）2．智能家用电器在使用过程中，湿度对产品影响不大。

（　　）3．智能家用电器在使用过程中，气压对产品影响不大。

（　　）4．用户拿来故障电器，应先拆卸检查主要部件是否损坏，再判断其他可能性。

（　　）5．如果空调不制冷，基本可以断定是压缩机烧毁，需要更换。

（　　）6．产品维修完成后，应当着用户的面试用，调试正常后才能完成交付。

（　　）7．电饭锅煮熟饭后不能保温，可能是保温控温器失灵，需维修或更换。

（　　）8．空调器制冷效果下降，一个很大的可能是过滤网太脏，清洗后就好了。

四、故障分析题

1．故障检修有哪些步骤？

2．空调器制冷量不足、制冷效果差的可能原因有哪些？

3．电风扇不转或启动困难、转动困难的原因有哪些？

参考文献

[1] 虞献文，呼格吉乐. 家用电器原理与应用. 2 版. 北京：高等教育出版社，2014
[2] 李雄杰. 电子产品维修技术. 北京：电子工业出版社，2009
[3] 黄永定. 家用电器基础与维修技术. 北京：机械工业出版社，2009
[4] 邹积岩. 智能电器. 北京：机械工业出版社，2006
[5] 姜宝港. 智能家用电器原理与维修. 北京：机械工业出版社，2002
[6] 喻宗泉. 神经网络控制. 西安：西安电子科技大学出版社，2009
[7] 史娟芬. 电子技术基础与技能. 南京：江苏教育出版社，2010
[8] 余永权，曾碧. 单片机模糊逻辑控制. 北京：北京航空航天大学出版社，1995
[9] 窦振中. 模糊逻辑控制技术及其应用. 北京：北京航空航天大学出版社，1995
[10] 王煜东. 传感器及应用. 2 版. 北京：机械工业出版社，2008
[11] 顾宁，付德刚，张海黔. 纳米技术与应用. 北京：人民邮电出版社，2004
[12] 黄布毅，崔光照. 模糊控制技术在家用电器中的应用. 北京：中国轻工业出版社，1998
[13] 刘守江. 空调器及其微电脑控制器的原理与维修. 3 版. 西安：西安电子科技大学出版社，2002
[14] 韩雪涛，韩广兴，吴瑛. 电磁炉/微波炉/电饭煲现场维修实录. 北京：电子工业出版社，2009
[15] 韩雪涛，韩广兴，吴瑛. 电冰箱/空调器现场维修实录. 北京：电子工业出版社，2009
[16] 韩雪涛. 空调器原理与维修. 北京：中国铁道出版社，2011
[17] 林金泉. 电冰箱、空调器原理与维修. 北京：高等教育出版社，2007
[18] 刘淑华，张新德. 图解洗衣机常见故障速查巧修. 北京：化学工业出版社，2010